高等学校计算机规划教材

计算机组成与结构

桂盛霖　陈爱国　肖　堃　编著

電子工業出版社
Publishing House of Electronics Industry
北京·BEIJING

内 容 简 介

计算机组成与结构是计算机相关专业的重要专业核心课程。本书融合了计算机科学与技术专业的三门核心硬件课程（数字逻辑、计算机组成原理和计算机系统结构）的重要知识点，以数字电路基础、处理器的基本电路模块构成、指令的数据通路和控制逻辑作为本书的讲述主线，全面介绍计算机系统的基本原理、设计方法和实现。全书分为 9 章，内容包括：计算机系统概述，计算机的数值和编码，计算机芯片的数字电路基础，计算机芯片的基本电路组成，现代处理器基础，现代处理器的高级实现技术，存储系统，I/O 系统，多核、多处理器与集群。

本书可作为高等院校计算机、信息安全、通信、电子、自动化、电气工程等专业计算机组成与结构课程的教材，也可供计算机系统的技术人员学习和参考。

图书在版编目（CIP）数据

计算机组成与结构 / 桂盛霖等编著. —北京：电子工业出版社，2017.9
ISBN 978-7-121-32539-7

Ⅰ. ①计…　Ⅱ. ①桂…　Ⅲ. ①计算机体系结构－高等学校－教材　Ⅳ. ①TP303

中国版本图书馆 CIP 数据核字（2017）第 203881 号

策划编辑：冉　哲
责任编辑：冉　哲
印　　刷：北京虎彩文化传播有限公司
装　　订：北京虎彩文化传播有限公司
出版发行：电子工业出版社
　　　　　北京市海淀区万寿路 173 信箱　邮编　100036
开　　本：787×1 092　1/16　印张：15.5　字数：392 千字
版　　次：2017 年 9 月第 1 版
印　　次：2018 年 8 月第 2 次印刷
定　　价：35.00 元

凡所购买电子工业出版社图书有缺损问题，请向购买书店调换。若书店售缺，请与本社发行部联系，联系及邮购电话：（010）88254888，88258888。

质量投诉请发邮件至 zlts@phei.com.cn，盗版侵权举报请发邮件至 dbqq@phei.com.cn。

本书咨询方式：ran@phei.com.cn。

前言

电子科技大学于2016年启动了“互联网+”复合型精英人才培养计划，以“互联网+”复合培养专业为载体，旨在培养具有良好的人文精神和互联网思维、扎实的数学与自然科学知识、宽厚的移动互联网知识和信息深度分析与应用能力、扎实的“互联网+”核心知识与能力，以及良好的国际视野和创新能力，面向“互联网+”国家战略需求的复合型精英人才。本书的参编教师承担了该培养计划中平台核心课程“计算机组成与结构”的建设工作，因此本书也作为该课程的配套教材。

早在2010年，电子科技大学计算机科学与工程学院在全国计算机专业教学改革浪潮中也开始了对计算机科学与技术的硬件系列课程的教学改革，改革内容包括教学思路、内容和教学方法的全面更新。本书的参编教师均为承担相关教学改革研究的一线教师，具有多年的丰富教学经验，取得了较为丰硕的教学成果和教学经验。

本书融合了计算机科学与技术专业的三门核心硬件课程（数字逻辑、计算机组成原理和计算机系统结构）的重要知识点，摈弃了这三门课程传统内容中不太相关的琐碎知识点，引入了最新的技术知识和数据，以数字电路基础、处理器的基本电路模块构成、指令的数据通路和控制逻辑作为本书的讲述主线，逻辑清晰且自然连贯，再辅以性能计算公式贯穿全书，作为各工作部件优化方案的理论依据，全面介绍了计算机系统中的基本原理、设计方法和实现。

本书在编写过程中还注重对考研要求的相关考点进行尽量多的覆盖，并对处理器的相关章节从基本原理到设计方法再到代码实现的完整过程进行了系统性的详细讲述。在正文中还穿插了“快速练习”等提示，提示读者进行进一步的思考。部分章节还配有课后阅读材料，对正文中的相关内容进行补充或进一步的解释。

作者充分查阅和对比了目前国内外主流的组成原理类和系统结构类教材以及相关材料，进行了多方面的研讨，从而确定了内容的编排和编写的分工。除了教学工作外，作者还承担了繁重的科研工作，因此，书中难免出现疏漏和错误，恳请读者理解和海涵。

教材的内容

全书共 9 章，其中第 1 章、第 3 章、第 4 章、第 6 章、7.2 节和 7.4 节由桂盛霖编写，第 5 章、第 7 章剩余部分以及第 8 章由陈爱国编写，第 2 章和第 9 章由肖堃编写。全书由桂盛霖负责统稿。

本书的内容包括数字逻辑、计算机组成原理和系统结构三个方面的内容，围绕现代处理器的设计方法和过程进行了系统阐述，具体内容如下：

第 1 章介绍计算机系统技术的历史、现状、发展趋势，芯片的主要制造过程，现代计算机系统的内部构成，计算机系统的性能指标及计算公式。

第 2 章介绍计算机系统中常用的几种进位计数制，不同进位计数制之间的转换计算方法，二进制整数的表示方法和运算规则，浮点数的表示和规格化的存储方式，以及数据校验的原理。

第 3 章介绍数字电路的基本门电路的逻辑功能，逻辑代数的基本公式和基本定理，逻辑函数标准形式，逻辑电路的化简方法以及数字电路两种逻辑系列的实现机制。

第 4 章介绍多路选择器、译码器、编码器、加法器、减法器、移位器等的功能、输入/输出接口、内部实现的电路图及代码，以及 Sn-Rn 锁存器和触发器的原理与实现，给出了时钟同步时序电路的功能分析方法和寄存器的设计与实现方法。

第 5 章介绍处理器中指令的格式、寻址方式、寄存器、地址空间分配，对软件三个方面的重要支持，MIPS 风格的单周期模型机的设计和实现过程，处理器的异常和中断概念及其处理机制。

第 6 章介绍流水线的基本概念，单周期模型机的流水线扩展，解决结构冒险、数据冒险和控制冒险的策略与实现，以及两类更先进的指令级并行的流水线架构。

第 7 章介绍存储器的分类和存储系统的层次结构，包括 Cache、主存、虚拟存储器、外存和 ROM 的工作机制与性能指标。

第 8 章介绍 I/O 设备的相关概念及属性指标，总线的概念和分类，总线仲裁的原理和方式，I/O 接口的功能、结构、编址和访问方式，以及三类常见的 I/O 数据传送控制方式。

第 9 章讨论并行硬件的基本分类，常见的并行技术，多处理器的互连方式，Cache 一致性问题，以及多核微处理器和云平台的架构。

由于作者水平有限，成稿时间较短，书中难免有错误和不当之处，恳请各位专家和广大读者批评指正，我们不胜感激。如有问题请直接与作者邮件联系：shenglin_gui@uestc.edu.cn。

致谢

本书在编写过程中得到了电子科技大学教务处、“互联网+”专业和计算机科学与工程学院的相关领导和老师的大力支持和鼓励，还有电子工业出版社对本教材出版工作的积极配合和辛勤工作，在此一并表示诚挚的谢意。

此外还感谢实验室裴亚琳、方丹、刘一飞等研究生在教材配图和习题等方面的制作和整理。

作　者

于电子科技大学

目录

第 1 章 计算机系统概述

1.1 引言

计算机是一种能按照事先编制好的程序自动化地进行算术和逻辑操作的计算设备。自人类第一台数字可编程计算机 Colossus 于 20 世纪 40 年代发明开始，计算机的计算性能和物理形态都发生了天翻地覆的变化。图 1-1 展示了由工程师 Tommy Flower 于 1943 年在英国建造的世界上第一台可编程电子计算机 Colossus，它用于破译第二次世界大战中德军的密码。与 Colossus 齐名的同时期的数字计算机还有美国的 ENIAC（Electronic Numerical Integrator And Computer）。由于 Colossus 的严格保密，因此许多不知道 Colossus 的教科书误将 ENIAC 认作世界第一台电子计算机。这一时期的计算机使用了上万个真空管，MTBF（Mean Time Before Failure，平均故障间隔时间）非常短，发生两次故障之间的时间间隔一般为数分钟，可靠性非常低，而且功耗巨大。

图 1-2 展示了 1981 年第一台 IBM 个人计算机，这个时期的计算机开始采用超大规模集成电路（Very Large Scale Integration，VLSI），将整个 CPU 集成到一块硅芯片上，这样具有更高的可靠性和更低的功耗，运算速度也更快，价格更低。图 1-3 展示了苹果公司的智能手表产品 Apple Watch。现代的计算机系统已经变得更小更移动化，功耗更低，智能化程度更高。通过这三个不同时期的计算机产品对比，可以直观地看出计算机制造技术的进步趋势：体积越来越小，功耗越来越小，价格越来越低，计算速度越来越快，智能化程度越来越高。近几十年推动计算机制造技术的发展因素是多方面的，但总体符合由英特尔创始人之一 Gordon Earle Moore 提出来的摩尔定律：集成电路上可容纳的晶体管数量，约每隔 18 个月便会增加一倍。

下面总结了计算机技术发展的几个主要阶段。

1．非集成电路年代

1883 年，爱迪生发现了热的灯丝发射电荷的现象，并被称之为“爱迪生效应”。1904 年，英国伦敦大学教授弗莱明（John Ambrose Fleming）基于爱迪生效应，研制出检测电波

图 1-1　在 Bletchley Park 运行的 Colossus　　图 1-2　第一台 IBM 个人计算机　　图 1-3　Apple Watch

用的第一只真空二极管，如图 1-4 所示，从而宣告人类第一只电子二极管的诞生。1906 年，美国发明家德福雷斯特（De Forest Lee）在对弗莱明（John Ambrose Fleming）的二极管进行实验时发现，若在阳极 A 和阴极 K 的中间加上栅状的电极 G，在 G 上加负的偏压就可以使阳极电流为零。如果改变栅极电压，就可以使阳极电流发生相应的变化。根据这个实验结果，德福雷斯特在二极管的两个电极之间增加了一个形状像栅栏的电极，从而制造出真空三极管，可用作电流开关和信号放大器。如前所说，ENIAC 使用了 18000 个真空电子管，重达 30 吨，占地超过 1000 平方英尺（1 英尺=0.3048 米），用于计算弹道方程以计算火炮射程表。

由于真空电子管在体积、功耗、速度等方面的约束，人们开始探索使用半导体材料制作和真空管功效相当的晶体管。1947 年，贝尔实验室的三位物理学家肖克利（William Shockley）、巴丁（John Bardeen）、布拉坦（Walter Brattain）制成了世界上第一个固体放大器晶体三极管，如图 1-5 所示。晶体管的发现在电子学发展史上具有划时代的意义，此后，晶体管的体积不断变小，与之配套的电阻、电容、线圈、继电器、开关等元件，也沿着小型化的道路被压缩成微型电子元器件。

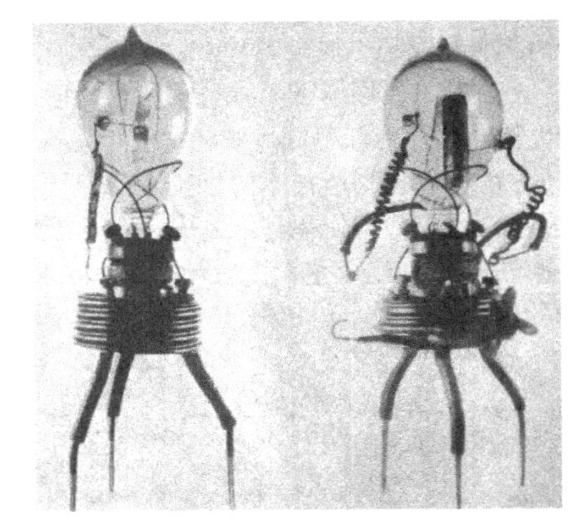

图 1-4　1904 年出现的第一只实用型的真空二极管

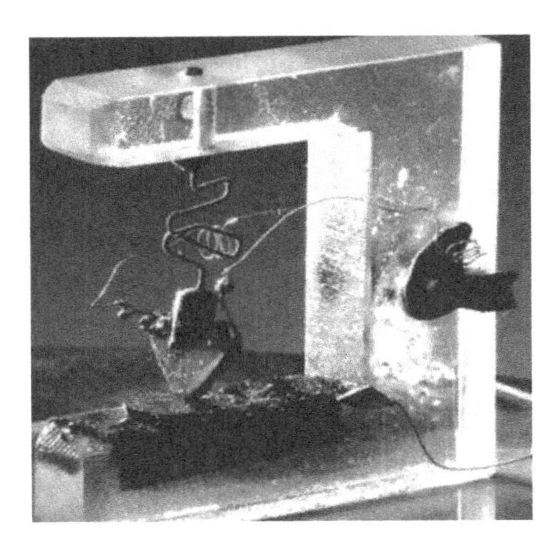

图 1-5　1947 年第一只晶体管

2. 集成电路年代

1958年，美国德州仪器公司的青年工程师基尔比（Jack Kilby），大胆提出了用一块半导体硅晶片制作一个完整功能电路的新方案。他在研制微型组件的晶体管中频放大器时，用一块硅晶制成了包括电阻、电容在内的分立元件实验电路。到1958年底，已经解决了半导体阻容元件和电路制作中的许多具体工艺问题，确定了集成电路的标准封装尺寸，为大规模工业化生产做好了各项准备。1959年，美国仙童公司的诺伊斯（Robert Noyce）研究出一种二氧化硅的扩散技术和PN结的隔离技术，从而完成了集成电路制作的全部工艺。紧接着，光刻技术和其他技术也相继发明，使得人们可以把晶体管和其他功能的电子元件压缩到一小块半导体硅晶片上。

1964年4月7日，IBM公司研制出世界上第一个采用集成电路的通用计算机IBM 360系统，随后计算机技术的发展进入了集成电路时代。之后随着大直径硅单晶材料性能的提高以及离子束和新隔离技术的应用，特别是光刻工艺精度的不断提高，使晶片上的电子元件的几何尺寸越来越小，人们开始把一个线路系统或一台电子设备所包含的所有晶体管和其他电子元件都制作在一块晶片上，从而大大缩小了体积并提高了可靠性。

1971年，Intel发布第一款微处理器4004，如图1-6所示，时钟频率108kHz，集成了2250个晶体管，制造工艺[①]10μm；1978年，Intel微处理器8086发布，如图1-7所示，时钟频率10MHz，集成了2.9万个晶体管，制造工艺3μm；1985年，Intel微处理器80386发布，如图1-8所示，时钟频率33MHz，集成了27.5万个晶体管，制造工艺1.5μm；2008年，Intel微处理器Core i7（4核）发布，如图1-9所示，时钟频率2.5GHz，制造工艺14～45nm。

图1-6　Intel 4004

图1-7　Intel 8086

图1-8　Intel 80386

图1-9　Intel i7

图1-10展示了从1960年到2010年间单个芯片上晶体管数变化的趋势，与摩尔定律保持一致。推动计算机运算能力发展的因素除了制造工艺外，还有计算机体系结构的创新。从20世纪80年代中期到21世纪初出现的指令级并行技术、浮点计算架构等新的先进处理器架构技术，进一步推动处理器的性能以每年52%的速度增长。2003年之后，由于功耗、指令级并行程度和存储器延迟等因素限制，单核处理器的性能增速放缓，约每年增长22%，如图1-11所示。从2006年开始，单片微处理器芯片中开始加入多个处理器，从追求更快的主频和更短的程序响应时间转变为追求更大的任务吞吐率的多核处理器。表1-1给出了近两年发布的三款微处理器的时钟频率、核数、工艺、功耗等参数。

① 制造工艺是指晶体管的尺寸，即晶体管栅极的长度。

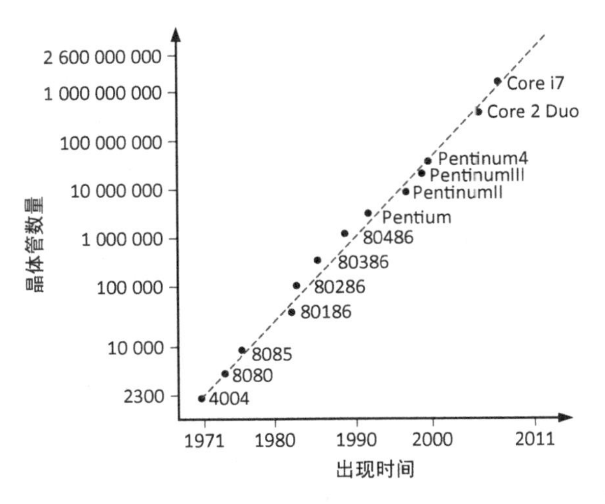

图 1-10 单个芯片上的晶体管数变化趋势

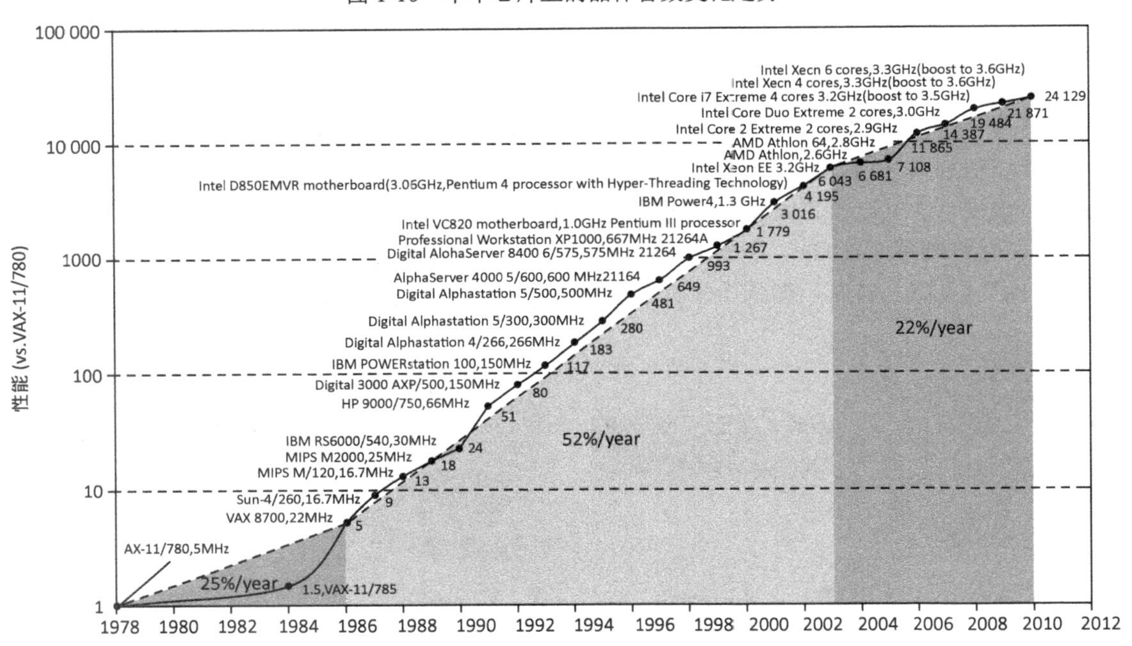

图 1-11 处理器性能增长的过程

表 1-1 三款微处理器的参数

产　品	Exynos 7420	Intel i3-4350	Intel i7-4790
发布时间	2015 年	2014 年	2014 年
时钟频率	2.1GHz	3.6GHz	3.6GHz
处理器位数	64 位	64 位	64 位
制造工艺	14nm	22nm	22nm
核数	8	2	4
功耗	小于 10W	89W	127W

表 1-1 中提到了功耗，目前在微处理器制造过程中占统治地位的集成电路技术是 CMOS（互补性金属氧化半导体），其主要功耗来源是动态功耗，即晶体管在开关过程中产生的功耗。影响微处理器动态功耗的因素有：负载电容、工作电压和晶体管的开关频率。

$$功耗=负载电容\times工作电压^2\times开关频率$$

其中，负载电容是指芯片上导线和晶体管的电容，它是连接到输出上的晶体管数量和制造工艺的函数；开关频率是时钟频率的函数。从微处理器的动态功耗公式可以看出，尽管微处理器的时钟频率不断增长，但由于每次工艺换代时，电压可以降低约 15%，因此微处理器功耗的增长幅度较为平滑。另外，从表 1-1 中还可以看出，采用 ARM 架构的三星 Exynos 7420 处理器的功耗远低于两款同期的 Intel 处理器，这也是 ARM 架构处理器成为移动市场上主流处理器的一个重要原因。

本书将系统性地为读者详细介绍计算机主要硬件模块的工作机制。在学习完本书之后，你将明白以下一些问题：

- 影响处理器及计算机系统性能的因素有哪些？如何进一步提升处理器及计算机系统的性能？如何量化评估改进的效果？
- 哪些操作系统的功能必须要有硬件的支持才能实现？软件如何与硬件进行协同工作？
- 处理器的语言是什么？C 或 Java 等高级程序语言是如何在处理器上执行的？为何理解处理器的工作机制对编写高级程序语言有帮助？
- 现代处理器有哪些主要工作部件？这些工作部件的工作原理和设计架构是什么样的？处理器的每个模块是如何实现并结合在一起工作的？

1.2 现代计算机

1.2.1 计算机的分类

现代计算机的应用领域已经进入到人们工作和生活的方方面面，从智能手机到个人电脑，再到云计算机中心，这些不同的应用领域对计算机系统有不同的设计需求。现代计算机按应用类别大致可分为以下三类。

1. 桌面计算机

最典型的代表就是桌面计算机和笔记本电脑。这类计算机偏重对单用户提供良好的性能支持，满足用户工作需求或生活娱乐需求，价格相对低廉，一般需要使用桌面操作系统 Windows 或 Linux。最低端的上网本价格甚至在人民币千元以下。

2. 服务器

服务器涵盖大型机、小型机、超级计算机等，通常需要借助网络访问。服务器可支持大量用户同时访问，可执行单个定制化应用，也可执行大量的简单作业，如 Web 服务器。服务器的价格一般比桌面计算机贵，体积也比桌面计算机大，能提供更强的计算能力和更多的计算资源。服务器的设计通常要求更高的可靠性。高端的服务器又可分为两种类型：一种称为超级计算机，一般由成百上千个处理器组成，内存为 TeraByte 级，外存为 PetaByte 级，价格从几百万到数亿美元不等，主要用于高端科学或工程计算，如人类基因序列分析、宇宙大爆炸过程模拟等；另一种由成千上万台服务器的集群构成，如 Google 等互联网公司所使用的数据中心。服务器集群的形态如图 1-12 所示。

（a）我国天河二号超级计算机

（b）Google 数据中心

图 1-12　服务器集群的形态

3．嵌入式计算机

嵌入式计算机的设计目标是在资源受限的条件下运行一个或一组应用程序，并且通常和硬件集成在一起交付给用户。嵌入式计算机的分布范围最为广泛，并且形态各异，从飞机和汽车的各类控制器到人们日常生活中的各类消费电子都属于嵌入式计算机范围。由于各类嵌入式计算机的应用需求存在显著差异，因此各类嵌入式计算机的设计目标存在差异：

- 移动终端。人们对移动设备的需求量已经远远超过了对桌面计算机的需求。仅在 2016 年的第 2 季度，中国智能手机市场出货量超过 1 亿台，排名前三的厂商依次为华为、OPPO 和 Vivo。移动终端的敏感因素包括多个方面，如用户体验、生态环境支持、价格、便捷性、质量等。例如，诺基亚 Symbian 系统的衰败就是因为上述多方面原因综合起来的结果。
- 工业控制系统。各种智能测量仪表、数控装置、现场总线仪表及控制系统、工业机器人、机电一体化设备中均包括了各种类型的嵌入式计算机。特别是飞机中的飞行控制等安全关键系统对实时性和可靠性要求更高，对于系统运行中出现的任何一个小问题，若处理不当，都可能引发严重的安全事故。

当然计算机还有其他的分类方法，例如按照计算机处理的数据形态不同可以分为数字计算机、模拟计算机和数模混合计算机；按计算机的使用范围不同可以分为专用计算机和通用计算机。本书的介绍重点将放在通用计算机上，但大多数概念和技术可直接或稍微修改后用于嵌入式计算机等其他类别的计算机。

1.2.2　计算机的组成

众所周知，计算机系统的组成分为两大部分：软件和硬件，如图 1-13 所示。与硬件紧密协作的软件是驱动程序，用于直接控制硬件的工作过程；除少数对价格特别敏感的单一用途的计算设备外，大多数通用计算机都会使用操作系统来管理计算机的各类资源，以增加应用程序的移植性。如前所述，尽管各类计算机在用途、功能和形态等方面存在显著差异，但是计算机体系结构的发展主线仍然保持了数学家冯·诺依曼（Von Neumann）于 1945 年提出的**冯·诺依曼结构**（Von Neumann Architecture），如图 1-14（a）所示。

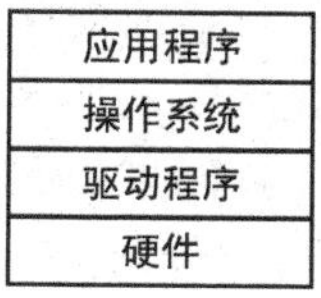

应用程序
操作系统
驱动程序
硬件

图 1-13 硬件和软件的层次关系

冯·诺依曼结构包括 5 个不同的组成部分：存储指令和数据的存储器（Memory Unit），执行算术和逻辑操作的算术逻辑单元（Arithmetic-Logic Unit，ALU），产生各部件控制信号的控制单元（Control Unit，CU），与外部交互信号的输入单元（Input Unit）和输出单元（Output Unit）。现代计算机的结构原理在继续保留冯·诺依曼结构的基础上，将 CU、ALU 和寄存器封装在中央处理单元（Central Processing Unit，CPU）中，变成三大组成部分，并通过控制总线、数据总线和地址总线进行互连，如图 1-14（b）所示。

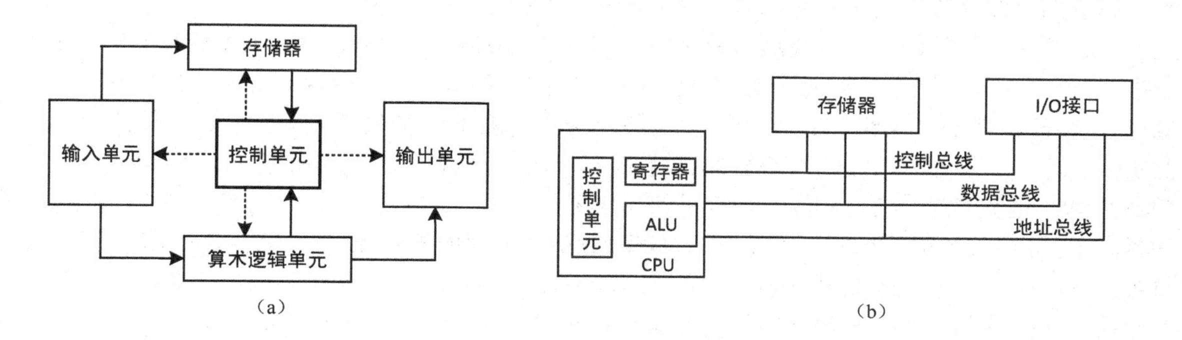

图 1-14 冯·诺依曼结构及其在现代处理器上的形态

- CPU，是整个系统的核心，包括三个子部件：CU、ALU 和多个寄存器（Register）。寄存器用于在 CPU 内部暂存要使用的指令和数据。由于寄存器位于 CPU 内部，其工作速度可与 CU 和 ALU 同频率，因此使用寄存器暂存数据将远远快于外部的存储器。但是 CPU 的寄存器个数非常有限，更多的指令和数据还是存储在存储器中。我们把整个 CPU 都在同一块芯片上的处理器称为微处理器（Microprocessor）。有关 CPU 的设计原理和实现细节将在第 5 章和第 6 章中进行详细介绍。
- **存储器**，被用来存放编制好的程序指令和数据。存储器通常分为随机访问存储器（Random-Access Memory，RAM）和只读存储器（Read-Only Memory，ROM）两类。RAM 是易失性存储器，可用于存储计算机运行过程中所需要的指令和数据，但当计算机断电时其存储内容就消失了；ROM 是非易失性存储器，计算机断电后存储内容仍然存在，可用于存储计算机的初始化启动指令。另外为了提升存储性能和节约成本，计算机系统中通常采用“Cache—主存—磁盘”三级存储系统，其第 1 级 Cache 缓存通常集成在 CPU 内部。有关存储系统的工作机制和性能分析的知识将在第 7 章中介绍。
- **I/O 接口和总线**，其中 I/O 接口被用来与外部的输入/输出设备进行信息交互，总线被用于各个部件的互连。总线的类别可分为控制总线、数据总线和地址总线。控制总线用于传输 CPU 与存储器和 I/O 设备之间的控制信号；数据总线用于在不同组件之间的数据传输；地址总线用于向存储器或 I/O 外设传输地址标号。有关总线及其接口的知识将在第 8 章中介绍。

除了冯·诺依曼结构之外，还有一些处理器采用**哈佛结构**（Harvard Architecture），其与冯·诺依曼结构的主要区别在于，哈佛结构的指令与数据是分开存放在指令存储器和数据存储器中的。这样做的好处在于增加了访问存储器的带宽（Bandwidth），特别适合配合高速运算处理器使用，如数字信号处理器（Digital Signal Processer，DSP）。

现在我们来看看程序是如何在冯·诺依曼结构模型上运行的：首先程序存储在外部存储设备中，如硬盘；当程序需要被执行时，需要通过 I/O 接口将其指令和数据从外部存储设备中读入存储器中，然后 CPU 通过访问存储器来执行该程序的指令。要注意的是，冯·诺依曼结构只是现代计算机的通用型计算模型，而现代计算机包含了更多更复杂的组成部件，其工作过程远远比冯·诺依曼型构复杂，在随后的章节中我们会做进一步的讲解。现在我们先观察一台拆解后的桌面计算机，直观对比其物理部件和冯·诺依曼结构的异同。

一台桌面计算机的内部构成通常包括整机的电源、硬盘和主板，其中主板是计算机的“躯干”，用于连接微处理器（对应冯·诺依曼结构中的 CPU）、内存（对应冯·诺依曼结构中的存储器）、显卡、声卡、硬盘、鼠标、键盘等所有设备。微处理器安装在主板上，其外部被一个散热风扇覆盖。图 1-15 给出了 LGA 1366 主板展示，图中编号从①～⑯的接口分别是：微处理器插座、北桥芯片、南桥芯片、内存插座、PCI 总线插槽、PCI Express 插槽、跳线、控制面板、主板电源、CPU 电源、背板 I/O、USB 针脚、前置面板音效、SATA 总线插槽、ATA 总线插槽、软盘插槽。PCI、SATA、ATA 是不同的总线标准，用于连接不同的设备，每类总线标准均包括控制、数据和地址信息。这些与总线相关的知识将会在第 8 章中介绍。

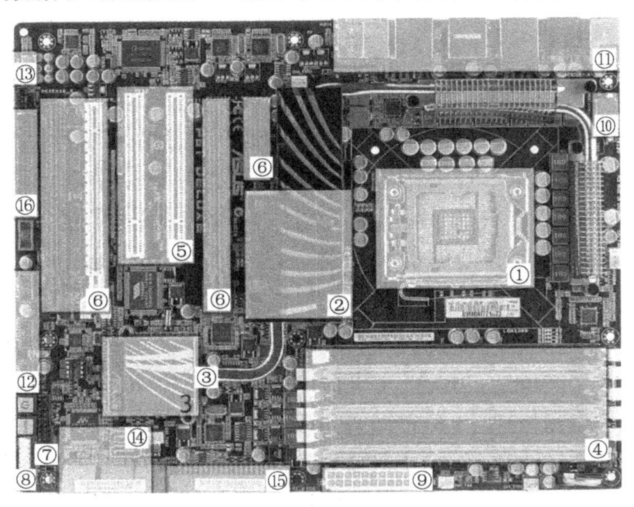

图 1-15　LGA 1366 主板

1.3　计算机的性能

影响计算机的性能因素涉及计算机的方方面面，例如选用更快的微处理器、更大的内存容量、更快的 I/O 设备都可以提高计算机的性能。一般人们评价计算机性能的快慢是基于自身的直观感受的，但是到底什么是计算机性能，或者说计算机性能与其每个组成部件的性能指标是什么关系，如何对计算机性能进行测评或量化，这一系列的问题都将在本节中讨论。本节还将介绍多种度量标准，并给出经典的处理器性能公式。

1.3.1 什么是性能

计算机和计算机的性能比较问题类似于汽车和汽车性能的比较。表1-2给出了两种型号汽车载客量和最高速度。如果我们问是跑车的“性能”好还是客车的“性能”好？这需要了解清楚这个“性能”到底是指汽车能跑到的最高速度还是汽车的载客量。即使只考虑速度，那么是只关心一个人的点对点的到达时间？还是关心一群人的点对点的到达时间？如果只关心一个人的点对点的到达时间，那么具有更高速度的跑车性能更好；反之，如果关心一群人的点对点的到达时间，那么具有更大旅客运送率的客车性能更好。同理，如果在不同个人计算机上运行同一个程序，那么可以说，首先完成程序运行的那台计算机更快；但是如果是一个数据中心，里面有成百上千台计算机，那应该说在单位时间内完成更多作业的计算机更快。因为对于个人计算机用户，程序响应时间的缩短会让用户直观感觉到性能的变好；但是数据中心往往对吞吐率更感兴趣。

表1-2 跑车和客车的载客量、最高速度等指标

汽车品牌	载客量	最高速度/（km/h）	旅客运送率（旅客量×最高速度）
跑车	2	250	500
客车	60	140	840

下面我们分别给出响应时间和吞吐率的定义及其概念范围。

- 程序的**响应时间**（Response Time，也可称为**执行时间**）是完成程序所需的总时间，包括处理器执行时间、硬盘和内存访问时间、I/O操作时间和操作系统开销等所有时间。响应时间的度量单位一般为秒。由于CPU是计算机系统的运算核心，人们通常更愿意把程序花费在CPU上的时间与总的响应时间区分开来，因此我们用CPU时间（也可称为**CPU执行时间**）来进一步表示程序花费在CPU执行上的时间，而不包括程序等待I/O或运行其他程序的时间。
- **吞吐率**（Throughput）是指在单位时间内完成的程序数量，计算方式为程序总数除以所花费的总时间。

一般来说，缩短程序的响应时间能增加系统的吞吐率，因为如果程序的响应时间缩短，那么在相同时间段能完成的程序数就会变多；反之则不一定成立，系统吞吐率的增加不一定会导致程序的响应时间变短。例如，选择增加系统中处理器的个数来分别处理更多的程序，能增加吞吐率，但是由于并未增加处理器的执行速度，因此程序的响应时间不变。

1.3.2 性能的计算

两台计算机之间的性能对比，我们可以简单地对比在其上执行同一程序的时间。由于计算机的性能和其上执行程序的时间为倒数关系，因此两台计算机A和B的性能之比等于其执行时间比的倒数：

$$\frac{性能_A}{性能_B}=\frac{执行时间_B}{执行时间_A}$$

下面看一个计算两台计算机的性能比的例题。

例题 1.1

计算机 A 执行一个程序需要 20 秒，而计算机 B 执行相同的程序需要 25 秒，试问计算机 A 和计算机 B 的性能比？

解答

性能 $_A$÷性能 $_B$=执行时间 $_B$÷执行时间 $_A$=25÷20=1.25

故计算机 A 的运行速度是计算机 B 的 1.25 倍。

需要注意的是，计算机中程序的执行时间包括 CPU 的使用时间、I/O 操作的时间和等待时间。如果设计者更关注程序的 **CPU 性能**，那么可以使用 **CPU 时间**来表示程序在 CPU 上的花费时间，而不包括等待 I/O 或操作系统调度的时间。

计算机内部的工作部件大多使用由晶振产生的时钟（Clock）信号来驱动和定时，例如 CPU。时钟间隔的时间称为**时钟周期**（Clock Cycle），因此时钟周期是计算机内部的基本计时单位，如图 1-16 所示。当我们研究 CPU 时，用时钟周期来度量时间可能会更方便。时钟周期时间的值为时钟频率的倒数。例如，时钟频率为 2GHz，对应的一个时钟周期时间为 500ps。

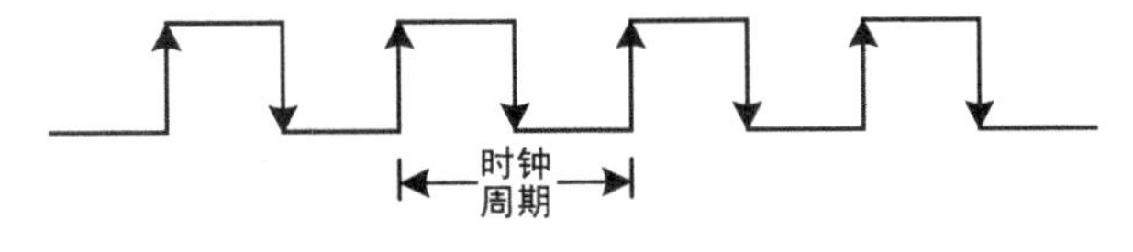

图 1-16　时钟周期

有了时钟周期的概念之后，我们就可以把时钟周期作为参数与 CPU 时间关联起来，即对程序 A，有：

$$\begin{aligned}\text{程序A的CPU时间} &= \text{程序A的时钟周期数} \times \text{时钟周期时间}\\ &= \text{程序A的时钟周期数} \div \text{时钟频率}\end{aligned}$$

CPU 时间公式清楚地表明了，如果设计者想缩短程序的 CPU 时间，要么减少程序的时钟周期数，要么缩短时钟周期时间，或提高时钟频率。上述 CPU 时间计算公式其实还可做进一步的细化，因为程序是一段具体的指令集（我们将在第 5 章中看到指令是如何组成程序的），程序的时钟周期数其实也就是它所对应的指令集所需花费的时钟周期数。因此，程序 A 的时钟周期数可用下面的公式进行计算：

$$\text{程序A的时钟周期数} = \text{程序A的指令数} \times \text{程序A的CPI}$$

其中，CPI（Clock cycles Per Instruction）表示执行每条指令所需的平均时钟周期数。我们通过下面的例题来学习 CPI 和程序的时钟周期数的关系。

例题 1.2

某个计算机系统中有 X、Y、Z 三类指令，下表给出了每类指令的 CPI。假设该计算机系统中有两段功能等价的程序 A 和 B，程序 A 中有 1 条 X 类指令，3 条 Y 类指令，1 条 Z 类指令；程序B中有4条X类指令，1条Y类指令，1条Z类指令。问程序A和B的指令数各是多少？程序A和B的CPI各是多少？

每类指令的CPI		
X	Y	Z
1	2	3

解答

（1）程序A的指令数为：1+3+1=5条

程序B的指令数为：4+1+1=6条

结论：程序B的指令数更多。

（2）程序的时钟周期数 $=\sum_i^{X,Y,Z} CPI_i \times C_i$，其中 C_i 是第 i 类指令的条数。因此，

程序A的时钟周期数=1×1+3×2+1×3=10

程序B的时钟周期数=4×1+1×2+1×3=9

由CPI=程序的时钟周期数÷指令数，得：

CPI_A=程序A的时钟周期数÷指令数=10÷5=2

CPI_B=程序B的时钟周期数÷指令数=9÷6=1.5

结论：程序B的CPI更小。

将上述CPU时间公式和程序的时钟周期数公式进行合并，可得：

$$\begin{aligned}\text{程序A的CPU时间} &= \text{程序A的指令数} \times \text{程序A的CPI} \times \text{时钟周期时间} \\ &= \text{程序A的指令数} \times \text{程序A的CPI} \div \text{时钟频率}\end{aligned}$$

例题1.3

在例题1.2的基础上，计算哪个程序执行得更快。

解答

由于两个程序均在同一计算机系统中执行，因此时钟周期相同，假设为 ΔT。根据CPU时间计算公式，可得：

CPU时间 $_A$=程序A的时钟周期数×时钟周期=10ΔT

CPU时间 $_B$=程序B的时钟周期数×时钟周期=9ΔT

结论：程序B执行得更快。

注意，从例题1.2中可以看出，CPI的值依赖于具体的程序，即便是在同一计算机系统中，不同程序的CPI也是不同的。另外，程序的性能还与编程语言、编译器、算法等因素有关，表1-3总结了一部分影响CPI、时钟频率和指令数的因素以及它们相互间的作用关系。

表1-3　编程语言等因素与CPU时间公式参数之间的关系

因　素	影响参数	关　系
编程语言和编译器	指令数、CPI	编译器将编程语言中的语句翻译为指令，决定了指令数。另外同样的功能，编译器可能生产不同的指令集，从而影响了CPI

续表

因　素	影响参数	关　系
算法	指令数、CPI	算法决定编程语言的语句条数，也就决定了指令数。算法同样可能使得不同的语句块完成相同的功能，因此也影响 CPI
指令集架构	指令数、CPI、时钟频率	指令集架构影响处理器性能的所有方面
制造工艺	时钟频率	制造工艺的尺寸越小，时钟频率越快

1.3.3　性能的测量

如何确定 1.3.2 节给出的程序 CPU 时间公式中的这些因素的值呢？我们可以通过在测试平台中运行被测程序来测量其 CPU 的执行时间。测试平台/测试环境可以测量出被测程序的指令数。另外，微处理器的文档中会给出时钟频率，也就很容易计算出时钟周期时间。这样根据 CPU 时间公式，就可计算出被测程序的 CPI 值。

性能测量的另一个问题就是如何选择合适的被测程序在不同的计算机系统中运行以测试其执行时间。不同指令集架构的微处理器，其擅长处理的程序类型是不同的，如果没有一个公开、公平、公正的测试程序标准，那么相信各大计算机制造厂商都会选择最有利于自己的计算机系统的测试程序去测试。因此，为了形成用于测量计算机性能指标的标准测试程序集（称为基准测试程序集），各大非营利性国际标准组织应运而生，如 SPEC 和 TPC 等。

SPEC（The Standard Performance Evaluation Corporation）①组织成立于 1988 年，其目的是为计算机系统建立标准化的基准测试程序集。目前，SPEC 发布的基准测试程序集已成为最成功的性能测试标准之一，已拥有了超过 60 家成员公司。历经 20 余年的发展，目前 SPEC 组织下有 4 个研究组，其中开放系统组（Open Systems Group）下还设有多个分委会，例如，CLOUD 分委会正在准备发布面向云计算的基准测试程序集；POWER 分委会发布了面向服务器功耗测试的 SPECpower_ssj2008 基准测试程序集；SFS 分委会发布了面向网络文件系统性能测试的 SPECsfs2008 基准测试程序集；面向处理器性能测试的基准测试程序集由 CPU 分委会发布，经历了从 SPEC89、SPEC92、SPEC95、SPEC2000 到 SPEC2006 的 5 次更新，最新的 SPEC2006 基准测试程序集包括了 12 个整数基准测试程序集（CINT2006）和 17 个浮点基准测试程序集（CFP2006）。表 1-4 的第 1 列和第 2 列给出了 CINT2006 中基准测试程序的名字和简称，第 3 列和第 4 列给出了每个基准测试程序在 AMD Opteron（皓龙）X4 处理器中的执行时间和参考时间。

表 1-4　在 AMD Opteron X4 处理器中运行 CINT2006 基准测试程序的结果

测试程序	简　称	执行时间/s	参考时间/s	SPECratio
GNU C 编译器	gcc	724	8050	11.1
解释性串处理	perl	637	9770	15.3

① SPEC 原来的全称为 The System Performance Evaluation Cooperative。

续表

测试程序	简　称	执行时间/s	参考时间/s	SPECratio
组合优化	mcf	1345	9120	6.8
块排序压缩	bzip2	817	9650	11.8
Go 游戏	go	721	10490	14.6
视频压缩	h264avc	993	22130	22.3
游戏/路径搜寻	astar	773	7020	9.1
搜索基因序列	hmmer	890	9330	10.5
量子计算机仿真	libquantum	1047	20720	19.8
离散事件仿真库	omnetpp	690	6250	9.1
象棋游戏	sjeng	837	12100	14.5
XML 解析	xalancbmk	1143	6900	6.0
几何平均值				11.7

为了使用一个总成绩来标识被测计算机的综合性能，SPEC 首先将被测计算机中测得的各个基准测试程序的执行时间与在参考计算机[①]中的执行时间进行对比，即用在参考计算机中的执行时间除以在被测计算机中的执行时间得到性能之比，称为 SPECratio（见表 1-4 中的第 5 列），然后计算所有基准测试程序的 SPECratio 值的几何平均值 $\sqrt[n]{\prod_{i=1}^{n} \text{SPECratio}_i}$ （n 表示基准测试程序的个数），得到单一的 SPECratio 的几何平均值。该值越大，表明性能越高。

除 SPEC 之外，还有其他的基准测试程序的发布组织，如 TPC（Transaction Processing Performance Council）。TPC 组织成立于 1988 年，主要制定和发布面向事务处理与数据库性能的基准测试程序集，测试被测系统和数据库在单位时间内能处理的事务个数。

1.3.4　性能的改进

提高计算机系统的性能，可以从芯片新材料的研发或改进制造工艺水平、采用新的计算机体系结构、提高系统部件内或部件间的并行处理程度、利用局部性原理和加快经常性事件的处理速度等多方面进行考虑。下面介绍提高并行性和加快经常性事件的处理速度两个方面的原则和方法，并给出计算机性能改进的量化定律——Amdahl 定律。本书的后续章节还会进一步介绍计算机体系结构与计算机性能之间的关系。

1．提高并行性

提高并行性是提高计算机性能的一种重要方法。在计算机系统中可以在不同的结构层次增设硬件资源以实现不同粒度的并行性，如操作级并行性、指令级并行、线程级并行和作业级并行。后续的章节将对这 4 种并行层级进一步做详细介绍。例如，第 4 章中的超前进位加

① 参考计算机选用的是 Sun 公司于 1997 年发布的 Ultra Enterprise 2，其微处理器是频率为 296 MHz 的 UltraSPARC II。

法器利用并行性加速求和过程是操作级并行；第 6 章中的流水线技术利用指令间的重叠执行加速指令执行是指令级并行；第 9 章中的多核多计算机系统通过线程级并行和作业级并行进一步加速程序的完成。

2. 加快经常性事件的处理

通过观察研究，发现程序在执行时呈现出局部性规律，即在一段时间内，整个程序的执行仅限于程序中的某一部分。程序的局部性原理又进一步体现在时间上和空间上：时间局部性是指程序中的某条指令/数据一旦被执行/访问，则不久之后该指令/数据可能将再次被执行/访问；空间局部性是指一旦程序访问了存储器中的某个存储单元，则不久之后其附近的存储单元也可能将被访问。

因此，如果我们能基于程序的局部性原理将程序需要频繁执行/访问的指令和数据以更快速度执行，那么也能有效提高计算机的性能。我们将在第 7 章详细讨论程序局部性原理的应用。不过，程序的局部性特征只是计算机经常性事件的一个方面的体现，其他方面的经常性事件还包括：处理器执行两个操作数相加时出现溢出的情况比较少见，而不溢出是更常见的情况。因此可以通过优化不溢出的相加操作来提高加法运算的性能。

设计者除了需要考虑改进计算机系统性能的手段外，还需要一种能量化计算机系统性能改进效果的计算方法。在给出 Amdahl 定律之前，我们先给出**加速比**的计算方法：

$$\text{加速比}=\frac{\text{改进后的性能}}{\text{改进前的性能}}=\frac{\text{改进前的程序执行时间}}{\text{改进后的程序执行时间}}$$

加速比是指，假定计算机进行了某些措施的改进，计算机性能在改进后相比于改进前所提高的比率。加速比的值越大，表明改进后计算机性能的提升越多。那么，影响加速比的因素有哪些呢？主要考虑下面两个因素：

① **在改进前的计算机系统中，能被改进的部分占总执行时间的比例**。例如，某个访问互联网网站的程序在原来计算机中的执行时间为 6s，其中 4s 的时间用于网络访问。为了加快程序的执行速度，设计者采用了更快的网络设备。那么在改进前的计算机系统中，能被改进的部分占总执行时间的比例为 4/6。这个比例也被称为**改进比例**，记为 p，它总小于等于 1。

② **改进部分采用改进措施后，相比没有采用改进措施性能提高的倍数**。这个值也称为**改进加速比**，记为 s，它总大于 1。以上面的例子为例，继续假设设计者所更换的网络设备性能是原网络设备的 2 倍，那么改进加速比为 2。

我们有了改进比例 p 和改进加速比 s 两个概念之后，假设改进前程序的执行时间为 T，改进后程序的执行时间为 T'，我们可以得出 T 和 T'具有如下关系：

$$T'=T\left(1-p+\frac{p}{s}\right)$$

那么改进后相对于改进前性能的加速比 s'为：

$$s'=\frac{T}{T'}=\frac{1}{(1-p)+\frac{p}{s}}$$

上面具体的性能加速比 s'的计算公式也被称为 Amdahl **定律**。仔细分析 Amdahl 定律，看看我们从中能得出什么结论？

1）当 p=0 时，表示没有可改进部分，那么 s'=1，即改进前、后的性能不变；

2）当 p=1 时，表示系统完全可改进，那么 s'就等于 s；

3）p=1 是一种理想情况，系统往往不可能做到完全可改进。因此我们来看 $0<p<1$ 时的情况。仍以前面访问网站的程序为例，p=4/6，我们计算 s'：

$$s' = \frac{1}{(1-p)+\frac{p}{s}} = \frac{1}{2/6+\frac{2s}{6}} < 3$$

由于 s 的值应大于 1，$2s/6$ 总大于 1/3，因此 s'的值始终小于 3。换句话说，不管设计者换用快多少倍的网络设备，计算机性能提高的倍数不会超过 3 倍。Amdahl 定律的重要之处也就是给出了提高系统性能的瓶颈因素：观察当 s 的值趋近无穷大时，$s'=1/(1-p)$，说明性能提高的瓶颈不在于改进加速比，而在于改进比例 p 的限制。下面看两个 Amdahl 定律应用的例题。

例题 1.4

我们有一个用于 Web 服务器系统的处理器。假定该处理器有 40%的时间用于计算，另外 60%的时间用于 I/O 操作。如果我们选用一个新的处理器来替换原有处理器，其中应用程序在新处理器上的运行速度是原来处理器的 10 倍，那么改进后性能的加速比是多少？

解答

根据题意，p=0.4，s=10，s'=1/(0.6+0.4/10)≈1.56

应用 Amdahl 定律时，一个常犯的错误是把“改进前改进部分所占的比例”和“改进后改进部分所占的比例”混淆，前者才是正确的。此外，Amdahl 定律也可应用于比较两种设计方案的系统性能，请看下面的例题。

例题 1.5

试分析采用哪种设计方案实现求浮点数平方根 FPSRQ（浮点运算的子集）对系统性能提高更大。假定 FPSRQ 操作时间占整个程序执行时间的 20%。

（1）第一种方案是增加专门的 FPSRQ 硬件，将 FPSRQ 操作的速度加快为原来的 10 倍；

（2）第二种方案是提高所有浮点运算的速度，使得浮点指令的执行速度加快为原来的 1.6 倍，设浮点预算指令在总执行时间中占 50%。

试比较这两种设计方案。

解答

对这两种设计方案的加速比分别进行计算：

（1）第一种方案：p=0.2，s=10，s'=1/(0.8+0.2/10)=1.22

（2）第二种方案：p=0.5，s=1.6，s'=1/(0.5+0.5/1.6)=1.23

结论：第二种方案的加速比更大，因此第二种方案更好。

1.4　课后知识简述

1. 芯片的制造环节

芯片的制造从沙子中的硅开始。硅是一种半导体材料，用特殊的制造方法对硅添加某些材料可以制成晶体管（本书将在第 3 章中继续介绍晶体管的制造工艺）。正如 1.1 节所述，现代微处理器的晶体管都是以超大规模集成电路的方式集成在一块芯片上的，其主要制作步骤如下。将沙子等原料中的二氧化硅提纯，形成圆柱状的硅晶棒，也叫硅锭，如图 1-17（a）所示。目前常见的硅锭直径约为 8～12 英寸，然后硅锭被切割成一片片厚度不超过 0.1 英寸的晶圆，如图 1-17（b）所示。晶圆的直径越大，同一片晶圆上可生产的处理器内核数量就越多，成本也就越低，但对工厂的材料技术和生产技术的要求也就越高。晶圆经过光刻、蚀刻、离子注入、电镀等 20～40 个加工环节后形成图样化晶圆，如图 1-17（c）所示。然后再将其上的每个内核，如图 1-17（d）所示，切割下来进行测试和封装，如图 1-17（e）所示。最后形成完整的芯片交付给用户。图 1-17（f）是 Intel 公司前 CEO 兼总裁 Paul Otellini 正在展示 22nm 工艺的晶圆。

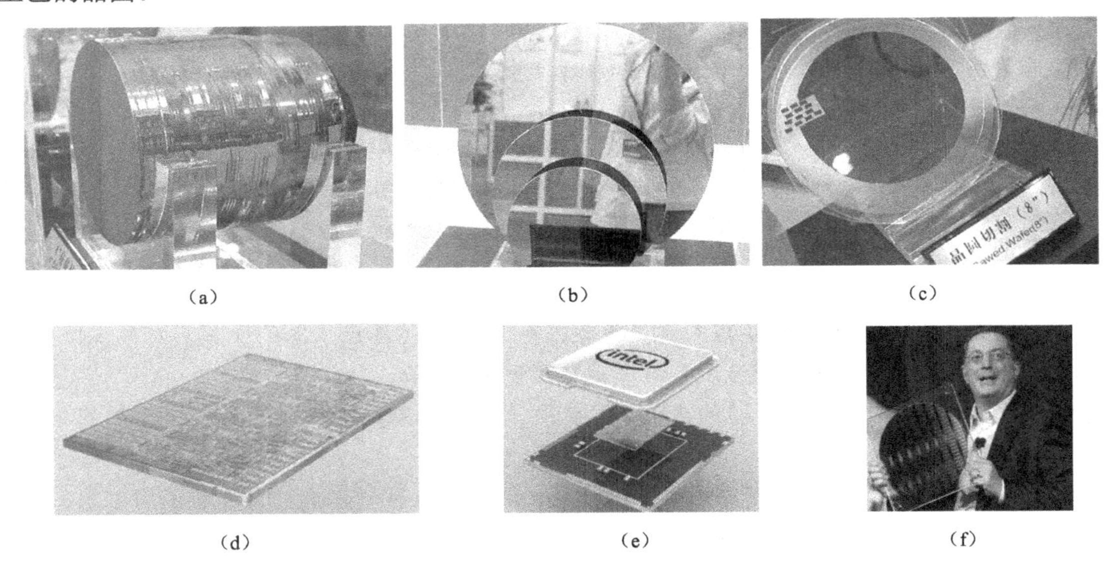

（a）　（b）　（c）　（d）　（e）　（f）

图 1-17　芯片各主要制作环节的形态

是不是硅就是制造芯片最好的材料呢？当然不是。近几十年来，微处理器的制造工艺一直在不断提升，目前最先进的工艺已达 7nm，非常接近硅晶体管的极限尺寸 5nm。为了继续满足摩尔定律，人们不断在尝试使用其他的新材料来继续缩小晶体管的尺寸。据 2016 年的《*Science*》报道，加州大学伯克利分校教授 Ali Javey 的团队使用碳纳米管（Carbon Nanotubes）和二硫化钼（MoS2）将晶体管的尺寸缩小到了 1nm。不过这项研究还处于早期的阶段，目前没有一个可大批量制造的可行方案。

2. 晶振

时钟信号是计算机系统中非常重要的工作信号，也是计算机内部的基本计时单位。计算机系统内部的公共时钟信号由晶振产生，其产生原理利用了石英晶体的压电效应①，能输出频率非常稳定的时钟信号。如图 1-18（a）所示的是无源晶振，内部只有晶片和 2 只引脚，需要外接振荡器，自身无法振荡起来；如图 1-18（b）所示的是有源晶振，有 4 只引脚，是一个完整的振荡器。

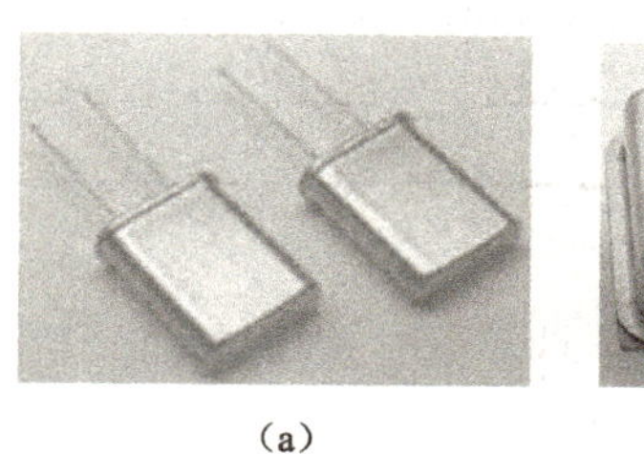

（a）

（b）

图 1-18　无源晶振和有源晶振

计算机主板上晶振输出的公共时钟信号频率一般为数十 MHz，但是显然 CPU 需要更高频率的时钟信号输入，而一些慢速模块又需要更低频率的时钟信号输入，因此需要使用倍频器和分频器对公共时钟信号进行倍频和分频之后分别提供给高频模块和低频模块使用。

1.5　本章小结

本章介绍了计算机技术的历史、现状和发展趋势，结合冯·诺依曼结构对比了现代计算机系统的内部构成，讨论了计算机系统的性能指标及计算公式，特别给出了 Amdahl 定律来量化计算机系统性能改进的效果，最后补充了芯片的主要制造环节中的相关知识。

习题 1

1. 简述摩尔定义内容。
2. 简述冯·诺依曼体系结构的构成。
3. 看看你的身边，哪些计算机系统属于 1.2.1 节所述的计算机的三种类别。
4. 下表给出了某个应用分别在三款处理器上运行时指令类型的数量和对应的 CPI 值。

处理器核数	每个核上的指令数			CPI		
	计算	取数/存数	分支	计算	取数/存数	分支
单核处理器	2560	1280	256	1	4	2
双核处理器	1280	640	128	1	4	2
四核处理器	640	320	64	1	4	2

① 将石英晶体薄片的两面上涂敷银层作为电极，然后施加交变电压，晶片就会产生机械振动，同时晶片的机械振动又会产生交变电场，这种物理现象称为压电效应。

请计算并回答以下问题：

（1）每个处理器执行的总指令数是多少？

（2）假设每个处理器的时钟频率为1.5GHz，求该应用分别在三款处理器上的执行时间？

（3）计算该应用在四核处理器上相比于在单核处理器上的加速比。

5．下表表示一些SPEC2006基准测试程序在AMD某芯片上的测试结果。

基准测试程序名	指令数$\times 10^9$	执行时间/s	参考时间/s
perl	2118	500	9770
mcf	336	1200	9120

请计算回答以下问题：

（1）假设该处理器的时钟频率为2GHz，计算两个程序的CPI值。

（2）计算两个程序的SPECratio的值。

（3）计算这两个基准程序的几何平均值。

6．计算机A的时钟周期为250ps，其CPI为2.0；计算机B的时钟周期为500ps，其CPI为1.2；两台计算机的ISA（指令集架构）相同，实现方式不同，问计算机A与计算机B哪个更快？快多少？

7．假设高速缓存Cache工作速度为主存的5倍，且Cache被访问命中的概率为90%，问采用Cache后，能使整个存储系统获得多高的加速比？

第 2 章 计算机的数值和编码

计算机所处理的信息可分为非数值型数据（逻辑数据、英文单词、汉字等）和数值型数据（整数、实数）两类。其中非数值型数据，如各种字母和符号，没有大小之分；而数值型数据，如+520、−5.20、5^3等，可用来表示数量的多少并能比较大小。因此计算机需要使用适当的编码方法来存储和表示这两类不同的数据内容，并能对信息的编码进行相应的运算。通过本章的学习，你将会了解到计算机所使用的信息表示方法及其运算的实现机制。

2.1 进位计数制

2.1.1 二进制和十六进制

人们在日常生活中采用的计数方式有很多，例如一年有 12 个月，那么这是 12 的进制；一周有 7 天，则是 7 的进制；而人们平常使用最多的且最熟悉的就是十进制计数方法。值得注意的是，一个数的值是固定不变的，只是选择不同进制计数的方法来描述。例如，某天在一周中可以被描述为星期几，也可在一个月中被描述为多少号。

进位计数制是人们用来计数的方式，涉及两个概念：**基数**（Radix）和**权**（Weight）。一种进位计数制中可以使用的数字符号的数目称为基数，所形成的数中的每个数字符号的位置都对应一个权，该数的值等于所有数字符号按权展开相加之和。例如，十进制数的基数是 10，十进制数 3254.69 按权展开的形式为：

$$3254.69=3\times10^3+2\times10^2+5\times10^1+4\times10^0+6\times10^{-1}+9\times10^{-2}$$

其中，数字 3 的位置对应的权为 10^3，数字 2 的位置对应的权为 10^2，其余类推，数字 9 的位置对应的权为 10^{-2}。

在一般的进位计数制中，基数 n 可以是任何大于等于 2 的整数，即 $n\geqslant2$。n 进制数 $m_im_{i-1}\cdots m_1m_0.m_{-1}m_{-2}\cdots m_{-j}$（$i$，$j$ 为正整数）的值计算可展开为：$m_i\times n^i+m_{i-1}\times n^{i-1}+\cdots+m_1\times n^1+m_0\times n^0+m_{-1}\times n^{-1}+m_{-2}\times n^{-2}+\cdots+m_{-j}\times n^{-j}$。

在日常生活中，我们采用十进制数来表示数值数据，但这种形式的数据在计算机内部难以直接存储和运算。我们将在第 3 章中学到，计算机处理的每位逻辑信号只有 0 和 1 两个逻辑值，因此计算机系统中的信息更适合采用二进制数进行编码。采用二进制编码有很多优点，例如，使用一个有两个稳定状态的物理器件就可以表示二进制数中的一位，而有两个稳定状态的物理器件实现起来简单、稳定。此外，二进制数的编码和运算规则都很简单和规则，易于实现。

二进制是一种最简单的进位计数制，它只有两个不同的数字符号：0 和 1，即基数为 2，每个数位计满 2 就向高位进位，即“逢 2 进 1”，第 i 位上的权是 2^i（习惯上把小数点左边第 1 个数字称为第 0 位）。例如，二进制数 1101.01_2 的值是 $1\times2^3+1\times2^2+0\times2^1+1\times2^0+0\times2^{-1}+1\times2^{-2}=13.75$。

其他进位计数制虽然不直接在计算机中使用，如十六进制，但是对于文档编制和数值的简化表示非常重要，也经常使用。十六进制数的基数为 16，逢 16 进 1，每个数位允许选用 0～9 以及 A、B、C、D、E、F 共 16 个不同的符号中的任意一个，其中 A～F 分别表示十进制数值 10～15，第 i 位上的权是 16^i。例如十六进制数 $AF23.ED_{16}$ 的值是 $10\times16^3+15\times16^2+2\times16^1+3\times16^0+14\times16^{-1}+13\times16^{-2}=44835.92578125$。

除了用数的下标区分不同进位计数制之外，很多编程语言还使用前缀来表示不同进位计数制，例如，前缀“0x”用来表示十六进制数，0xBFC0 表示的是十六进制数 $BFC0_{16}$。

2.1.2 不同进制间的转换

如前所述，在计算机内部采用的是二进制数，而在人们的日常生活中习惯用十进制数，同时在程序中又往往采用十六进制数表示，因此常常需要在不同的进制之间进行转换。表 2-1 列出了二进制、十进制和十六进制这三种常用进位计数制中数值之间的对应关系。

表 2-1 常用进位计数制之间的对应关系

二进制数	十进制数	十六进制数
0000	0	0
0001	1	1
0010	2	2
0011	3	3
0100	4	4
0101	5	5
0110	6	6
0111	7	7
1000	8	8
1001	9	9
1010	10	A
1011	11	B
1100	12	C
1101	13	D
1110	14	E
1111	15	F

1. 二进制数转换为十六进制数

将一个二进制数转换成十六进制数的方法是：将二进制数的整数部分和小数部分分别进行转换，即以小数点为界，整数部分从小数点开始往左数，每 4 位分成一组，当最左边的数不足 4 位时，可根据需要在数的最左边添加若干个 0 以补足 4 位；对于小数部分，从小数点开始往右数，每 4 位分成一组，当最右边的数不足 4 位时，可根据需要在数的最右边添加若干个 0 以补足 4 位，最终使二进制数的整数部分位数和小数部分位数都是 4 的倍数，然后将每组 4 位二进制数按照表 2-1 中的对应关系转换为十六进制数。

例如：

第 2 章

计算机的数值和编码

计算机所处理的信息可分为非数值型数据（逻辑数据、英文单词、汉字等）和数值型数据（整数、实数）两类。其中非数值型数据，如各种字母和符号，没有大小之分；而数值型数据，如+520、−5.20、5^3 等，可用来表示数量的多少并能比较大小。因此计算机需要使用适当的编码方法来存储和表示这两类不同的数据内容，并能对信息的编码进行相应的运算。通过本章的学习，你将会了解到计算机所使用的信息表示方法及其运算的实现机制。

2.1 进位计数制

2.1.1 二进制和十六进制

人们在日常生活中采用的计数方式有很多，例如一年有 12 个月，那么这是 12 的进制；一周有 7 天，则是 7 的进制；而人们平常使用最多的且最熟悉的就是十进制计数方法。值得注意的是，一个数的值是固定不变的，只是选择不同进制计数的方法来描述。例如，某天在一周中可以被描述为星期几，也可在一个月中被描述为多少号。

进位计数制是人们用来计数的方式，涉及两个概念：**基数**（Radix）和**权**（Weight）。一种进位计数制中可以使用的数字符号的数目称为基数，所形成的数中的每个数字符号的位置都对应一个权，该数的值等于所有数字符号按权展开相加之和。例如，十进制数的基数是 10，十进制数 3254.69 按权展开的形式为：

$$3254.69=3\times10^3+2\times10^2+5\times10^1+4\times10^0+6\times10^{-1}+9\times10^{-2}$$

其中，数字 3 的位置对应的权为 10^3，数字 2 的位置对应的权为 10^2，其余类推，数字 9 的位置对应的权为 10^{-2}。

在一般的进位计数制中，基数 n 可以是任何大于等于 2 的整数，即 $n\geqslant2$。n 进制数 $m_im_{i-1}\cdots m_1m_0.m_{-1}m_{-2}\cdots m_{-j}$（$i$，$j$ 为正整数）的值计算可展开为：$m_i\times n^i+m_{i-1}\times n^{i-1}+\cdots+m_1\times n^1+m_0\times n^0+m_{-1}\times n^{-1}+m_{-2}\times n^{-2}+\cdots+m_{-j}\times n^{-j}$。

在日常生活中，我们采用十进制数来表示数值数据，但这种形式的数据在计算机内部难以直接存储和运算。我们将在第 3 章中学到，计算机处理的每位逻辑信号只有 0 和 1 两个逻辑值，因此计算机系统中的信息更适合采用二进制数进行编码。采用二进制编码有很多优点，例如，使用一个有两个稳定状态的物理器件就可以表示二进制数中的一位，而有两个稳定状态的物理器件实现起来简单、稳定。此外，二进制数的编码和运算规则都很简单和规则，易于实现。

二进制是一种最简单的进位计数制，它只有两个不同的数字符号：0 和 1，即基数为 2，每个数位计满 2 就向高位进位，即“逢 2 进 1”，第 i 位上的权是 2^i（习惯上把小数点左边第 1 个数字称为第 0 位）。例如，二进制数 1101.01_2 的值是 $1\times2^3+1\times2^2+0\times2^1+1\times2^0+0\times2^{-1}+1\times2^{-2}=13.75$。

其他进位计数制虽然不直接在计算机中使用，如十六进制，但是对于文档编制和数值的简化表示非常重要，也经常使用。十六进制数的基数为 16，逢 16 进 1，每个数位允许选用 0～9 以及 A、B、C、D、E、F 共 16 个不同的符号中的任意一个，其中 A～F 分别表示十进制数值 10～15，第 i 位上的权是 16^i。例如十六进制数 $AF23.ED_{16}$ 的值是 $10\times16^3+15\times16^2+2\times16^1+3\times16^0+14\times16^{-1}+13\times16^{-2}=44835.92578125$。

除了用数的下标区分不同进位计数制之外，很多编程语言还使用前缀来表示不同进位计数制，例如，前缀“0x”用来表示十六进制数，0xBFC0 表示的是十六进制数 $BFC0_{16}$。

2.1.2 不同进制间的转换

如前所述，在计算机内部采用的是二进制数，而在人们的日常生活中习惯用十进制数，同时在程序中又往往采用十六进制数表示，因此常常需要在不同的进制之间进行转换。表 2-1 列出了二进制、十进制和十六进制这三种常用进位计数制中数值之间的对应关系。

表 2-1 常用进位计数制之间的对应关系

二进制数	十进制数	十六进制数
0000	0	0
0001	1	1
0010	2	2
0011	3	3
0100	4	4
0101	5	5
0110	6	6
0111	7	7
1000	8	8
1001	9	9
1010	10	A
1011	11	B
1100	12	C
1101	13	D
1110	14	E
1111	15	F

1. 二进制数转换为十六进制数

将一个二进制数转换成十六进制数的方法是：将二进制数的整数部分和小数部分分别进行转换，即以小数点为界，整数部分从小数点开始往左数，每 4 位分成一组，当最左边的数不足 4 位时，可根据需要在数的最左边添加若干个 0 以补足 4 位；对于小数部分，从小数点开始往右数，每 4 位分成一组，当最右边的数不足 4 位时，可根据需要在数的最右边添加若干个 0 以补足 4 位，最终使二进制数的整数部分位数和小数部分位数都是 4 的倍数，然后将每组 4 位二进制数按照表 2-1 中的对应关系转换为十六进制数。

例如：

$$(1111101.11000110111)_2 = (0111\ 1101.1100\ 0110\ 1110)_2 = (7D.C6E)_{16}$$

2．十六进制数转换为二进制数

十六进制数转换成二进制数的方法比较简单，只需将 1 位十六进制数写成 4 位二进制数，然后将整数部分最左边的 0 和小数部分最右边的 0 去掉即可。

例如：

$$(F5C.6A8)_{16} = (1111\ 0101\ 1100.0110\ 1010\ 1000)_2 = (111101011100.\ 011010101)_2$$

3．二进制数转换为十进制数

要将一个二进制数转换成十进制数，只要把二进制数的各位数码与它们的权相乘，再把乘积相加，就得到对应的十进制数。

例如：

$$(1100101.0101)_2 = 1\times2^6+1\times2^5+0\times2^4+0\times2^3+1\times2^2+0\times2^1+1\times2^0+0\times2^{-1}+1\times2^{-2}+0\times2^{-3}+1\times2^{-4}$$
$$= (101.3125)_{10}$$

4．十进制数转换为二进制数

要将一个十进制数转换成二进制数，需要将整数和小数部分分别进行转换，最后将两部分的转换结果拼接起来即可。

（1）十进制整数转换为二进制整数

十进制整数转换为二进制整数的规则是：用要转换的十进制整数去除以 2，将得到的余数顺序记录下来，并将得到的每个中间的商作为下一步运算的被除数，直到商为 0 为止。先得到的余数为转换后的二进制整数中的低位，后得到的余数为二进制整数中的高位。

例如，将$(175)_{10}$转换成二进制数：

除数	被除数	余数
2	175	余数1（低位）
2	87	余数1
2	43	余数1
2	21	余数1
2	10	余数0
2	5	余数1
2	2	余数0
2	1	余数1（高位）
	0	

所以

$$(175)_{10} = (10101111)_2$$

（2）十进制小数转换为二进制小数

十进制小数转换为二进制小数的规则是：用基数 2 连续去乘所得到的十进制数的小数部分，将得到的整数部分顺序记录下来，直至乘积的小数部分等于 0 为止，先得到的整数为转换后二进制小数中的高位，后得到的整数为转换后二进制小数中的低位。

例如，将$(0.3125)_{10}$转换成二进制数：

$$0.3125 \times 2 = 0.625 \quad 整数部分为 0 \quad （高位）$$
$$0.625 \times 2 = 1.25 \quad 整数部分为 1$$
$$0.25 \times 2 = 0.5 \quad 整数部分为 0$$
$$0.5 \times 2 = 1.0 \quad 整数部分为 1 \quad （低位）$$

所以

$$(0.3125)_{10} = (0.0101)_2$$

若要将十进制数 175.3125 转换成二进制数，应对整数部分和小数部分分别进行转换，然后再进行整合：

$$(175.3125)_{10} = (10101111.0101)_2$$

需要注意的是，有的十进制小数不能准确地换算为等值的二进制小数，存在一定的换算误差。

例如，将$(0.5627)_{10}$转换成二进制数：

$$0.5627 \times 2 = 1.1254 \quad 整数部分为 1$$
$$0.1254 \times 2 = 0.2508 \quad 整数部分为 0$$
$$0.2508 \times 2 = 0.5016 \quad 整数部分为 0$$
$$0.5016 \times 2 = 1.0032 \quad 整数部分为 1$$
$$0.0032 \times 2 = 0.0064 \quad 整数部分为 0$$
$$0.0064 \times 2 = 0.0128 \quad 整数部分为 0$$

……

我们发现在这个例子中，小数位始终无法达到 0，但这个计算过程不能无限循环下去，所以需要根据精度要求，截取一定的数位，造成的误差值小于截取的最低一位数的权。

当要求二进制数取 m 位小数时，一般可求 m+1 位，然后对最低位进行“0 舍 1 入”处理。例如：$(0.5627)_{10}$若转换后的二进制小数只取前 5 位，则由于小数点后第 6 位为 0，被舍去，因此$(0.5627)_{10} = (0.10010)_2$。

2.2 二进制数的表示和运算

2.2.1 二进制数的基本加/减法运算

在 2.1 节中介绍的二进制数可以看作**无符号数**（Unsigned Number），因为它不区分数的正负号。那么 n 位二进制无符号数可表示的数值范围为$[0, 2^n-1]$。本节学习相同位数二进制数的加法和减法运算过程。

二进制数的加法和减法过程与十进制数的加法和减法过程类似。要将两个相同位数二进制数 X 和 Y 相加，需要将两个数的对应位以及低位的进位相加，生成本位的和 S 以及向高位的进位。加法运算表如表 2-2 所示。计算结果的位数与参与运算的两个二进制数的位数相同，若在计算中产生了最高位的进位，则单独用一个进位标志 C 表示。

表 2-2 二进制加法表

X	Y	低位进位	S	高位进位
0	0	0	0	0
0	1	0	1	0
1	0	0	1	0
1	1	0	0	1
0	0	1	1	0
0	1	1	0	1
1	0	1	0	1
1	1	1	1	1

例题 2.1

计算两个 8 位二进制数 1011 0001 和 1010 0101 之和。

解答　二进制数的加法运算是，从最低位向最高位依次根据表 2-2 中的计算规则进行相加，如下所示：

```
   1011 0001
 + 1010 0101
 -----------
  [1]0101 0110
```

最后的计算结果为 0101 0110，由于在计算过程中最高位产生了进位，因此进位标志 C 的值为 1。

要将两个相同位数二进制数 X 和 Y 相减，根据两个数的大小，相减结果有可能为正数也有可能为负数。由于二进制负数的表示较麻烦，因此将在后面单独介绍。本节只讨论 $X>Y$ 的情况。尽管被减数大于减数，但是对于某一位仍然存在 0～1 的可能性，因此二进制数减法与十进制数减法类似，需要考虑借位。减法计算结果的位数与参与运算的两个二进制数的位数相同。下面通过例子来学习二进制数的减法过程。

例题 2.2

计算两个 8 位二进制数 1011 0001 和 1000 1111 之差。

解答　二进制数的减法运算也是从最低位向最高位依次进行的，如下：

```
      借位
   1011 0001
 + 1000 0101
 -----------
   0010 1100
```

其中，被减数所产生借位的位数已标记出来，最后的计算结果为 0010 1100。

2.2.2　二进制数的补码表示法

在 2.2.1 节中，我们学习了二进制数的加、减法运算，但是还留下了一个问题，那就是负数在二进制数中又应该如何表示和参与运算呢？二进制数的编码还需要解决数的正、负的表示问题。考虑到二进制编码只有 0 和 1 两个数字，那么可用一位二进制数来表示符号并与表示数值的二进制编码一起参与运算，这种二进制数也称为**符号数**。通常，规定符号位用 0 表示该数为正，用 1 表示该数为负。在计算机系统中，最常见的二进制数表示法是**补码**形式。

在“符号-数值”表示法中，一个数由表示该数为正或负的符号和数值两部分组成。例如，十进制正数和负数可写为+57，−123.4 等形式。当“符号-数值”表示法直接应用于 n 位二进制数时，可将最高位可作为符号位，剩余的 n−1 位表示数值大小。例如，二进制数 00010110 表示的值为+22，二进制数 10010110 表示的值为−22。更一般地，一个 n 位“符号-数值”二进制数表示的范围是$-(2^{n-1}-1)$～$+(2^{n-1}-1)$，在这种表示法中，零有两种可能的表示，即+0 和−0。

要基于这种“符号-数值”表示法实现两个二进制数的加法，加法器电路必须先检查加数和被加数的符号以决定对数值做什么操作：如果两个数的符号相同，则将两个数的数值部分相加并给结果赋以相同的符号；如果两个数的符号不同，则必须先比较两个数的数值部分，用较大的数值减去较小的数值，并给结果赋以数值较大的数的符号。由此我们看到，如果基于这种“符号-数值”表示法实现加法运算，则其具体计算过程是不相同的，取决于两个数的符号是什么，这增加了运算硬件电路的设计和实现复杂性（加法器的设计和实现方法我们将在第 4 章中学习）。因此，我们需要一种更方便的数制来区分表示二进制正负数，并能简化运算电路的实现。

用二进制补码数制（Complement Number System）计算两个二进制数的加法或减法过程是：先将运算符号结合进制数的表示，然后将两个数分别变换为补码表示，并将运算变换为这两个补码数的加法算法，然后再进行计算，从而避免像“符号-数值”表示法那样还需要判断参与运算的两个数的符号和数值。因此在进行二进制数的运算前，需要将数表示为补码形式。

计算一个二进制 n 位数 D 的补码的计算方法为：2^n-D。但是如果直接进行 2^n-D 的减法运算，还是没有规避掉我们不希望的减法运算，因此需要对 2^n-D 的减法运算过程进行变换。注意：D 是一个 n 位数，而 2^n 是一个 $n+1$ 位数，那么可以把 2^n 改写为：2^n-1+1。因此 2^n-D 可以变换为 $(2^n-1-D)+1$。仔细观察可以发现，2^n-1-D 是一个很规整的数，其计算规律是，不必真正计算减法，而是对应位取反即可。例如对于 4 位二进制数，2^4-1 的值为 1111，2^4-1-D 的运算结果如表 2-3 所示。习惯上，我们也把 2^n-1-D 的结果称为 D 的**反码**表示。因此二进制 n 位数 D 的补码的计算过程实际上是先进行每个二进制位的取反，然后再加 1。

表 2-3　4 位二进制数的反码

D	2^n-1-D（反码）
0000	1111
0001	1110
0010	1101
0011	1100
0100	1011
0101	1010
0110	1001
0111	1000
1000	0111
1001	0110
1010	0101
1011	0100
1100	0011
1101	0010
1110	0001
1111	0000

在二进制补码数制中，补码的最高位为符号位，0 表示该数为正数，1 表示该数为负数。正数的补码除了符号位单独表示之外，其他位数和前面介绍的二进制数表示一致。例如，十进制数 3 的 4 位二进制补码表示和 8 位二进制补码表示分别为：0011 和 0000 0011。对正数补码进行上述的求补码运算，可以得到该正数的相反数的补码。例如，十进制数-3 的 4 位二进制补码表示和 8 位二进制补码表示分别为：1101 和 1111 1101。若继续对负数的二进制补码再进行求补码运算，又可以得到该负数的相反数的补码，这样通过求补码运算，我们可以规整化地实现正、负数之间的互相转换，从而将不规整的加、减法运算变为规整的加法运算。

例题 2.3

求十进制数 59 与-59 的 8 位补码表示。

解答

（1）$(59)_{10}$ 对应的 7 位二进制数为 0111011，又由于是正数，符号位应为 0，故 59 的 8 位补码表示为 0011 1011。

（2）要得到$(-59)_{10}$的8位二进制补码表示，则要对$(59)_{10}$的8位补码先进行取反，然后再加1。0011 1011取反后的数为1100 0100，再加1后的数为：1100 0101。因此$(-59)_{10}$的8位补码表示为1100 0101。

例题 2.4

已知补码为1011 0100，求其真值。

解答

由于最高位为1，因此该数为负数。如前所述，对负数的补码进行求补码运算，可以得到该负数的相反数的补码。那么对1011 0100求补码运算后得到的数为：0100 1100，该数的值为76。所以补码1011 0100的真值为-76。

按照前面介绍的二进制补码的表示法，来看看一个n位二进制补码所能表示的数值范围是多大。由于最高位是符号位，因此n位二进制补码能表示的最大正数为$2^{n-1}-1$。例如，4位二进制补码能表示的最大正数为0111，因为如果再加1，就会变成1000，其值为-8。那么n位二进制补码能表示的最小负数是多少呢？还是以4位二进制补码为例，其负数范围为1000～1111，对应的真值为-8～-1，因此最高位为1，其余位为0，是最小的负数。所以n位二进制补码可表示的值的范围为$[-2^{n-1}, 2^{n-1}-1]$。[快速练习：分析8位二进制补码可表示的值的范围。]

另外，n位二进制补码X可扩展到m位二进制补码（$m>n$），扩展方法：为在X的左边增加相应的$m-n$个X的符号位，也称为**符号扩展**（Sign Extension）。例如，4位二进制补码0011符号扩展到8位二进制补码为：0000 0011；4位二进制补码1101符号扩展到8位二进制补码为：1111 1101。还有一种扩展方式，称为**零扩展**，扩展方法为用0去填补所有的差额位。例如，4位二进制数1011零扩展到8位二进制补码为：0000 1011。一般而言，符号扩展用于符号数的位数扩展；零扩展用于无符号数的位数扩展。

2.2.3 二进制数的加/减法运算

采用二进制补码表示法的好处还在于，当两个二进制补码进行运算时，不需要事先判断参加运算数据的符号位，符号位可以一起参与运算。只要最终的运算结果不超出其位数允许的数值范围，那么运算结果一定是正确的。下面为了方便统一描述，我们把二进制数X的补码形式记为$[X]_{补}$。

1. 补码加法

对于两个n位二进制补码的加法运算，其加法公式为：$[X+Y]_{补} = [X]_{补}+[Y]_{补}$，即$n$位二进制补码加法运算后的结果仍然是补码表示。在二进制数加法运算过程中，需要注意，二进制数的基数为2，每个数位计满2就要向高位进位。下面给出两个二进制补码加法运算的例子。

例题 2.5

设两个8位二进制补码分别为：X=0100 0100，Y=0001 0101，求$[X+Y]_{补}$。

解答

$[X+Y]_补=[X]_补+[Y]_补$=0100 0100+0001 0101=0101 1001

例题 2.6

设两个 8 位二进制补码分别为：X=1011 1100，Y=1110 1011，求$[X+Y]_补$。

解答

$[X+Y]_补=[X]_补+[Y]_补$=1011 1100+1110 1011=**<u>1</u>** 1010 0111

由于数位只有 8 位，因此最高位进位 1 需要舍去。

2. 补码减法

对于两个 n 位二进制补码的减法运算，其减法公式为：$[X-Y]_补 = [X]_补+[-Y]_补$。因此在计算机中实现补码减法操作需要先对减数进行求补码运算，然后再按上述的加法规则进行相加运算。

例题 2.7

设两个 8 位二进制补码分别为：X=0110 1100，Y=0101 0101，求$[X-Y]_补$。

解答

可以算出：$[X]_补$=0110 1100，$[-Y]_补$=1010 1011

那么 $[X-Y]_补=[X]_补+[-Y]_补$=0110 1100+1010 1011=**<u>1</u>** 0001 0111

由于数位只有 8 位，因此最高位进位 1 需要舍去。

3. 溢出及其判断

在计算机中，由于表示数的位数是有限的，因此数的表示范围也是有限的。如果两数进行加、减运算之后的运算结果超出了给定的取值范围，则称为**溢出**（Overflow）。在例题 2.6 和例题 2.7 中都产生了最高位进位 1，那么是否产生最高位进位和是否溢出之间存在什么关系呢？我们看看图 2-1 给出的 4 种情况。通过这 4 种情况的对比，我们发现，图 2-1（a）和（b）两种情况所得到的计算结果与预期的结果不一致，图 2-1（c）和（d）两种情况所得到的计算结果与预期的结果一致，特别是图 2-1（b）中没有产生最高位进位，计算结果仍然错误，而图 2-1（c）中产生最高位进位，但是计算结果正确。仔细分析错误原因，我们不难发现，图 2-1（a）和（b）的错误原因是，两个同号数求和的结果超过了 4 位二进制补码所能表示的最小值和最大值，因此造成加法结果的错误。可以通过简单的数学证明，符号相反的两个数之和不会出现溢出。因此溢出的情况只可能发生在两个同号数进行求和运算时。由此也可以看出，最高位是否产生进位与是否发生计算溢出并无直接关系。

那么如何判断溢出的发生呢？加法运算中有很简单的溢出判断规则：如果两个加数的符号相同，而计算出的和的符号位与两个加数的符号位不同，则此时出现加法溢出。如果在计算机的执行过程中出现了溢出这样的计算异常，则需要暂时中止计算，进入异常处理程序去处理这个异常，详细的过程我们还会在第 5 章中进行介绍。

```
   -4        1100              4        0100
 + -6      + 1010            + 6      + 0110
 -----     ------            -----    ------
  -10      [1]0010 =2          10       1010 =-6

      (a)                          (b)

   -4        1100              4        0100
 +  6      + 0110            + -6     + 1010
 -----     ------            -----    ------
    2      [1]0010 =2         -2        1110 =-2

      (c)                          (d)
```

图 2-1　二进制补码加、减运算的 4 种情况

例题 2.8

设两个 8 位二进制补码分别为：X=0110 1100，Y=0101 0100，判断$[X+Y]_{补}$是否溢出。

解答

$[X+Y]_{补}=[X]_{补}+[Y]_{补}$=0110 1100+0101 0100=1100 0000。由于两个加数的符号位同为 0，而结果的符号位为 1，因此发生了溢出。

例题 2.9

设两个 4 位二进制补码分别为：X=1011，Y=0100，判断$[X+Y]_{补}$是否溢出。

解答

由于两个加数的符号位不同，因此不会发生溢出。

2.2.4　二进制数的乘/除法运算

讨论二进制数的乘法运算之前，我们先了解一下两个二进制数 1101 和 1011 的手算乘法过程，其过程如图 2-2 所示。由于在计算机中很难实现多个二进制数的一次性求和运算，因此需对乘法过程中所产生的每个位积进行累加计算。以图 2-2 给出的例子为例，第一次累加时的部分积的初始值为零，并且由于每次累加时可能产生进位，因此每次累加后部分积都会增加一位，同时每次累加时位积需要比前一次累加时多向左移一位，最右端补 0，如图 2-3 所示。由此可见，通过二进制数的移位运算（将在下面详细介绍）和加法运算可以实现二进制数的乘法运算。

通常，m 位二进制数乘以 n 位二进制数时，乘积最多为 $m+n$ 位二进制数。有符号数的乘法可以通过无符号数的乘法和符号位的值的判断方式（同号相乘为正，异号相乘为负）来实现。不过，二进制补码的乘法可直接对两个二进制补码进行运算，其过程在图 2-3 所给出的二进制数乘法的实现过程中略加修改便可实现。由于篇幅限制，这里不再详细给出二进制补码的乘法运算过程，有兴趣的读者请参阅相关书籍。

```
     1101    被乘数
×    1011      乘数
---------
     1101
    1101
   0000        位积
  1101
---------
 10001111      乘积
```

图 2-2 两个 4 位二进制补码数的手算乘法过程

```
     1101    被乘数
×    1011      乘数
---------
     0000    部分积
     1101      位积
---------
    01101    部分积
    11010      位积
---------
   100111    部分积
   000000      位积
---------
  0100111    部分积
  1101000      位积
---------
 10001111      乘积
```

图 2-3 两个 4 位二进制数的乘法实现

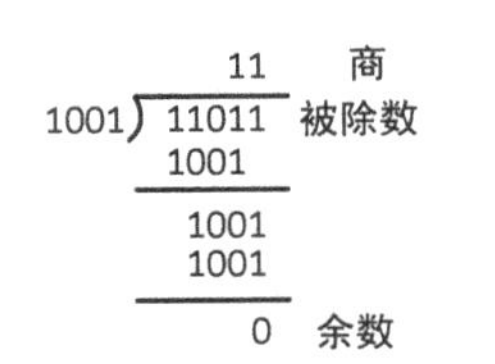

图 2-4 两个 4 位二进制数的除法

二进制数的除法基于二进制数的减法运算和移位运算，可通过无符号数的除法和符号位的值的判断方式（同号相除为正，异号相除为负）来实现。图 2-4 给出了两个二进制数 11011 和 1001 的手算除法过程。与乘法运算类似，二进制补码除法可直接对两个二进制补码进行运算，同样由于篇幅限制，这里不再详细给出二进制补码的除法运算过程，有兴趣的读者请参阅相关书籍。

2.2.5 二进制数的逻辑运算

在前面的学习过程中，我们发现，在加、减法运算中需要对二进制数进行取反运算，在乘、除法运算中还需要对二进制数进行移位操作。因此，这类二进制数的运算操作可以称为**逻辑运算**（Logical Operation）。计算机中的逻辑运算一般可以分为两类：移位操作类和按位运算类。

1. 移位操作

移位操作类按移位的方向可以分为左移和右移两类操作，其中左移（也称为逻辑左移和算术左移）操作最简单，在最低位直接补 0 即可。例如，8 位二进制数 0000 1010 左移 4 位后的结果为：1010 0000，因此逻辑左移 i 位实际上也相当于乘以 2^i。但是右移操作略比左移复杂，因为右移时最左端补位的数可有两种方案：一种与逻辑左移类似，在最左端补 0，这种右移方式称为逻辑右移；另一种在最左端根据被移位数的符号位的值来补位，这种右移方式称为算术右移。算术右移保证移位后的数的符号位不变。若被移位的数是正数，则移动相同位数的逻辑右移和算术右移的结果相同。

例题 2.10

请分别写出 8 位二进制数 1010 1101 逻辑右移 4 位和算术右移 4 位后的结果。

解答

8 位二进制数 1010 1101 逻辑右移 4 位后的结果为：0000 1010，算术右移 4 位后的结果为 1111 1010。

我们将在第 4 章中介绍移位器的设计和实现。

2. 按位运算

在计算机中，我们除了需要进行二进制数的加、减、乘、除等算术运算外，还需要对无符号二进制数进行按位逻辑运算。由于文本、图片、声音等非数值数据在计算机中均以该形式进行存储和处理，因此逻辑运算也是一种非常重要的运算。

利用逻辑运算可以进行两个操作数的比较，或者从操作数中选取其中几位等操作。计算机中常用的逻辑运算有逻辑非、逻辑与、逻辑或、逻辑异或等 4 种运算。

（1）逻辑非运算

逻辑非运算又称为取反运算，其操作是对操作数的各位进行按位取反操作，使每位 0 变成 1、1 变成 0。逻辑非运算的运算符为“−”。

例题 2.11

请写出 8 位二进制数 X=1010 1101 进行逻辑非运算后的 $\bar{X}$ 的值。

解答

$\bar{X}$ =0101 0010

（2）逻辑与运算

逻辑与运算将两个操作数相同位上的值进行按位“与”运算：若两位上的值都是 1，则结果的对应位上的值也为 1，否则结果的对应位上的值为 0。逻辑与运算的运算符为“·”。

例题 2.12

请写出 8 位二进制数 X=0010 1101 和 Y=1110 0001 进行逻辑与运算后的 $X·Y$ 的值。

解答

$X·Y$=0010 0001

从逻辑与运算的定义可以看出，任何数与 0 进行逻辑与运算都会变成 0，而与 1 进行逻辑与运算则保持原有数不变。所以在实际应用中，如果需要将一个数的某几位置 0（其他位保持不变），会用到逻辑与运算。在 n 位二进制整数中，我们习惯把左边第一位称为第 n−1 位，把右边第一位称为第 0 位。

例题 2.13

若想将一个 8 位二进制数 X=0111 0010 的第 7 位、第 4 位和第 1 位置 0，请提出你的办法并给出结果。

解答

前面提到，若想将 8 位二进制数 X 的第 7 位、第 4 位和第 1 位置 0，而其余位不变，那么应该将 X 和 Y(=0110 1101)进行与运算，其结果为：$X·Y$=0110 0000。

（3）逻辑或运算

逻辑或运算将两个操作数相同位上的值进行按位“或”运算：若两个位的值上都是 0，则结果的对应位上的值也为 0，否则结果的对应位上的值为 1。逻辑或运算的运算符为“+”。

例题 2.14

请写出 8 位二进制数 X=0010 1101 和 Y=1110 0001 进行逻辑或运算后的 $X+Y$ 的值。

解答

$X+Y$=1110 1101

从逻辑与运算的定义可以看出，任何数与 1 进行逻辑或运算都会变成 1，而与 0 进行逻辑或运算则保持原有数不变。所以在实际应用中，如果需要将一个数据的某几位置 1（其他位保持不变），会用到逻辑或运算。

例题 2.15

若想将一个 8 位二进制数 X=0110 1000 的第 7 位、第 4 位和第 1 位置 1，请提出你的办法并给出结果。

解答

前面提到，若想将 8 位二进制数 X 的第 7 位、第 4 位和第 1 位置 1，而其余位不变，那么应该将 X 和 Y(=1001 0010)进行逻辑或运算，其结果为：$X+Y$=1111 1010。

（4）逻辑异或运算

逻辑异或运算将两个操作数相同位上的值进行按位“异或”运算：若两个位上的值相同，则结果的对应位上的值为 0，否则结果的对应位上的值为 1。逻辑异或运算的运算符为“$\oplus$”。

例题 2.16

请写出 8 位二进制数 X=0010 1101 和 Y=1110 0001 进行逻辑或运算后的 $X \oplus Y$ 的值。

解答

$X \oplus Y$=1100 1100

从逻辑异或运算的定义可以看出，任何数与 1 进行逻辑异或运算都会变反，而与 0 进行逻辑异或运算则保持原数不变。所以在实际应用中，如果需要将一个数据的某几位取反（其他位保持不变），会用到逻辑异或运算。

例题 2.17

若想将一个 8 位二进制数 X=0110 1000 的第 7 位、第 4 位和第 1 位取反，请提出你的办法并给出结果。

解答

前面提到，若想将 8 位二进制数 X 的第 7 位、第 4 位和第 1 位取反，而其余位不变，那么应该将 X 和 Y(=1001 0010)进行逻辑异或运算，其结果为：$X \oplus Y$=1111 1010。

逻辑异或还有一个特点，就是对一个数连续进行两次逻辑异或运算，该数就会恢复到原来的状态，这一特点在一些需要进行数据恢复的操作中是很有用的。

2.3　浮点数的表示和运算

如前所述，在用二进制编码表示小数时，可以将数的整数部分和小数部分分别表示。但是如何确定整数部分和小数部分应分配的位数是否满足计算机的大部分实数表示需求呢？我们先只考虑无符号实数，来看看下面两种方案哪种更好。

方案 1：分配 n 位二进制数作为整数部分，分配 m 位二进制数作为小数部分，那么该数的最大值为：$2^{n-1}+2^{n-2}+\cdots+2^0+2^{-1}+2^{-2}+\cdots+2^{-m}$，最小值为：$2^{-m}$。在这种方案中，由于整数部分和小数部分的位数都固定不变，小数点的位置是不变的，因此也称为**定点数**（Fixed-point）表示法。

方案 2：分配 n 位二进制数（二进制补码表示）作为指数部分，分配 m 位二进制数作为小数部分，那么该数的最大值为：$(2^{-1}+2^{-2}+\ldots+2^{-m})\times 2^{2^{n-1}-1}$，最小值为 $2^{-m}\times 2^{-2^{n-1}}$。由于改变指数部分的数值就相当于改变小数点的位置，因此这种表示方法也称为浮点数（Floating-point）表示法。

很显然，在占用同样位宽的条件下，方案 2 中的浮点表示法对于实数的表示范围更大、更灵活。例如，如果既需要表示电子的质量（9×10^{-28}g），又需要表示太阳的质量（2×10^{33}g），采用定点数表示法则需要整数部分和小数部分都具有很大的位宽，因此会占用更多的存储空间。

2.3.1　浮点数的表示

为了支持二进制正、负实数的表示，一个二进制数 N 的浮点表示需要三个字段：1 位符号位 S、n 位指数部分 E 和 m 位尾数部分 M。这三个字段对应的浮点数的值由以下公式计算：

$$N=(-1)^S\times M\times 2^E$$

式中，S 称为浮点数的符号，1 表示负数，0 表示正数；M 称为浮点数的尾数，给出小数部分有效数字的位数，从而决定了浮点数的表示精度；E 是浮点数的指数部分，指明小数点在数据中的位置，因而决定了浮点数的表示范围。从浮点数的表示方法我们还可以看出，同一个数值可能有多种浮点数的表示形式。例如：

$$11.11_2=1.111\times2^1=0.1111\times2^2=0.01111\times2^3=0.001111\times2^4=\cdots$$

因此，业界需要对浮点数的表示方法及存储方式有一个统一的规定。早在 1985 年，IEEE（Institute of Electrical and Electronics Engineers，美国电气和电子工程师协会）提出了二进制浮点数算术运算标准 IEEE-754，并以此作为规格化二进制浮点数表示的统一标准。目前，几乎所有的计算机都支持该标准，从而大大改善了软件的可移植性。IEEE-754 对规格化的浮点数的符号位 S、指数部分 E 和尾数部分 M 的存储方式做了如下规定：

- 浮点数的小数点左边的整数位不用存储，约定其值始终为 1，因此，该格式对应的浮点数表示为：$(-1)^S\times(1.M_2)\times2^E$。若尾数有 m 位，则称该浮点数的位数为 m+1 位（尾数位数加了隐含的 1）。
- 浮点数的尾数部分 M 按照浮点数的小数部分的真值进行存储。
- 浮点数的运算中经常会出现比较浮点数的指数大小的操作，若指数部分采用二进制补码的表示方法，将导致比较时间的增加，不利于浮点数计算性能的提升。因此在

IEEE-754 标准中，指数的实际值需加上一个固定偏移量 $2^{n-1}-1$ 后进行存储，使得最小负指数的存储值为 n 位($00\cdots00_2$)（实际值为$-2^{n-1}+1$)，最大正指数的存储值为 n 位($11\cdots11_2$)（实际值为 2^{n-1})。指数的实际值加上该偏移量之后的数值称为阶码。比较阶码大小的性能非常高，就是两个无符号二进制数之间的比较。

- 如果尾数部分为全 0，阶码为全 0，那么表示的浮点数为 0；如果尾数部分为全 0，阶码为全 1，那么表示无穷；如果尾数部分不为全 0，但阶码仍为全 1，那么表示无效操作数。因此在表示正常的非 0 浮点数时，阶码不能为全 0 也不能为全 1。

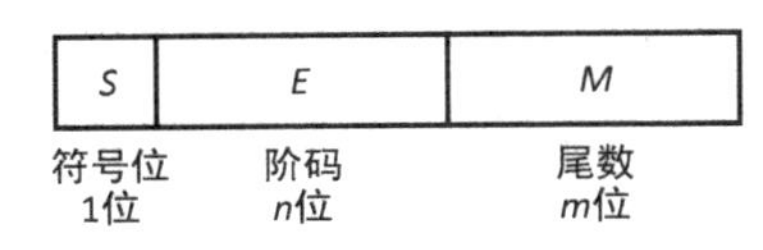

图 2-5　浮点数的存放方式

IEEE-754 规定的三个字段的存储方式如图 2-5 所示，其中符号位在最高位，可以方便快速地比较出大于、小于、等于 0 的情况；其次是阶码字段，可以方便快速地比较浮点数的大小，因为在符号位相同的情况下，阶码数值越大，浮点数的数值就越大；最后是尾数字段。IEEE-754 标准还规定了两种精度的浮点数格式：单精度浮点数用 4 字节（即 32 个二进制位）存储表示，双精度浮点数用 8 字节（即 64 个二进制位）存储表示，如图 2-6 所示。

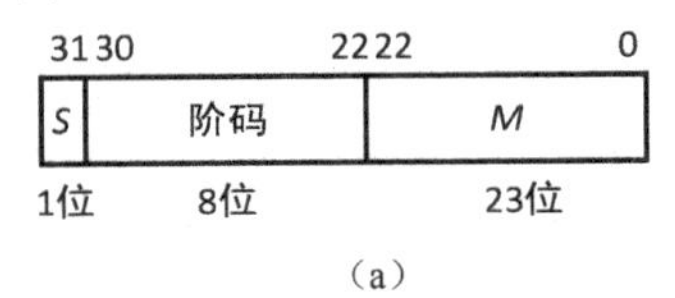

（a）

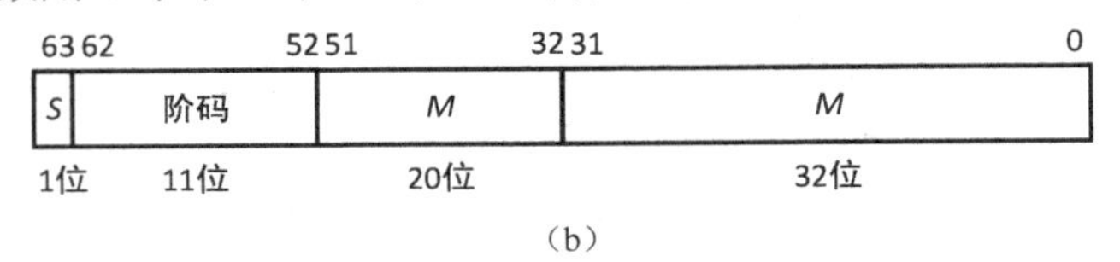

（b）

图 2-6　单精度和双精度浮点数的存放方式

从图 2-6 中我们可以看出：

- 单精度浮点数的存储需要 32 位，4 字节，其中阶码字段占 8 位，阶码的偏移量为$(127)_{10}$($7F_{16}$)；尾数字段占 23 位，因此单精度浮点数的表示范围为：

  $\pm1.0000\ 0000\ 0000\ 0000\ 0000\ 000_2\times2^{-126}\sim\pm1.1111\ 1111\ 1111\ 1111\ 1111\ 111_2\times2^{127}$

- 双精度浮点数的存储需要 64 位，8 字节，其中阶码字段占 11 位，阶码的偏移量为$(1023)_{10}$即$(3FF)_{16}$；尾数字段占 52 位，因此双精度浮点数的表示范围为：

  $(\pm1.0000\cdots0)_2$(52 位 0)$\times2^{-1022}\sim(\pm1.1111\ 1111\ 1111\ 1111\ 1111\ 111)_2$(52 位 1)$\times2^{1023}$

目前，大多数高级语言都按照 IEEE-754 标准来规定浮点数的存储格式，例如 C 和 Java 语言中定义了 float 和 double 两个类型来分别表示单精度浮点数和双精度浮点数。表 2-4 进一步给出了 IEEE-754 规定的单精度浮点数和双精度浮点数的编码要求。

表 2-4　单精度和双精度浮点数的编码

单精度浮点数		双精度浮点数		表示的数
阶码字段	尾数字段	阶码字段	尾数字段	
0	0	0	0	0
0	非 0	0	非 0	非规格化数
1～254	任意	1～2046	任意	浮点数
255	0	2047	0	无穷
255	非 0	2047	非 0	无效数

2.3.2　浮点数的运算

由于阶码的值直接反映了浮点数小数点的实际位置，因此当两个浮点数的阶码值不同时，这两个浮点数尾数的小数点的实际位置是不一样的，此时尾数部分不能直接进行加减运算。两个浮点数若要进行加减运算，需要按顺序完成以下几个操作。

1. 对阶操作

对阶的目的是让两个浮点数的小数点位置对齐，也就是让两个数的阶码相等。为此，首先计算出阶差，然后按小阶向大阶看齐的原则，使阶小的尾数连同隐藏位 1 一起向右移位，每右移 1 位，阶码加 1，直到两数的阶码相等为止。右移的次数正好等于阶差。若出现低位右移出尾数部分的有效位的情况，则根据 IEEE-754 标准定义的几种舍入方式进行操作，其中最简单的一种方式就是直接丢弃。

2. 尾数运算

由于尾数部分的运算结果可能为原来尾数的两倍，因此需在对阶后的两个浮点数的隐藏位的左边再增加 1 位隐藏位，值设为 0，此时隐藏位变为两位，然后将对阶后的两个浮点数按照二进制无符号小数的加、减运算规则进行运算。

3. 规格化处理

运算后的结果必须变成规格化的浮点数，即通过尾数部分连同两个隐藏位的左移或右移，使得两个隐藏位的值重新变为 01，并相应地改变阶码的大小，最后将隐藏位重新恢复为 1 位。若阶码减小为全 0，则说明此时数的指数太小，出现了下溢；若阶码增大到全 1，则说明此时数的指数太大，出现了上溢。

例题 2.18

假设浮点数的尾数部分有 7 位，指数部分有 5 位，试计算两个浮点数 $X=1.0110011\times2^9$，$Y=1.1101101\times2^7$（小数部分为二进制数表示，指数部分为十进制数表示）之和，并给出计算结果的阶码和尾数部分的值。若在对阶过程中低位移出尾数有效位，则直接丢弃。

解答

前面提到，指数的实际值需加上一个固定偏移量 $2^{n-1}-1$（n 为指数位数）后进行存储，由于指数部分有 5 位，因此固定偏移量为 01111。那么 X 的阶码为 11000，尾数为 0110011；Y 的阶码为 10110，尾数为 1101101。

（1）对阶操作。由于 X 的阶码更大，因此将 Y 的阶码增大为 11000，并且将 Y 的隐藏位连同尾数一起右移两位，尾数变为 0111011。

（2）尾数运算。X 和 Y 各增加一个隐藏位，X 变为浮点数 01.0110011×2^9，Y 变为浮点数 00.0111011×2^9，然后计算结果为浮点数 01.1101110×2^9。

（3）规格化处理。该值已经是一个规格化数，直接丢弃第一位隐藏位即可，即最后的计算结果为浮点数 1.1101110×2^9，该值对应的阶码为 11000，尾数部分为 1101110。

两个浮点数相乘的基本过程为：乘积的阶码为相乘两数的阶码之和，乘积的尾数应为相乘两数的尾数之积。两个浮点数相除的基本过程为：商的阶码为被除数的阶码减去除数的阶码，商的尾数为被除数的尾数除以除数的尾数所得商。具体计算细节由于篇幅所限，不再赘述，请有兴趣的读者参阅其他书籍。

2.4　字符的表示

非数值型数据，通常指的是日常生活中的字符、图形符号、汉字等数据，它们并不需要用来比较相互间的数值大小，一般也不需要对这些非数值型数据进行算术运算。如前所述，计算机系统中存储和处理的信息更适合采用二进制编码，因此字符数据也必须按照统一的规则用一组二进制编码来表示。

字符的编码方式有很多种，美国国家标准局（ANSI）制定的ASCII（American Standard Code for Information Interchange，美国信息交换标准码）是现今最为通用的单字节编码系统，它主要用于显示现代英文字母和符号，已被国际标准化组织（ISO）定为国际标准，称为ISO 646标准。

ASCII码用一个字节中的低7位二进制编码（0～127）表示一个字符，共可表示128个字符，其中有95个是可显示和打印的字符，包括10个十进制数字（0～9）、52个英文大写和小写字母（A～Z，a～z）以及若干个运算符和标点符号，除此之外的33个字符是不可显示和打印的控制符号，原先用于控制计算机外围设备的某些工作特性，现在多数已被废弃。存储ASCII码的字节的最高位固定为0。ASCII字符编码表如表2-5所示，表中的横轴为7位ASCII码高3位$b_6b_5b_4$的二进制值，纵轴为ASCII码低4位$b_3b_2b_1b_0$的二进制值。

表2-5　ASCII字符编码表

$b_6b_5b_4$ / $b_3b_2b_1b_0$	000	001	010	011	100	101	110	111
0000	NUL	DLE	SP	0	@	F	‘	P
0001	SOH	DC1	!	1	A	Q	a	q
0010	STX	DC2	"	2	B	R	b	r
0011	ETX	DC3	#	3	C	S	c	s
0100	EOT	DC4	$	4	D	T	d	t
0101	ENQ	NAK	%	5	E	U	e	u
0110	ACK	SYN	&	6	F	V	f	v
0111	BEL	ETB	’	7	G	W	g	w
1000	BS	CAN	(	8	H	X	h	x
1001	HT	EM	)	9	I	Y	i	y
1010	LF	SUB	*	:	J	Z	j	z
1011	VT	ESC	+	;	K	[	k	{
1100	FF	FS	,	<	L	\	l	|
1101	CR	GS	-	=	M	]	m	}

续表

$b_6b_5b_4$ / $b_3b_2b_1b_0$	000	001	010	011	100	101	110	111
1110	SO	RS	.	>	N	^	n	～
1111	SI	US	/	?	O	_	o	DEL

除了使用字节最高位为 0 的标准 ASCII 码之外，许多公司和组织还通过使用字节最高位为 1 的另外 128 个编码（128～255）来自定义扩展的 ASCII 码系统，因此可以扩展表示 256 个不同的字符。

但是，现今人类使用的语言多达 6000 余种，即使是扩展 ASCII 码到 8 位二进制数也不能满足符号的表示需要。解决问题的最佳方案是设计一种全新的编码方法，而这种方法必须有足够的能力来表示全世界所有语言中任意一种语言的所有符号，这就是 Unicode（统一码）。Unicode 为每种语言中的每个字符设定了统一并且唯一的二进制编码，以满足跨语言、跨平台进行文本转换及处理的要求。Unicode 中字符的表示分为 17 个平面（Plane），每个平面用 4 位十六进制数编码该平面内的字符，因此理论上每个平面允许表示 2^{16}=65536 个字符。ASCII 码和两万多个汉字的编码均在平面 0 里定义。

需要注意的是，Unicode 只规定了符号的二进制编码，却没有规定这个二进制代码应该如何存储。这就带来两个问题，第一，如何区分 Unicode 和 ASCII 的编码？计算机怎么知道是两个字节或更多个字节一起表示一个符号，而不是分别表示多个符号？第二，我们已经知道，英文字母只用一个字节表示就够了，如果 Unicode 统一规定，每个符号要用两个或多个字节表示，那么每个英文字母的存储其实只有一个有效字节，其他字节都浪费掉了。这对于存储来说是极大的浪费，会造成文本文件的大小大出好几倍，这是无法接受的。正因为如此，出现了 Unicode 的多种存储方式，这导致了 Unicode 在很长一段时间内无法推广。

随着互联网的普及，强烈需要一种统一的 Unicode 编码方式。UTF-8 是目前在互联网上使用最广的一种 Unicode 编码方式。它是一种变长的编码方式，使用 1～4 个字节表示一个符号，它与 Unicode 对应的编码关系如表 2-6 所示。

表 2-6　Unicode 和 UTF-8 的编码对应关系

Unicode 编码（十六进制数表示）	UTF-8 编码模板（二进制数表示）
000000～00007F	0xxxxxxx
000080～0007FF	110xxxxx 10xxxxxx
000800～00FFFF	1110xxxx 10xxxxxx 10xxxxxx
010000～10FFFF	11110xxx 10xxxxxx 10xxxxxx 10xxxxxx

从表 2-6 中可以看出：

- 对于 UTF-8 的单字节编码，该字节的最高位为 0，后面 7 位编码对应这个符号在 Unicode 编码中的低 7 位。因此对于英语字母，UTF-8 编码和 ASCII 码是相同的。

- 对于 n 个字节的符号（$1<n\leq 4$），其 UTF-8 编码第一个字节中的前 n 位均为 1，第 $n+1$ 位为 0，然后除第一个字节之外的其他每个字节的最高两位均设为 10，其余位的值由该字符的 Unicode 编码进行按位填充。

按照 UTF-8 的编码方式解析字节的过程比较简单：如果字符对应的字节的第一位是 0，这个字节单独就是该字符的编码；如果字符对应的字节的高几位均是 1，则连续 1 的个数表示当前字符占用多少个字节。例如，假设某个汉字的 Unicode 编码是 0x6C49。0x6C49 在 0x0800～0xFFFF 之间，查表 2-5 可以知道，需要 3 个字节的编码：

```
1110xxxx 10xxxxxx 10xxxxxx
```

将 0x6C49 写成二进制数是：0110 1100 0100 1001，然后填充进 3 个字节编码中的 x，得到：

```
11100110 10110001 10001001
```

即 0xE6B189。

2.5 课后知识简述

1. 格雷码

格雷码（Gray Code）是由贝尔实验室的 Frank Gray 在 1940 年提出，用于在 PCM（脉冲编码调变）方法传送信号时防止出错，现在常用于模拟—数字转换和位置—数字转换中。

如前所述，计算机内部所有的信息都是用二进制数进行编码的。各种信息都要转换为二进制代码才能进行处理。例如，十进制数 0～9，可用 4 位无符号二进制数 0000～1001 来表示，这种编码方式也称为 **BCD**（Binary-Coded Decimal）编码。如果用 BCD 编码来表示状态值，以 BCD 码不断加 1 的方式来表示状态的更新，那么当 0011 变为 0100 或 0111 变为 1000 时有多位的值均要变化。而在实际电路的实现中，这多位值的变化不可能绝对同时发生，在变化过程中可能会短暂出现其他代码（例如，在 0011 变为 0100 的过程中可能会出现 0111、0110 等错误情况）。这在特定情况下可能导致电路状态错误或引起其他的问题，使用格雷码编码方式则可以避免这种问题。

格雷码的编码能使所有相邻整数在它们的数字表示中只有一个数字不同。它在任意两个相邻的数之间进行转换时，只有一个数位的值发生变化，这减少了从一个状态变化到下一个状态的过程中可能出现的错误编码。另外由于其编码中的最大数与最小数之间也仅有一个数位的值不同，故通常又叫格雷反射码或循环码。表 2-7 给出了十进制数、二进制数与格雷码之间编码的对照表。

表 2-7 格雷码与十进制数、二进制数的对照表

十进制数	二进制数	格雷码	十进制数	二进制数	格雷码
0	0000	0000	8	1000	1100
1	0001	0001	9	1001	1101
2	0010	0011	10	1010	1111

续表

十进制数	二进制数	格雷码	十进制数	二进制数	格雷码
3	0011	0010	11	1011	1110
4	0100	0110	12	1100	1010
5	0101	0111	13	1101	1011
6	0110	0101	14	1110	1001
7	0111	0100	15	1111	1000

2. 数据校验码

数据在计算机系统中进行计算、存取和传输时，如果出现元器件故障或者外部物理环境干扰（如宇宙射线）等因素，可能会发生数值的改变。为了减少和避免这些错误，一方面需要从计算机硬件本身的可靠性入手，另一方面要采取相应的数据检错以及纠错机制，能自动地发现甚至纠正错误。目前的数据校验方法大多采用了冗余校验的思想，即在原数据信息之外还增加若干位编码位数，这些新增的编码位称为**校验位**（Check Bits）。例如，可对信息的编码增加一位奇偶校验位，若信息位中有偶数个 1，则置奇偶校验位为 0，否则置为 1，如表 2-8 所示。

表 2-8　3 个信息位所对应的奇偶校验位

信息位	奇偶校验码
000	000 0
001	001 1
010	010 1
011	011 0
100	100 1
101	101 0
110	110 0
111	111 1

从表 2-8，我们可以看出以下几点：

- 信息位的 8 个合法编码之间，最少有一个数位不同。我们称该信息位的码距为 1。同理，增加了奇偶校验位的奇偶校验码的不同合法编码之间，最少有两个数位不同，我们称该奇偶校验码的码距为 2。
- 若奇偶校验码中有任意一个数位的值发生了变化，则所形成的编码不再是一个合法的奇偶校验码。因此奇偶校验码可以发现单个数位的差错。例如，如果 1001 变成了 1000，则 1000 不在表 2-8 的第 2 列定义中。但是奇偶校验码不能发现两个数位的差错。又如，如果 1001 变成了 0000，这仍是一个合法的奇偶校验码。

因此，如果想要检测出多个数位的错误，就要增加编码的码距。一般而言，最小距离为 $2c+1$ 的编码最多可以用来纠正 c 位错，最小距离为 $2c+d+1$ 的编码最多可以纠正 c 位错的同时最多可以检测 d 位错。例如，奇偶校验码的码距为 2，对应的 c 值为 0，d 值为 1。常用的数据校验码的编码方式还有汉明码（Hamming Code）、循环冗余校验码（Cyclic-Redundancy-Check, CRC）等。

2.6 本章小结

本章先介绍了计算机系统中常用的几种进位计数制，并给出了不同进位计数制之间的转换计算方法，然后重点介绍了二进制整数的表示和常见的运算规则，以及浮点数的表示和规格化的存储方式，最后介绍了其他非数值数据的编码方式以及数据校验的原理。

习题 2

1．将十进制数 2249.69 转换为二进制数，小数部分保留 3 位，最低位进行 0 舍 1 入处理。

2．将十六进制数 FF63 分别转为十进制数、八进制数和二进制数。

3．试计算两个 8 位二进制无符号数 1111 1111 和 0000 0001 之和及进位标志。

4．计算两个 8 位二进制无符号数 1011 0001 和 1001 0011 之差。

5．4 位二进制补码 1000 的数值是多少？将其进行符号扩展到 8 位，请写出二进制补码。

6．写出：4 位二进制补码能表示的最小负数及其二进制补码；4 位二进制补码能表示的最大负数及其二进制补码；4 位二进制补码能表示的最大正数及其二进制补码。

7．8 位二进制补码 1111 1111 的数值是多少？试分别写出将其进行符号扩展和零扩展到 32 位的二进制补码（以十六进制数表示）。

8．写出十进制数-88 的 8 位二进制补码。

9．设两个 8 位二进制补码分别为：X=1110 1101，Y=0101 0100，能否不计算直接判断是否会产生溢出？并计算它们之和。

10．分别写出 8 位二进制数 1011 1001 逻辑右移 6 位和算术右移 6 位后的结果。

11．若要将一个 16 位二进制数 X=0111 0010 1111 0101 的第 15 位、第 7 位和第 2 位置 0，第 14 位、第 9 位和第 1 位置 1，第 10 位和第 6 位取反，请提出你的办法并给出结果。

12．假设浮点数的尾数部分有 8 位，指数部分有 4 位，试计算两个浮点数 $X=1.01100111\times2^{3}$，$Y=1.11010101\times2^{-3}$（小数部分为二进制数表示，指数部分为十进制数表示）的 $X-Y$ 的结果，并给出计算结果的符号位、阶码和尾数部分的值。若在对阶过程中低位移出尾数有效位，则直接丢弃。

13．假设某个符号的 Unicode 编码是 0x549，请写出其对应的 UTF-8 的编码。

第 3 章 计算机芯片的数字电路基础

从本章开始，我们将开始学习计算机芯片的数字电路相关基础知识。通过本章的学习，将会了解数字电路中门电路的逻辑功能、逻辑代数的公式和定理、逻辑函数的化简方法以及与逻辑电路的对应关系、数字电路不同逻辑系列的电气特性、门电路的代码实现等知识。

3.1 逻辑信号与门电路

模拟（analog）电路处理的是时变信号，这种信号的值随时间的变化而连续变化。数字（digital）电路是在模拟电路技术基础上发展起来的，它处理的也是时变信号，但是其值的变化并不是随时间连续变化的，而是任一时刻只有两种离散逻辑数值之一：0 或 1（或者称为“低”与“高”、“假”与“真”等），所以也称为数字逻辑电路或逻辑电路。模拟电路主要是实现模拟信号的产生、放大、变换等功能，而数字电路是实现输入/输出的数字量之间的逻辑变化关系。在计算机系统中，模拟电路和数字电路经常结合使用，例如，计算机核心功能部件如微处理器的工作信号是数字信号，计算机系统与大量外部设备通信的物理信道传输的是模拟信号，因此计算机系统与外设进行通信的时候还需有一个将数字信号与模拟信号进行转换的过程，称为 A/D、D/A 转换。

那么微处理器的实现方式为什么会从模拟电路转变到数字电路呢？那是因为数字电路更符合微处理器的设计工作原理：第一，我们已在第 2 章中看到和将在第 5 章中看到，计算机指令中的操作和操作数的表示都是基于 0 和 1 逻辑值的，因此数字电路更适合实现操作数的保存和运算；第二，功能性问题一旦被描述为数字的形式，就可以采用空间和时间上的逻辑步骤进行解决，形成输入和输出都是基于 0 和 1 逻辑值的功能模块；第三，在给定相同输入的情况下，一个良好设计的数字电路总是能产生相同的结果，而模拟电路的输出则更容易受到温度、电源电压等其他因素的影响而发生变化。

数字电路最基本的器件单元称为**“门电路”**（gate，也简称“门”）。一般地，一个门电路具有一个或多个逻辑输入，产生一个逻辑输出。**与门**（AND gate）、**或门**（OR gate）、**非门**（NOT gate）这三种基本门电路可以组合成任何的数字逻辑电路。图 3-1 给出了三种门电路符号和对应的真值表，其中每个门电路的真值表列出了输入逻辑值和对应输出值 F 的所有组合。三种门电路的运算过程可以分别定义为如下。

X	Y	F
0	0	0
0	1	0
1	0	0
1	1	1

（a）与门

X	Y	F
0	0	0
0	1	1
1	0	1
1	1	1

（b）或门

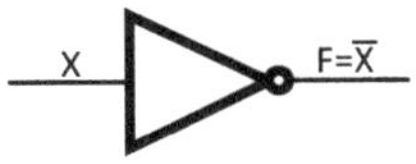

X	F
0	1
1	0

（c）非门

图 3-1 基本单元门

- 与门：当且仅当所有输入端都为逻辑 1 时，输出为逻辑 1。逻辑代数式为：$F=X \cdot Y$。
- 或门：当有一个及以上的输入端为逻辑 1 时，输出为逻辑 1。逻辑代数式为：$F=X+Y$。
- 非门：输出与输入的逻辑值相反。逻辑代数式为：$F=\overline{X}$。（$\overline{X}$ 称为变量 X 的反变量，也有些教材用 X′表示 X 的取反运算。）

与门和或门的符号与真值表在理论上可以扩展到具有任意输入数目的电路，但在电路中实际上能够接入的输入端个数是有限的（门电路的扇入问题将在 3.3 节中解释）。门电路的输入端和输出端的逻辑值 0 和 1 分别表示低电压和高电压，因此数字逻辑电路抽象掉了电路的电气特性。非门符号中的小圆圈表示“反相”的特性。非门还可和与门、或门组合起来使用，形成**“与非门”**（NAND gate）或**“或非门”**（NOR gate）。图 3-2 给出了与非门和或非门的符号表示与真值表。

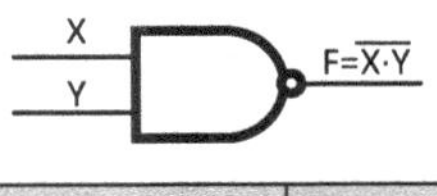

X	Y	F
0	0	1
0	1	1
1	0	1
1	1	0

（a）

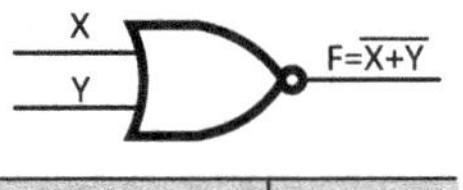

X	Y	F
0	0	1
0	1	0
1	0	0
1	1	0

（b）

图 3-2 “与非门”和“或非门”

“与非门”和“或非门”的运算过程可以定义如下。

- 与非门：当且仅当所有输入端都为逻辑 1 时，输出为逻辑 0。逻辑代数式为：$F=\overline{X\cdot Y}$。
- 或非门：当且仅当所有输入端都为逻辑 0 时，输出为逻辑 1。逻辑代数式为：$F=\overline{X+Y}$。

和“与门”和“或门”类似，“与非门”和“或非门”的符号与真值表在理论上也可以扩展到具有任意输入数目的电路。下面通过例子来学习门电路的组合。

例题 3.1

根据图 3-3（a）中的逻辑电路，请写出对应的真值表和输出 F 的逻辑代数式表示。

解答

该逻辑电路对应的真值表如 3-3（b）所示，由此可以写出输出 F 的逻辑代数式为：$F=\overline{X\cdot Y+\overline{X}\cdot Y\cdot Z}$。

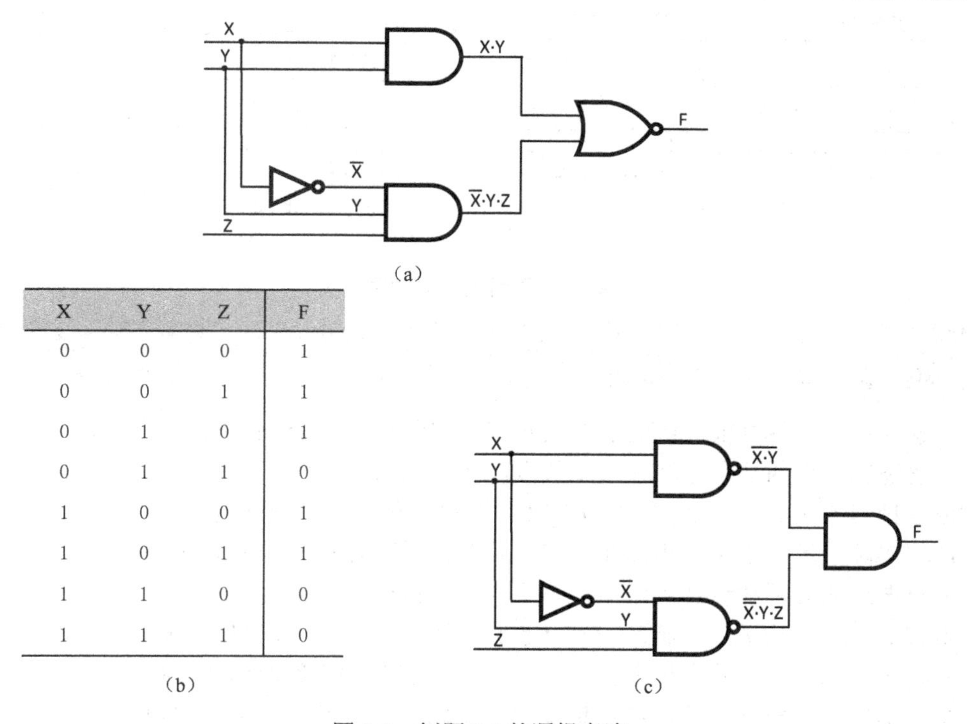

X	Y	Z	F
0	0	0	1
0	0	1	1
0	1	0	1
0	1	1	0
1	0	0	1
1	0	1	1
1	1	0	0
1	1	1	0

（b）

图 3-3　例题 3.1 的逻辑电路

图 3-3（c）是图 3-3（a）的等效逻辑电路。[快速练习：请写出图 3-3（c）逻辑电路对应的真值表。]可以看出，图 3-3（c）的真值表与图 3-3（b）的真值表其实完全相同。但是我们在根据图 3-3（c）的逻辑电路写出 F 的逻辑代数式却为：$F=\overline{X\cdot Y}\cdot\overline{\overline{X}\cdot Y\cdot Z}$。由于两个逻辑电路的真值表完全相同，那么我们是否因此可以猜想这两个逻辑代数式等价？在两个逻辑代数式等价的情况下，哪个电路所使用的门电路最少等这类问题，我们会在 3.2 节中进行详细介绍。

图 3-4　逻辑电路的逻辑接口

刚才提到逻辑电路具有多个输入端和一个输出端，其实硬件电路模块和软件代码模块的组合方式相似，相互之间进行连接的时候只需要关心接口而不需关心内部具体实现，因此逻辑电路可以封装成具有输入端、输出端的电路模块。图 3-4 给出了一个隐藏了内部实现且具有 3 个输入端和 1 个输出端的逻辑电路模块示意图。

尽管数字逻辑电路的输入端、输出端只有 0 和 1 两个离散逻辑值，但是数字逻辑电路在实现时仍然需要考虑电子电路的电气特性，即逻辑信号在 0 和 1 之间的变化不是立即切换的，此外电路的输出值对输入变化的响应也存在延迟时间。图 3-5（a）给出了例题 3.1 中三个逻辑输入信号 X、Y、Z 和逻辑输出信号 F 之间的延迟示意图。本章将在 3.3 节中详细介绍信号延迟的原因，在实际电路中的处理方法将在 4.1 节中介绍。在不考虑延迟而只关注逻辑功能的情况下，可以将图 3-5（a）简化为图 3-5（b）。

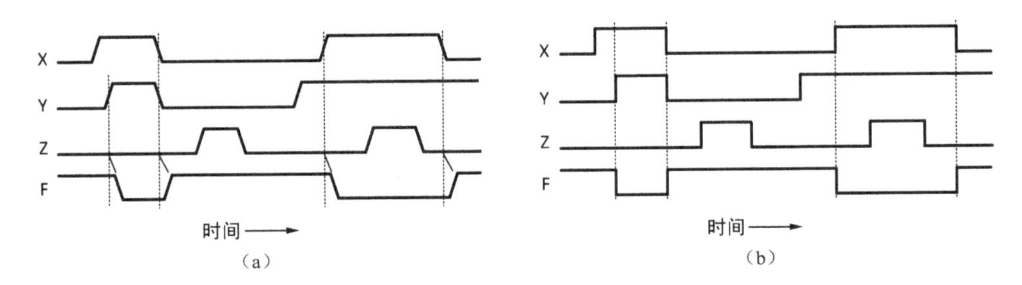

图 3-5　逻辑电路的时序图

3.2　逻辑代数

本节继续进一步解释前面到的逻辑代数式。英国数学家 George Boole 于 1854 年提出了一种基于二值逻辑运算的数学方法：**布尔代数**。布尔代数中的变量只有 0 和 1 两种值，对变量的运算由三种基本运算组合而成：“与”、“或” 和 “取反”。我们可以看出，布尔代数对变量的运算过程实际上等同于数字电路中对输入信号的处理过程，因此布尔代数被广泛应用于解决数字逻辑电路的分析和设计工作中，也将布尔代数称为逻辑代数。

逻辑代数中的三种基本运算：“与”（也称为乘积）、“或”（也称为和）和 “取反”（也称为非）的符号表示和对应的真值表已在 3.1 节介绍三种门电路时给出，因此，与门、或门和非门是分别实现了逻辑与、或、取反运算的门电路。三种基本逻辑运算组合起来也可以形成多种复合逻辑运算，如与非、或非、与或非、异或、同或等，其中与非运算和或非运算的真值表及对应的门电路已在图 3-2 中给出，图 3-6 和图 3-7（a）分别给出与或非运算和异或运算的真值表及对应的门电路。

从图 3-7 的异或门真值表中不容易直接看出异或是如何由三种基本逻辑运算组合而成的，所以给出 $X \oplus Y$ 的等价公式：$X \oplus Y = X \cdot \overline{Y} + \overline{X} \cdot Y$，大家可以自己计算等式右边算式的真值表，看看是否它们等价。图 3-7（b）给出了同或运算的真值表及门电路，不难看出同或运算的结果是将异或运算的结果取反后的值。

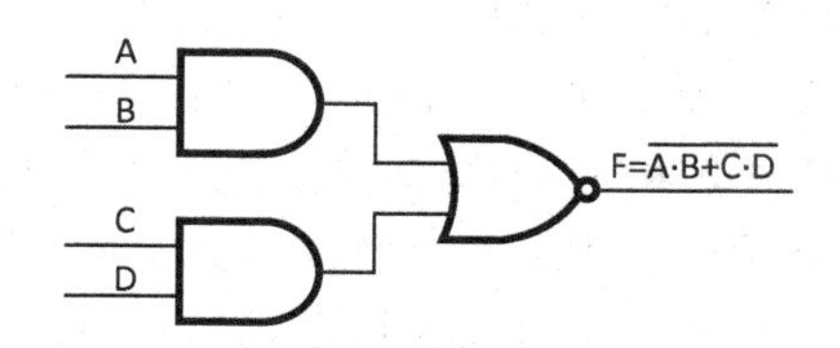

A	B	C	D	F
0	0	0	0	1
0	0	0	1	1
0	0	1	0	1
0	0	1	1	0
0	1	0	0	1
0	1	0	1	1
0	1	1	0	1
0	1	1	1	0
1	0	0	0	1
1	0	0	1	1
1	0	1	0	1
1	0	1	1	0
1	1	0	0	0
1	1	0	1	0
1	1	1	0	0
1	1	1	1	0

图 3-6　与或非门

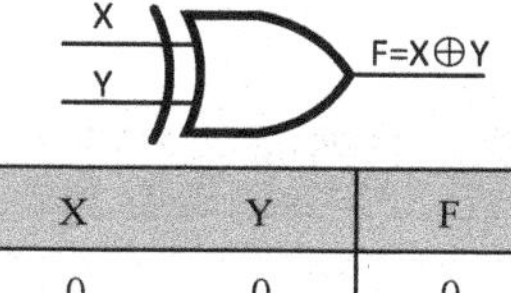

X	Y	F
0	0	0
0	1	1
1	0	1
1	1	0

（a）

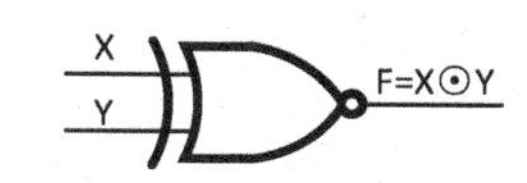

X	Y	F
0	0	1
0	1	0
1	0	0
1	1	1

（b）

图 3-7　异或门和同或门

3.2.1　基本公式

在给出逻辑代数的常用基本公式之前，我们先介绍逻辑代数的公理基础。公理是整个逻辑代数系统的基础。逻辑代数有以下 4 条公理（假设 X 是逻辑变量）：

（1）如果 X≠1，则 X=0；如果 X≠0，则 X=1。

（2）如果 X=0，则 $\overline{X}$=1；如果 X=1，则 $\overline{X}$=0。

（3）0·0=0；1·1=1；1·0=0·1=0。

（4）0+0=0；1+1=1；1+0=0+1=1。

公理（1）阐述了任一逻辑变量只能取 0 或 1 两个值，即要么为 0，要么为 1；公理（2）～（4）分别阐述了取反、与、或运算的功能。在公理中值得注意的有两点：第一，非运算优先级最高，与运算次之，或运算最低，例如，表达式 A·B+C·D 等同于(A·B)+(C·D)；第二，公理（3）～（4）说明，交换与运算和或运算两端的操作数，其运算结果不受影响。

表 3-1 给出了逻辑代数常用的基本公式，这些公式也称为恒等式，每个公式都可基于以上 4 条公理通过真值表进行证明。以最简单的公式 9 为例，若 A=0，则 $\overline{A}$=1，那么 $\overline{\overline{A}}$=0=A；

若 A=1，则 $\overline{A}$ =0，那么 $\overline{\overline{A}}$ =1=A，所以 $\overline{\overline{A}}$ =A。表 3-1 中公式 1、2、10 和 11 给出了逻辑变量和常量间的运算规则；公式 3 和 12 是同一变量的运算规则；公式 4 和 13 是变量和它的反变量之间的运算规则；公式 5 和 14 为交换律；公式 6 和 15 为结合律；公式 7 和 16 为分配律；公式 8 和 17 称为德·摩根定理，在逻辑函数的化简变化中经常会用到；公式 9 说明一个变量经过两次非运算后还原为其本身。另外，与运算的符号"·"通常可以在表达式中省略。在本书后续章节中，在不会引起理解困惑的情况下将省略"·"符号。下面通过两个例题来进行练习。

表 3-1　逻辑代数的基本公式

序　号	公　式	序　号	公　式
1	$0 \cdot A = 0$	10	$1 + A = 1$
2	$1 \cdot A = A$	11	$0 + A = A$
3	$A \cdot A = A$	12	$A + A = A$
4	$A \cdot \overline{A} = 0$	13	$A + \overline{A} = 1$
5	$A \cdot B = B \cdot A$	14	$A + B = B + A$
6	$A \cdot (B \cdot C) = (A \cdot B) \cdot C$	15	$A + (B + C) = (A + B) + C$
7	$A \cdot (B + C) = A \cdot B + A \cdot C$	16	$A + B \cdot C = (A + B) \cdot (A + C)$
8	$\overline{(A \cdot B)} = \overline{A} + \overline{B}$	17	$\overline{(A + B)} = \overline{A} \cdot \overline{B}$
9	$\overline{\overline{A}} = A$		

例题 3.2

试证明 $A+\overline{A}B=A+B$。

证明

使用公式 16，$A+\overline{A}B=(A+\overline{A})\cdot(A+B)$；再使用公式 13，$(A+\overline{A})\cdot(A+B)=1\cdot(A+B)$，最后使用公式 2，$1\cdot(A+B)=(A+B)$，因此 $A+\overline{A}B=A+B$。

例题 3.3

试证明 $A\cdot\overline{AB}=A\cdot\overline{B}$。

证明

综合使用公式 8、7、4、11，可得 $A\cdot\overline{A\cdot B}=A\cdot(\overline{A}+\overline{B})=A\cdot\overline{A}+A\cdot\overline{B}=0+A\overline{B}=A\overline{B}$。

3.2.2　基本定理

3.2.1 节介绍了逻辑代数的公理和基本公式，本节介绍逻辑代数的三个基本定理。

1. 代入定理

在任何一个包含变量 X 的逻辑等式中，若以另一个逻辑表达式代入等式中所有 X 的位置，则等式仍然成立。

因为变量X只有0和1两种可能，那么无论是X=0还是X=1，原等式都成立。而任一个逻辑表达式的值也只有0和1两种可能，所以代入该等式时，等式仍然成立。我们可以利用代入定理将德·摩根定理推广到多变量的情况。

例题 3.4

试证明 $\overline{A+B+C}=\overline{A}\cdot\overline{B}\cdot\overline{C}$。

证明

用B+C分别代入公式17，得到$\overline{A+(B+C)}=\overline{A}\cdot\overline{B+C}$，将等式右边的式子再次运用公式17，得$\overline{A}\cdot\overline{B+C}=\overline{A}\cdot\overline{B}\cdot\overline{C}$，所以$\overline{A+B+C}=\overline{A}\cdot\overline{B}\cdot\overline{C}$。

---

2. 反演定理

对任一逻辑表达式F，若将其所有的与运算与或运算进行置换，原变量与反变量进行置换，0与1进行置换之后得到的逻辑表达式F′称为F的反逻辑式。

在使用反演定理时特别需要注意两点：第一，要保持原式中的计算顺序；第二，不属于单个变量上的取反运算应保持不变。

例题 3.5

试求F=A(B+C)+CD的反逻辑式F′。

解答

$F'=(\overline{A}+\overline{B}\cdot\overline{C})(\overline{C}+\overline{D})=\overline{A}\cdot\overline{C}+\overline{B}\cdot\overline{C}+\overline{A}\cdot\overline{D}+\overline{B}\cdot\overline{C}\cdot\overline{D}=\overline{A}\cdot\overline{C}+\overline{B}\cdot\overline{C}+\overline{A}\cdot\overline{D}$。

---

3. 对偶定理

若两个逻辑表达式相等，则它们的对偶式也相等。

对任一逻辑表达式F，若将其所有的与运算与或运算进行置换，0与1进行置换，得到的逻辑表达式F^D称为F的对偶式。在计算对偶式时同样要保持原式中的计算顺序。

例如，F=A(B+C)，则F^D=A+BC；

$F=\overline{AB+CD}$，则$F^D=\overline{(A+B)\cdot(C+D)}$。

有时证明两个逻辑式相等可以通过证明它们的对偶式相等来实现。例如，根据公式7，如何证明公式16成立？我们可以先写出公式7等式左边的对偶式：A+BC，再写出公式7等式右边的对偶式：(A+B)·(A+C)，所以有A+BC=(A+B)·(A+C)，公式16得证。

3.2.3　逻辑函数

1. 逻辑函数的标准式

前面介绍的真值表其实给出的是输入逻辑变量和输出变量的对应函数关系，所以也把逻辑代数的逻辑表达式称为逻辑函数式。在介绍逻辑函数的标准形式之前，我们先给出最小项和最大项的概念。

（1）最小项

在有 n 个变量的逻辑函数中，若 m 为包含 n 个变量的一个乘积项，且这 n 个变量均以原变量或反变量的形成在 m 中出现一次，则称 m 为该组变量的最小项。例如，A、B、C 三个变量的最小项有 $\overline{A}\overline{B}\overline{C}$、$\overline{A}\overline{B}C$、$\overline{A}B\overline{C}$、$A\overline{B}\overline{C}$、$\overline{A}BC$、$A\overline{B}C$、$AB\overline{C}$、ABC 共 8 个，即 2^3 个。那么 n 个变量的最小项应有 2^n 个。为了以后表述的方便，我们还需对 n 个变量的 2^n 个最小项进行序号编码，编码的依据是，让最小项真值为 1，取 n 个变量所对应的二进制数值作为序号。例如，要让 $\overline{A}B\overline{C}=1$，应取值 A=0，B=1，C=0，由于 $\overline{A}B\overline{C}$ 对应的二进制数为 010，即十进制数 2，因此 $\overline{A}B\overline{C}$ 项记为 m_2。[快速练习：写出上述 A、B、C 三个变量的 8 个最小项对应的序号]。同理，A、B、C、D 这 4 个变量的 16 个最小项分别记为：m_0～m_{15}。从最小项的定义我们可以推导出如下性质：

- 无论变量取何值，必然会使得 2^n 个最小项中的某个最小项的值为 1；
- 全体最小项之和为 1；
- 任意两个最小项的乘积为 0；
- 仅有一个变量不同的两个相邻最小项之和可以合并成一项，例如，$\overline{A}B\overline{C}$ 和 $\overline{A}BC$ 相加时能合并成一项 $\overline{A}B$，即 $\overline{A}B\overline{C}+\overline{A}BC=\overline{A}B$。

（2）最大项

在有 n 个变量的逻辑函数中，若 M 为包含 n 个变量之和，且这 n 个变量均以原变量或反变量的形成在 M 中出现一次，则称 M 为该组变量的最大项。例如，三个变量 A、B、C 的最大项有 $(A+B+C)$、$(A+B+\overline{C})$、$(A+\overline{B}+C)$、$(\overline{A}+B+C)$、$(A+\overline{B}+\overline{C})$、$(\overline{A}+B+\overline{C})$、$(\overline{A}+\overline{B}+C)$、$(\overline{A}+\overline{B}+\overline{C})$ 共 8 个，即 2^3 个。那么 n 个变量的最大项也应有 2^n 个。为了以后表述的方便，我们同样还需对 n 个变量的 2^n 个最大项进行序号编码，编码的依据是，让最大项真值为 0，取 n 个变量所对应的二进制数值作为序号。例如，要让 $(A+\overline{B}+\overline{C})=0$，应取值 A=0，B=1，C=1，由于 ABC 对应的二进制数为 011，即十进制数 3，因此 $(A+\overline{B}+\overline{C})$ 项记为 M_3。[快速练习：写出上述 A、B、C 三个变量的 8 个最大项对应的序号]。从最大项的定义我们可以推导出如下性质：

- 无论变量取何值，必然会使得 2^n 个最大项中的某个最大项的值为 0；
- 全体最大项之积为 0；
- 任意两个最大项之和为 1；
- 仅有一个变量不同的两个相邻最大项的乘积可以合并成一项，例如，$(A+\overline{B}+C)\cdot(A+\overline{B}+\overline{C})=A+\overline{B}$。

对比最小项和最大项的形态，不难发现，最大项和最小项存在如下转换关系：$M_i=\overline{m_i}$。例如，$m_1=\overline{A}\overline{B}C$，$\overline{m_1}=\overline{\overline{A}\overline{B}C}=A+B+\overline{C}=M_1$。

（3）逻辑函数的最小项之和形式

逻辑函数可转换为若干个乘积项之和的形式，然后再将每个乘积项中缺少的变量补全，这样就可将与或表达式转换为最小项之和的标准形式。例如，给定逻辑函数 $F=AB\overline{C}+BC$，则可转换为 $F=AB\overline{C}+(A+\overline{A})BC=AB\overline{C}+ABC+\overline{A}BC=m_3+m_6+m_7$，或写为 $F=\sum m(3,6,7)$。

例题 3.6

试求逻辑函数 $F=\bar{A}B+AC$ 的最小项之和的标准形式。

解答

$$F=\bar{A}B(C+\bar{C})+A(B+\bar{B})C=\bar{A}BC+\bar{A}B\bar{C}+ABC+A\bar{B}C=m_2+m_3+m_5+m_7=\sum m(2,3,5,7)$$

（4）逻辑函数的最大项之积形式

逻辑函数可转换为若干个多项式相乘的或与形式，然后再将每项中缺少的变量补全，这样就可转换为最大项之积的标准形式。

例题 3.7

试求逻辑函数 $F=\bar{A}B+AC$ 的最大项之积的标准形式。

解答

$$\begin{aligned}F&=\bar{A}B+AC=(\bar{A}B+A)(\bar{A}B+C)=(\bar{A}+A)(B+A)(\bar{A}+C)(B+C)=(B+A)(\bar{A}+C)(B+C)\\&=(A+B+C\bar{C})(\bar{A}+B\bar{B}+C)(A\bar{A}+B+C)\\&=(A+B+C)(A+B+\bar{C})(\bar{A}+B+C)(\bar{A}+\bar{B}+C)(A+B+C)(\bar{A}+B+C)\\&=(A+B+C)(\bar{A}+B+C)(A+B+\bar{C})(\bar{A}+\bar{B}+C)=M_0M_1M_4M_6=\prod M(0,1,4,6)\end{aligned}$$

逻辑函数有了标准形式之后，我们就可以方便地检测两个逻辑函数是否相等：若两个逻辑函数的标准形式相同，则两个逻辑函数肯定等价。回顾 3.1 节中提出的两个表达式 $\overline{XY+\bar{X}YZ}$ 和 $\overline{XY}\cdot\overline{\bar{X}YZ}$ 是否相等的问题。为了回答这个问题，一方面我们通过逻辑代数的基本公式变化，观察两个式子是否相等；另一方面我们也可以把两个表达式分别转化为逻辑函数的标准形式，看两者是否相同。此外，逻辑函数的最小项之和形式还可方便地转换为最大项之积形式，这里我们简述转换规则，而不给出证明过程：若 m_i 不在逻辑函数的最小项标准式中，则 M_i 一定在该逻辑函数的最大项标准式中。例如，观察例题 3.6 和例题 3.7，其中的被求标准式的逻辑函数相同，因此 $\sum m(2,3,5,7)=\prod M(0,1,4,6)$。例如，$m_0$、$m_1$、$m_4$、$m_6$ 不在逻辑函数的最小项标准式中，但 M_0、M_1、M_4、M_6 出现在逻辑函数的最大项标准式中。因此，掌握了这种变换方法，我们就可以很方便地将逻辑函数的最小项标准式与最大项标准式进行变换。

2．逻辑函数的化简

前面我们提到，逻辑表达式和数字电路的功能是一一对应的，那么逻辑式越简单，电路的构成也就越简单。我们有哪些手段可以对逻辑式进行化简呢？常见的化简方法有公式化简法和卡诺图化简法。我们先看公式化简法。常用的化简公式见表 3-2。[快速练习：分别用真值表法和基本公式推导法证明表 3-2 中各等式的正确性]。下

表 3-2　逻辑代数的常用公式

序号	公　式	适用方法
1	$A+AB=A$	吸收法
2	$A+\bar{A}B=A+B$	消因子法
3	$AB+A\bar{B}=A$	并项法
4	$A(A+B)=A$	
5	$AB+\bar{A}C+BC=AB+\bar{A}C$	消项法
6	$AB+\bar{A}C+BCD=AB+\bar{A}C$	消项法
7	$A\cdot\overline{AB}=A\cdot\bar{B}$	
8	$\bar{A}\cdot\overline{AB}=\bar{A}$	

面通过几个例题来了解表 3-2 中化简公式的具体运用。

例题 3.8

试化简下列逻辑函数：

$F_1=A\overline{\overline{B}CD}+A\overline{B}CD$

$F_2=AB+AB\overline{C}+ABD+AB(\overline{C}+\overline{D})$

$F_3=AC+A\overline{B}+\overline{B+C}$

$F_4=\overline{B}+ABC$

解答

$F_1=A\overline{\overline{B}CD}+A\overline{B}CD=A$（运用并项法）

$F_2=AB+AB\overline{C}+ABD+AB(\overline{C}+\overline{D})$

$=AB+AB(\overline{C}+D+\overline{C}+\overline{D})=AB$（运用吸收法）

$F_3=AC+A\overline{B}+\overline{B+C}=AC+A\overline{B}+\overline{B}\cdot\overline{C}$

$=AC+\overline{B}\cdot\overline{C}$（运用消项法）

$F_4=\overline{B}+ABC=\overline{B}+AC$（运用消因子法）

采用公式化简法化简逻辑函数时，需要灵活运用上述多种方法才能得到最后的化简结果，所以公式化简法对技术要求更高，使用更灵活，不易掌握。卡诺图化简法与公式法不同，卡诺图的化简过程更规则化，使用比公式法更简单。卡诺图将 *n* 个变量的全部最小项各用一个小方块表示，使得相邻的最小项在图形上也相邻地排列起来，得到的图形称为 *n* 个变量最小项卡诺图。图 3-8 给出了 2～5 个变量的最小项卡诺图，图形两侧的变量的值是对应的最小项的序号。注意，卡诺图中的最小项并不是按序号大小顺序排列的，而是让在卡诺图中几何位置（还包括一行或一列的两端）上相邻的两个最小项只有一个变量不同。

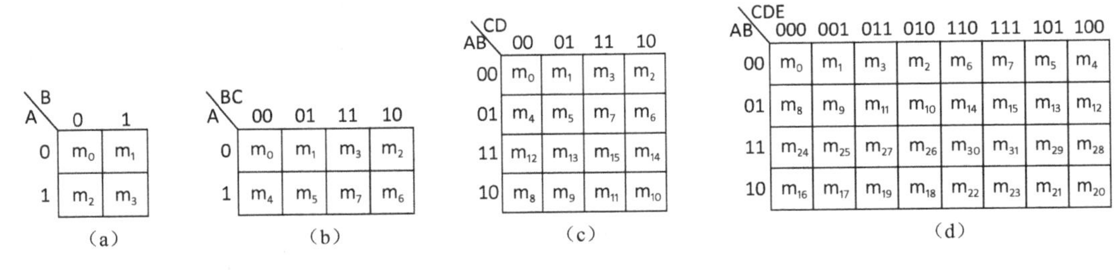

图 3-8　2～5 个变量的最小项卡诺图

既然任何一个逻辑函数都可标准化为最小项之和的形式，自然也就可以用卡诺图来表示逻辑函数。具体的方法是：首先将逻辑函数标准化为最小项之和的形式，然后在卡诺图中将与该逻辑函数对应的这些最小项位置上填 1，其余位置填 0，这样就得到了该逻辑函数的卡诺图。以例题 3.6 中的逻辑函数 $F=\overline{A}B+AC$ 为例，它的标准式为：$F=m_2+m_3+m_5+m_7$。画出 3 个变量最小项的卡诺图，在对应的位置上填 1，其余位置填 0，就得到逻辑函数 $F=\overline{A}B+AC$ 的卡诺图了，如图 3-9 所示。

A \ BC	00	01	11	10
0	0	0	1	1
1	0	1	1	0

图 3-9　逻辑函数 $F=\overline{A}B+AC$ 的卡诺图

得到逻辑函数的卡诺图之后，下一步就可以进行化简了。卡诺图化简的基本原理是相邻的最小项可以合并，从而消去不同的变量。所以，化简的基本原则是找出可以排列成矩形的 2^s（$0 \leqslant s \leqslant n$，$n$ 为逻辑函数中变量的个数）个相邻最小项进行合并。图 3-10 给出了最小项相邻的几种可能的情况。

在图 3-10（a）中给出了两个最小项相邻的几种可能情况。例如，m_3 和 m_7 相邻，故可将 m_3 和 m_7 合并为 $\overline{A}BC+ABC=BC$；m_4 和 m_6 相邻，故可将 m_4 和 m_6 合并为 $A\overline{B}\,\overline{C}+AB\overline{C}=A\overline{C}$；$m_0$ 和 m_1 相邻，故可将 m_0 和 m_1 合并为 $\overline{A}\,\overline{B}\,\overline{C}+\overline{A}\,\overline{B}C=\overline{A}\,\overline{B}$。

图 3-10（b）中 m_3 无相邻的最小项，因此自己单独为一个矩形；另外尽管 m_4、m_5 和 m_6 三项相邻，不是 2 的整数次方个相邻项，因此需要分别用两个矩形框标记 m_4 和 m_5，m_4 和 m_6。

图 3-10（c）中给出了 4 个最小项相邻的两种可能情况，分别是 m_3、m_7、m_{15}、m_{11} 相邻和 m_0、m_2、m_8、m_{10} 相邻。前者可合并为 CD，后者合并为 $\overline{B}\,\overline{D}$。图 3-10（c）中还给出了 8 个最小项相邻的一种情况，即 m_4、m_5、m_6、m_7、m_{12}、m_{13}、m_{14}、m_{15} 相邻，因此这 8 个相邻最小项可合并为 B。

由此可看出，相邻的最小项个数越多，则合并后的表达式越简单。可以总结出在卡诺图中选取相邻最小项的几个原则如下：

① 所选取的相邻最小项矩形集合应覆盖卡诺图中的所有 1；

② 所选取的相邻最小项矩形个数应尽量少；

③ 所选取的每个相邻最小项矩形应包含尽量多的最小项(每个 1 可以在不同矩形中多次出现)。

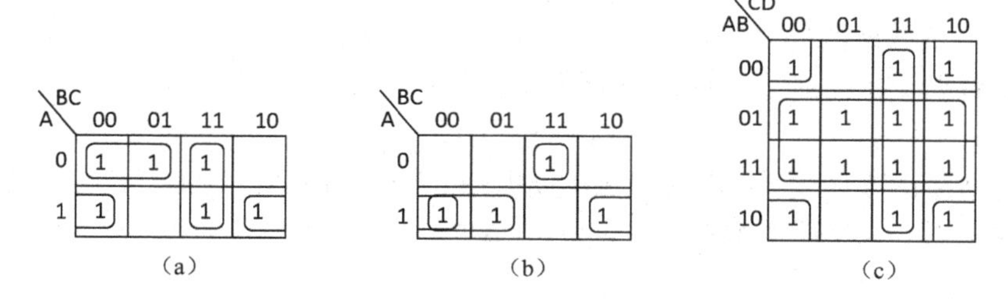

图 3-10　最小项相邻的几种情况

按照上述选取相邻最小项的原则，图 3-10（c）中的划分方式其实不是最优的。因为同样是需要三个相邻最小项矩形，但是如果采用图 3-11（a）中的划分方式，将原本只覆盖了第 3 列的矩形扩大为覆盖第 3 列和第 4 列，则更符合上述划分原则。我们直观地对比下图 3-10（c）和图 3-11（a）的化简结果：前者的化简结果为：$B+CD+\overline{B}\,\overline{D}$；后者的化简结果为：$B+C+\overline{B}\,\overline{D}$，很显然，后者更简单。另一方面，图 3-11（b）给出了另一种划分的方法，也满足上述划分原则，化简结果为：$B+C+\overline{C}\,\overline{D}$。从此例也可看出，一个逻辑函数的化简结果可能不是唯一的。

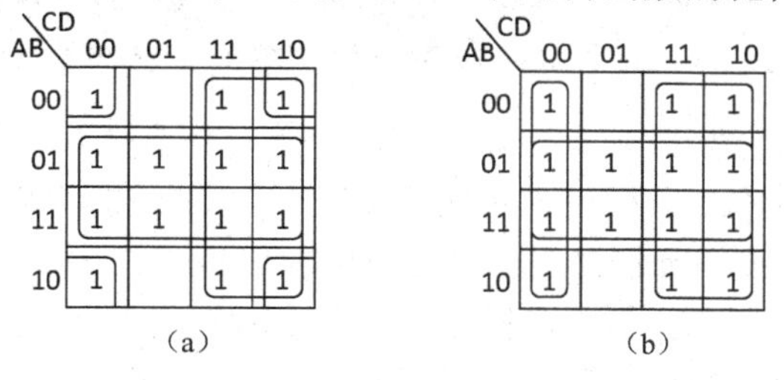

图 3-11　图 3-10（c）的两种优化

3.2.4　组合电路分析实例

逻辑电路可分为两大类：**组合逻辑电路**（Combinational Circuit）和**时序逻辑电路**（Sequential Circuit）。组合逻辑电路的特点是，任一时刻的输出值仅与当前时刻的输入值相关。本章给出的所有逻辑电路图都是组合逻辑电路。本节将综合前面介绍过的门电路、逻辑代数、卡诺图化简等知识点，继续以 3.1 节中例题 3.1 给出的逻辑电路图为例，完整介绍组合逻辑电路的分析和化简过程。尽管本节所使用的逻辑电路例子只有一个输出端，但是本章所介绍的方法可以扩展到有多个输出端的逻辑电路，例如对每个输出端重复这些分析步骤。在第 4 章中我们还将继续介绍更复杂的组合逻辑电路的分析设计方法和给出更多的组合逻辑电路模块。

要化简例题 3.1 的逻辑电路，我们首先需要对其对应的逻辑函数 $F=\overline{XY+\overline{X}YZ}$ 进行化简：

$$F=\overline{XY+\overline{X}YZ}=\overline{XY}\cdot\overline{\overline{X}YZ}=(\overline{X}+\overline{Y})(X+\overline{Y}+\overline{Z})$$

然后利用分配律进行展开。[快速练习：将该公式直接展开为最小项之和的形式。]但是我们仔细观察上面的式子可以发现，该逻辑函数已经非常近似于最大项之积的形式。那么我们可以很快地将该式转换为最大项之积的标准形式：

$$\begin{aligned}F&=(\overline{X}+\overline{Y})(X+\overline{Y}+\overline{Z})=(\overline{X}+\overline{Y}+Z\cdot\overline{Z})(X+\overline{Y}+\overline{Z})\\&=(\overline{X}+\overline{Y}+Z)(\overline{X}+\overline{Y}+\overline{Z})(X+\overline{Y}+\overline{Z})=M_3M_6M_7\end{aligned}$$

根据在 3.2.3 节中介绍的逻辑函数的最小项之和形式与最大项之积形式互相转换的方法，因此有如下公式：

$$F=M_3M_6M_7=m_0+m_1+m_2+m_4+m_5$$

将 5 个最小项填入卡诺图的对应位置，按选取相邻最小项的原则，选取 4 个最小项相邻的一个矩形和 2 个最小项相邻的一个矩形，如图 3-12（a）所示，得到化简后的逻辑函数：

$$F=\overline{Y}+\overline{X}\cdot\overline{Z}$$

最后根据化简结果形成化简后的逻辑电路，如图 3-12（b）所示。其中三个非门还可在相应门电路的输入端上用一个小圆圈来简化表示，逻辑电路如图 3-12（c）所示。

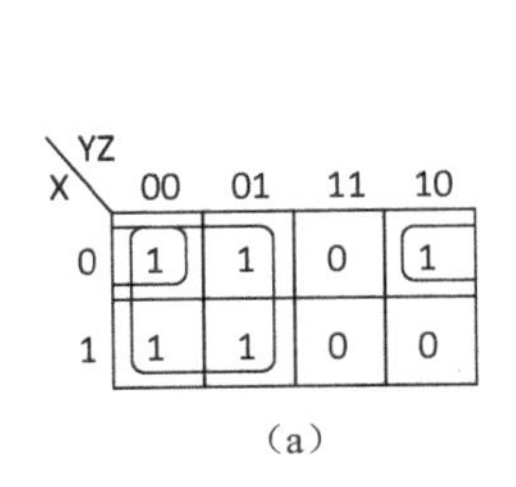

（a）

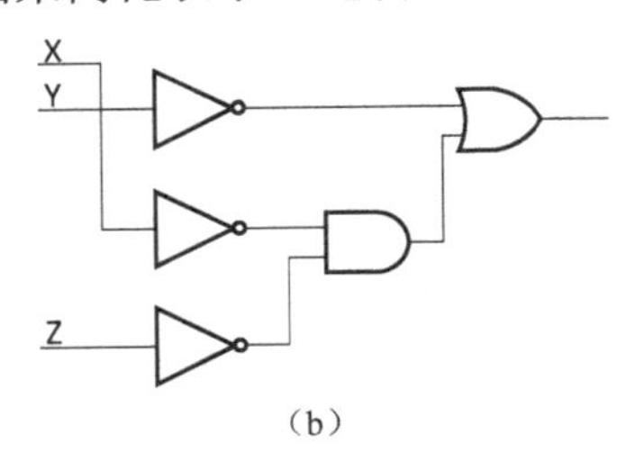

（b）

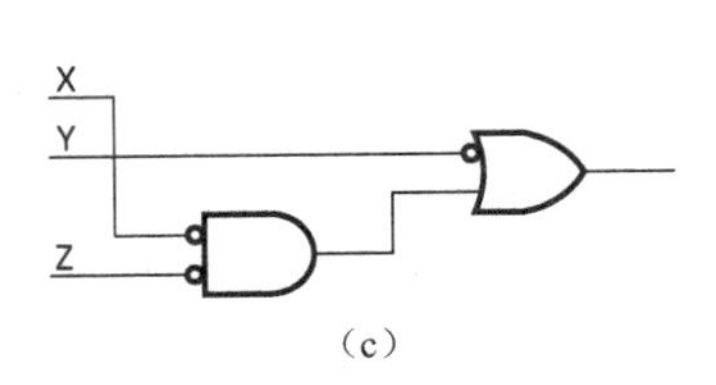

（c）

图 3-12　例题 3.1 的化简

3.3　逻辑系列

如第 1 章所述，20 世纪 60 年代出现了集成电路，把晶体管和其他电子元件制作到一块半导体芯片上，计算机技术的发展进入集成电路时代。集成电路在发展过程中形成了不同的逻辑系列。逻辑系列（Logic Family）是一些具有类似的输入、输出及内部电路特征但逻辑功能不同的集成电路芯片的集合。因此，同一系列的芯片可互相连接以实现不同的逻辑功能，但是不同系列的芯片之间可能会不兼容，因为不同系列的芯片可能会接入不同的电源电压值，或者以不同的输入、输出条件来表示同一逻辑值。例如，常见的逻辑系列有 **CMOS**（Complementary MOS）逻辑和**晶体管-晶体管**（Transistor-Transistor Logic，TTL）逻辑。TTL 系列的逻辑电路出现在 20 世纪 60 年代，已成为能够互相兼容，但在速度、功耗、价格等方面又有区别的一个逻辑系列簇。但是到了 20 世纪 90 年代，由于 CMOS 工艺的快速发展使得其性能大幅提高，相比于 TTL，CMOS 的功耗更低且集成度更高，TTL 开始被 CMOS 大量取代。目前绝大部分的大规模集成电路，如微处理器和存储器等芯片，都采用 CMOS 电路。另一方面，由于在工业中存在从 TTL 到 CMOS 的较长过渡期，因此一些 CMOS 系列能在一定程度上与 TTL 系列相兼容。CMOS 逻辑相比于 TTL 更容易理解并且也是目前的主流技术工艺，因此本节将先详细介绍 CMOS 逻辑门电路的基本构成和电气特性，然后简要介绍 TTL 逻辑门电路的工作原理和电气特性。

3.3.1　CMOS 逻辑

CMOS 逻辑电路的基本组成单元是 MOS 晶体管。在介绍 MOS 晶体管和 CMOS 逻辑电路之前，我们先介绍逻辑电平。

1. CMOS 逻辑电平

虽然我们前面看到数字逻辑电路处理的输入、输出信号是 0 或 1 的抽象离散逻辑数值，但是真实的逻辑电路实现处理的却是如电压这样的电信号。每个逻辑电路都将一定的电压范围（或其他电路条件）解释为逻辑 0，而将不与其重叠的另一个电压范围解释为逻辑 1。

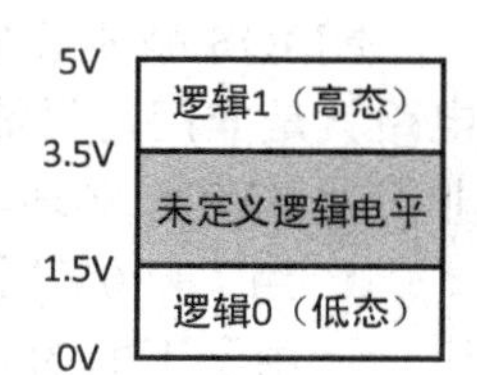

图 3-13　典型的 CMOS 逻辑电平

图 3-13 给出了典型的 CMOS 逻辑电平范围：即 CMOS 工作在 5V 电压下，将 0V～1.5V 的电压值解释为逻辑 0（也称为低电平或低态），将 3.5V～5V 的电压值解释为逻辑 1（也称为高电平或高态）。如果某些 CMOS 的电源电压不是 5V，则它们的逻辑电平值也要做相应调整（但不一定是按比例调整）。

2. MOS 晶体管

MOS 晶体管是一种三端子压控电阻器件，三端分别为：栅极（gate）、漏极（drain）和源极（source）。MOS 晶体管总是工作在两种状态①之一：断开状态（电阻特别高）或导通状态（电阻特别低）。MOS 晶体管可分为两种类型：n 沟道 MOS（n-channel MOS transistor，NMOS）晶体管和 p 沟道 MOS（p-channel MOS transistor，PMOS）晶体管。n 和 p 表示两个可控电阻端的半导体材料的类型。对 NMOS 晶体管来说，若其栅-源电压 $V_{gs}=0$，则漏极与源极之间的电阻 R_{ds} 值很高，至少有 $10^6\Omega$ 或更高，即处于断开状态。随着 V_{gs} 的增大，R_{ds} 会降低到很低的值，如 10Ω 或更低，即处于导通状态，如图 3-14（a）所示。对 PMOS 晶体管来说，若其栅-源电压 $V_{gs}=0$，则源极与漏极之间的电阻 R_{ds} 值很高，即处于断开状态；随着 V_{gs} 的减小（即 V_{gs} 的值为负），R_{ds} 会降低到很低的值，即处于导通状态，如图 3-14（b）所示。

---

① 其实还有一种非理想工作状态，即部分导通，此时 MOS 晶体管的电阻值为数千欧，介于断开态和导通态之间。后面会介绍产生这种状态的原因，在此之前，读者只需关注 MOS 晶体管的断开和导通两种状态即可。

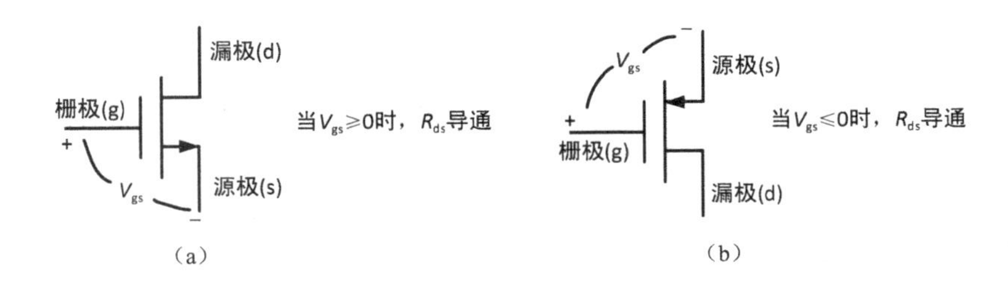

图 3-14 NMOS 和 PMOS 晶体管的电路符号

注意，MOS 晶体管的栅极是通过具有非常高电阻的绝缘材料与其他两端分隔开的，无论栅电压如何，栅-源间和栅-漏间几乎没有电流。因此栅极与其他两端的电阻值极高，大于 $10^6\Omega$。流过这个电阻的电流非常小，其典型值小于 1μA，该电流也被称为漏电流。MOS 晶体管的符号提醒我们，栅极和其他两极之间没有什么联系，只是栅电压能够产生电场来增大或减小源-漏两端之间的电流，形成电容性耦合。在高速电路中，该电容的充放电所需的功耗占我们在第 1 章中所提到的动态功耗中的相当比重。

3. 基本的 CMOS 电路

NMOS 晶体管和 PMOS 晶体管以互补的方式公用就形成了 CMOS 逻辑。最简单的 CMOS 电路就是非门，只需要一个 NMOS 晶体管和一个 PMOS 晶体管，如图 3-15（a）所示。对于非门的 CMOS 实现，分别考虑当 V_{IN}=0V 和 V_{IN}=5V 的情况：

- 当 V_{IN}=0V 时，上面 PMOS 晶体管 Q2 的 V_{gs}=−5V，因此 Q2 的源-漏两端导通，而同时由于下面 NMOS 晶体管 Q1 的 V_{gs}=0V，其漏-源两端断开，因此 Q2 和 Q1 等效为如图 3-15（b）所示的开关电路，此时输出电压 V_{OUT}=5V。
- 当 V_{IN}=5V 时，Q2 的 V_{gs}=0V，因此 Q2 的源-漏两端断开，而同时由于 Q1 的 V_{gs}=5V，其漏-源两端导通，因此 Q2 和 Q1 等效为如图 3-15（c）所示的开关电路，此时输出电压 V_{OUT}=0V。

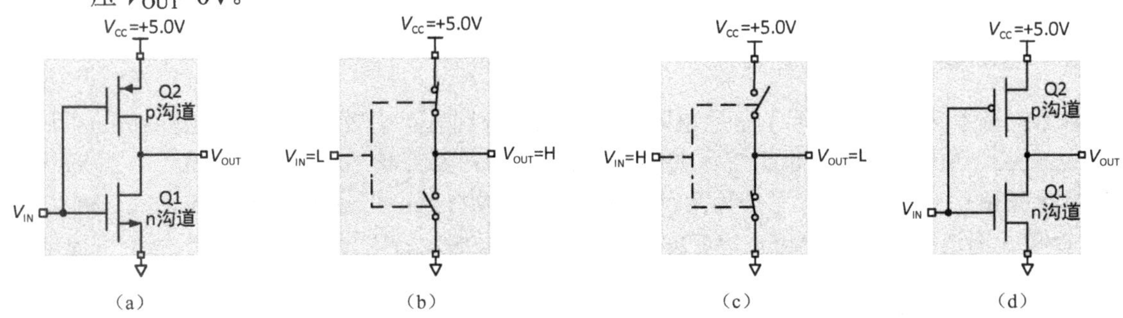

图 3-15 非门的 CMOS 实现

从上面的分析可以看出，V_{IN} 和 V_{OUT} 的值是相反的，即 0V（逻辑 0）输入产生 5V（逻辑 1）输出，5V（逻辑 1）输入产生 0V（逻辑 0）输出，符合非门的输入、输出逻辑关系。另外，也经常在 PMOS 的栅极增加一个小圆圈来表示 PMOS 与 NMOS 不同的逻辑特性，如图 3-15（d）所示。

与非门和或非门也可用 CMOS 电路构造。构造的原则是：k 个输入端的门电路需要 k 个 PMOS 晶体管和 k 个 NMOS 晶体管。图 3-16（a）给出了一个有两个输入端的与非门的 CMOS

电路。[快速练习：按照前述的 PMOS 和 NMOS 的逻辑特性判断图 3-16（a）中 A 和 B 的 4 种输入组合所对应的 Z 值应为多少。]图 3-16（b）至图 3-16（e）分别给出了 A 和 B 分别为高、低电平时，Z 的输出电平，我们可看出只有 A 和 B 同时为高电平时，输出 Z 到地的通路才被接通，而与 V_{CC} 的通路被切断，此时 Z 的输出为低电平；其他情况 Z 的输出均为高电平。因此符合与非门的逻辑特性。图 3-17 继续给出了三输入端的与非门 CMOS 电路。

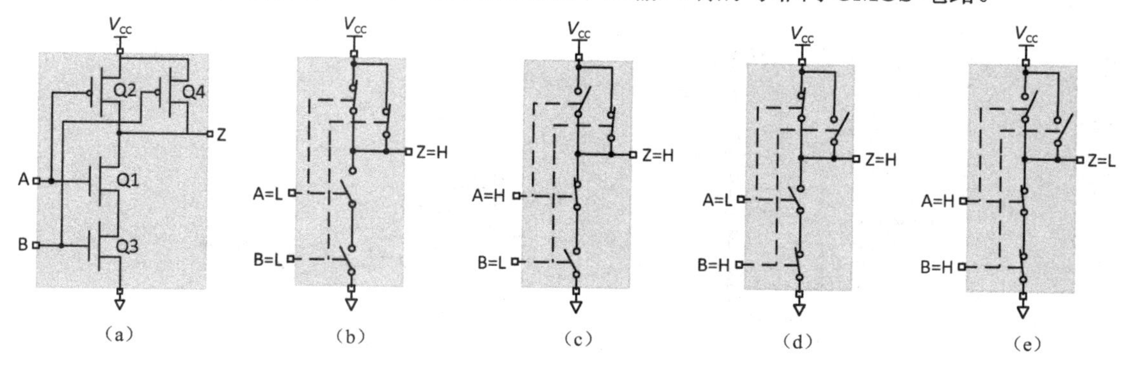

图 3-16　与非门的 CMOS 实现

图 3-18 给出了一个有两个输入端的或非门的 CMOS 电路。[快速练习：判断图 3-18 中 A 和 B 的 4 种输入组合所对应的 Z 值应为多少。]经过分析可知，只有当 A 和 B 同时为低电平时，输出 Z 到 V_{CC} 的通路被接通，Z 的输出为高电平；否则 Q2 或 Q4 至少有一个会断开，且 Q1 或 Q3 至少有一个会接通，Z 的输出为低电平。因此符合或非门的逻辑特性。

尽管二输入的与非门和二输入的或非门各使用了两个 PMOS 和两个 NMOS 晶体管，但是对于相同的硅面积，NMOS 晶体管的导通电阻低于 PMOS 晶体管，所以当 k 个 NMOS 晶体管串联（见与非门的实现）时的导通电阻要低于 k 个 PMOS 晶体管串联（见或非门的实现）时的导通电阻，因此，k 输入的与非门通常比 k 输入的或非门的速度要更快。

从刚才的非门、与非门和或非门的 CMOS 实现中可以发现，逻辑上需要的取反操作是“免费”获得的，请考虑下我们能否可用少于与非门的晶体管数的 CMOS 电路来实现与门？答案是否定的。与门的 CMOS 实现需由与非门再级联一个非门来实现，如图 3-19 所示；同理，或门的 CMOS 实现也需由或非门再级联一个非门来实现。所以，相同输入端的与门（或门）所需要的晶体管数多于与非门（或非门），且速度更慢。

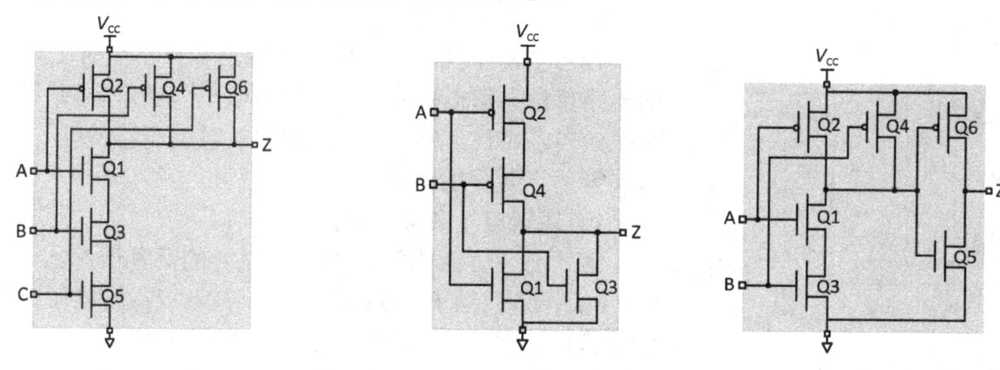

图 3-17　三输入与非门的 CMOS 实现　图 3-18　或非门的 CMOS 实现　图 3-19　与门的 CMOS 实现

图 3-6 所示的与或非门在逻辑功能上由两个与门和一个或非门组合而成，但实际上可以在其 CMOS 电路的设计中进行优化，如图 3-20（a）所示，以达到和与非门同级的速度。因此大部分数字设计者和硬件描述语言综合工具在数字电路的设计中更愿意优先选用与非门、或非门、与或非门等门电路的组合。

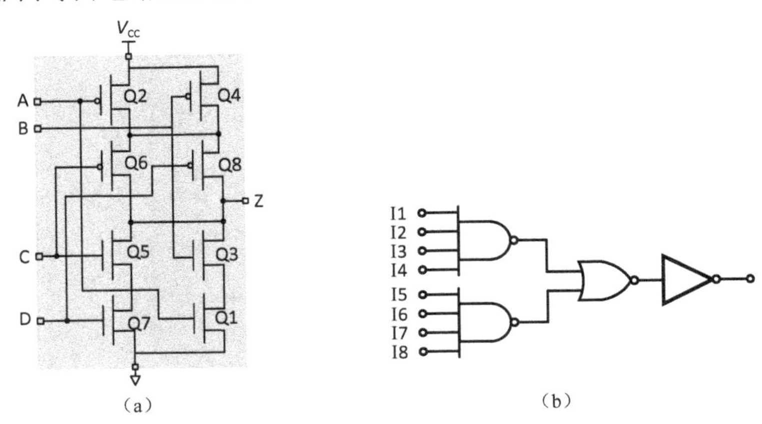

（a） （b）

图 3-20 门电路的 CMOS 优化实现

尽管 3.1 节中提到门电路的真值表在理论上可以扩展到具有任意个输入端（称为门电路的扇入），但是实现门电路的晶体管导通电阻的可加性限制了门电路的扇入数。在一般情况下，CMOS 与非门最多可有 6 个输入端，而 CMOS 或非门最多可有 4 个输入端。如果在设计过程中确实需要更多扇入数的门电路，可以通过多个门电路的级联实现同样的逻辑功能。图 3-20（b）用两个 4 输入端的与非门、一个 2 输入端的或非门和一个非门，不但实现了一个 8 输入端的与非门的逻辑功能，而且总延迟时间更短。

4. CMOS 电路的电气特性

下面将进一步介绍 CMOS 的电器特性，因为在设计和使用 CMOS 电路时，需要理解和明确 CMOS 电路能正常工作的各项电气特性的指标要求，以便不超出电路的工程设计容限。尽管不同逻辑系列电路的电气特性指标值差异可能很大，但总体上特性指标可分为两类：稳态电气特性和动态电气特性。

（1）稳态电气特性

稳态电器特性是指当输入和输出保持不变时 CMOS 电路的电路特性。稳态特性包含：逻辑电平和噪声容限、带电阻性负载的电路特性、扇出、非理想输入时的电路特性、不用的输入端等，下面分别介绍。

1）逻辑电平和噪声容限

回顾前面讨论非门的 V_{IN} 和 V_{OUT} 的两种情况。当 V_{IN}=0V 时，V_{OUT}=5V；当 V_{IN}=5V 时，V_{OUT}=0V。V_{IN} 的值如果在 0V～5V 之间，那么 V_{OUT} 的值为多少呢？图 3-21 给出了 CMOS 非门的典型输入—输出的电压特性曲线。为什么说是典型呢？因为随着电压、温度和负载情况的变化，该函数曲线会发生变化，

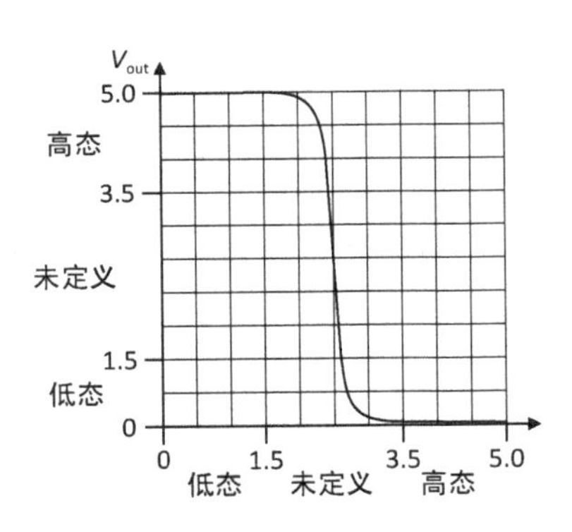

图 3-21 CMOS 非门的典型输入—输出的电压特性曲线

例如，可能向左或向右偏移，或者中部的过渡趋势变平和一些。因此，为了保证电路能正确识别高态和低态，CMOS 器件设计者需要给出明确的输入、输出电压参数及其数值。

- V_{OHmin}：输出为高态时的最小输出电压，一般为 V_{CC}-0.1V；
- V_{OLmax}：输出为低态时的最大输出电压，一般为地+0.1V；
- V_{IHmin}：保证能被识别为高态的最小输入电压，一般为 V_{CC} 的 70%；
- V_{ILmax}：保证能被识别为低态的最大输入电压，一般为 V_{CC} 的 30%。

图 3-22 进一步给出了上面 4 个输入电压参数应满足的大小数值关系。为保证两个 CMOS 器件级联能正常工作，显然需要保证 $V_{OHmin} > V_{IHmin}$ 且 $V_{OLmax} < V_{ILmax}$。我们把 V_{ILmax} 与 V_{OLmax} 的差值定义为低态直流噪声容限 V_{NL}，把 V_{OHmin} 与 V_{IHmin} 的差值定义为高态直流噪声容限 V_{NH}。直流噪声容限是对噪声程度的度量，表示多大的噪声会使输入端无法正确识别输出端的逻辑值。表 3-3 分别给出了在 5V 电源下 5 种不同 CMOS 系列器件的 4 个电压参数值及 V_{NH} 和 V_{NL}。

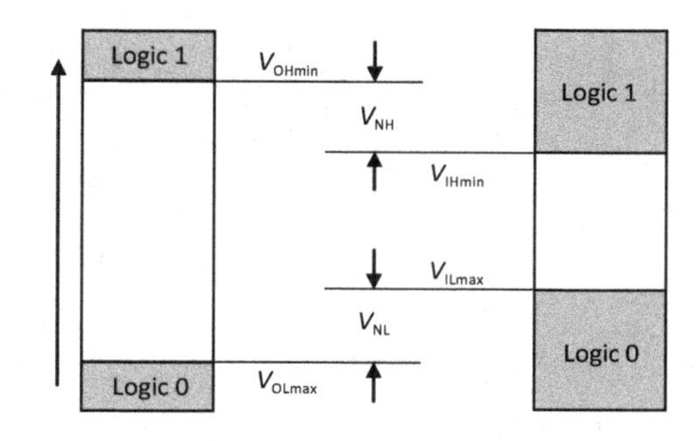

图 3-22　直流噪声容限

表 3-3　CMOS 不同系列的电压参数值

参数	CMOS 逻辑系列			
	74HC	74HCT	74AC	74ACT
V_{IHmin}	3.5	2.0	3.5	2.0
V_{ILmax}	1.35	0.8	1.5	0.8
V_{OHmin}	4.9	4.9	4.9	4.9
V_{OLmax}	0.1	0.1	0.1	0.1
V_{NH}	1.4	2.9	1.4	2.9
V_{NL}	1.25	0.7	1.4	0.7

2）带电阻性负载的电路特性及扇出

如前所述，CMOS 门电路的输入端都是接在 NMOS 晶体管或 PMOS 晶体管的栅极上的，因此输入端只消耗很小的漏电流。CMOS 器件的最大漏电流由制造者指定。

- I_{IHmax}：输入高电平时流入输入端的最大电流，如 HC 系列 CMOS 门电路的 I_{IHmax} 值为 1μA；
- I_{ILmax}：输入低电平时流入输入端的最大电流，如 HC 系列 CMOS 门电路的 I_{ILmax} 值为 -1μA。

正是由于 CMOS 的输入端具有非常高的阻抗，因此，如果电路中的所有逻辑器件都是 CMOS 器件，那么对 CMOS 输出端呈现出非常小的电阻性负载，可以使得 CMOS 的输出稳态电压保持在 0V～V_{OLmax} 和 V_{OHmin}～5V 范围内。

而当 CMOS 电路的输出与电阻性负载器件[①]相连时，其输出特性会发生变化，表现为：在低态时输出电压可能高于 V_{OLmax}，或者在高态时输出电压可能低于 V_{OHmin}，从而使得直流噪声容限变小。首先看看理想输入时电路的情况。

① 电阻性负载器件是指那些需要一定驱动电流才能工作的器件。

通过图 3-23（a）给出的 CMOS 非门电路的负载电路示意图，可以很容易理解这种情况。图 3-23（a）中，CMOS 非门电路的 PMOS 和 NMOS 晶体管的电阻分别表示为 R_p 和 R_n。如前所述，PMOS 和 NMOS 晶体管处于断开状态时的电阻值很高，至少有 $10^6\Omega$，因此当 CMOS 非门的输入是理想高电平时，PMOS 晶体管的电阻足够高，可视为断开，NMOS 为导通状态，电流从电源流经负载，然后流进器件输出端后再到地，如图 3-23（b）所示。我们将 CMOS 非门的输出是低电平且电压值不高于 V_{OLmax} 时输出端能吸收的最大电流记为 I_{OLmax}（也将输出端吸收的电流称为灌电流，I_{OLmax} 为正值）。当 CMOS 非门的输入是理想低电平时，NMOS 晶体管的电阻足够高，可视为断开，PMOS 为导通状态，电流从电源流出器件输出端后再经负载到地，如图 3-23（c）所示。我们将 CMOS 非门的输出是高电平且电压值不低于 V_{OHmin} 时输出端能提供的最大电流记为 I_{OHmax}（也将输出端提供的电流称为拉电流，I_{OHmax} 为负值）。从图 3-23 可容易看出，只要对于 CMOS 非门的输出端（或任何 CMOS 电路）如果有负载，就有灌电流或拉电流流过导通的晶体管和负载，两者都会消耗功耗。

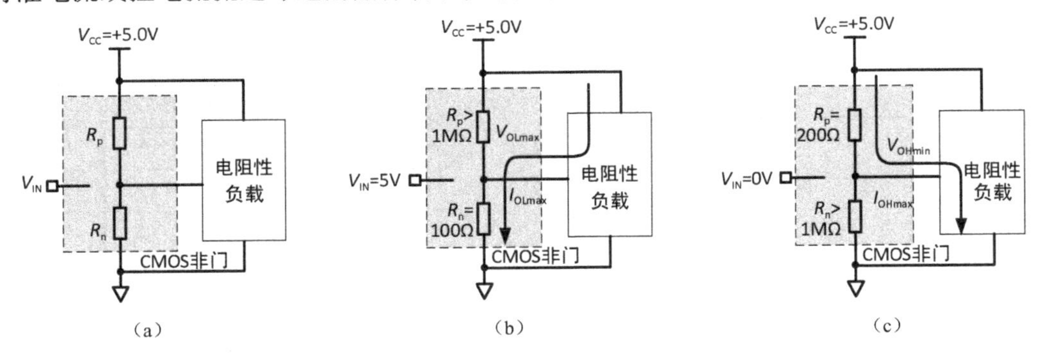

图 3-23　CMOS 非门在理想高、低电平下的电阻模型

注意，CMOS 器件晶体管的导通电阻值通常是不会给出的，因此图 3-23（b）中的 R_n 值和图 3-23（c）中的 R_p 值均为经验假设值，其真实值可以通过下面的式子在最坏电阻负载条件下进行估算：

$$R_n = V_{OLmaxT} / |I_{OLmaxT}|, \quad R_p = (V_{CC} - V_{OHminT}) / |I_{OHmaxT}|$$

大多数 CMOS 器件会给出两套输出负载规格说明，一套是 CMOS 负载的规格，即器件输出端与其他的 CMOS 器件的输入端相连，此时只消耗很小的电流；另一套是 TTL 负载的规格，即与 TTL 器件的输入端相连，此时需消耗较大的电流。表 3-4 给出了在 4.5V～5.5V 电源电压值之间时的 HC 系列 CMOS 门电路的输出负载规格，其中输出电压和电流的下标符号 C 和 T 分别对应 CMOS 负载和 TTL 负载的规格。我们把门电路在不超过其最坏情况负载条件下输出高电平时能驱动的输入端个数称为高态扇出，同样把输出低电平时能驱动输入端的个数称为低态扇出。因此门电路的直流扇出（DC Fanout）是其高态扇出和低态扇出两者中的较小值。从表 3-4 中可以看出，对于 CMOS 负载，器件的输出电压 V_{OHmin} 与 V_{OLmax} 在供电电压和地的 0.1V 范围内，且最大低态和最小高态输出电流分别为 ± 20μA。由于 HC 系列 CMOS 门电路的最大输入电流一般为 ± 1μA，因此 HC 系列门电路驱动同系列输入端的高态扇出和低态扇出均为 20。

表 3-4 V_{CC} 在 4.5V～5.5V 之间时 HC 系列 CMOS 门电路输出负载规格

参 数	CMOS 负载		TTL 负载	
	名字	值	名字	值
最大低态输出电流/mA	I_{OLmaxC}	0.02	I_{OLmaxT}	4.0
最大低态输出电压/V	V_{OLmaxC}	0.1	V_{OLmaxT}	0.33
最小高态输出电流/mA	I_{OHminC}	-0.02	I_{OHminT}	-4.0
最小高态输出电压/V	V_{OHminC}	4.4	V_{OHminT}	3.84

对于门电路的扇出问题还有几点值得注意，第一，门电路的高态扇出和低态扇出不一定相等；第二，计算 HC 系列门电路驱动 TTL 负载时的扇出应使用 I_{OHmaxT} 和 I_{OLmaxT} 的值，此时高态扇出和低态扇出不再为 20；第三，当输出负载超过其扇出能力时，会降低电路的直流噪声容限，影响器件的速度和功耗，并有可能使器件工作温度升高，从而降低其可靠性；第四，门电路的扇出问题除了直流扇出外，还需考虑交流扇出（AC Fanout）问题。因为在输出端的电平切换过程中还需考虑输出端的寄生电容（Stray Capacitance，也称为负载电容）充放电的问题，如果电容值较大，则高低电平的切换速度就可能太慢，见后面“动态电气特性”部分的进一步分析。

3）非理想输入时的电路特性

在前面图 3-23 的分析过程中，我们只分析了 CMOS 非门的输入是理想高、低电平的情况。如果 CMOS 非门的输入电压值不是太理想，则会出现什么情况呢？图 3-24（a）显示了当 V_{IN}=1.5V（低电平和未定义逻辑电平的边缘）时，CMOS 非门的 PMOS 的电阻增大为原来的 1 倍，并且 NMOS 开始导通，其电阻为 2.5kΩ，此时 V_{OUT}=4.31V，虽然仍为高电平，但是已经低于 V_{OHmin} 的值。并且如果输出端有电阻性负载，则该输出电压值会更低。另一方面，此时会有从电源流经 PMOS 和 NMOS 后到地的电流 I_{wasted}，其值为 $I_{wasted}=5.0V/(400\Omega+2.5k\Omega)=1.72mA$，因此消耗的功耗为 $P_{wasted}=5.0V\times I_{wasted}=8.62mW$。

图 3-24（b）显示了当 V_{IN}=3.5V（高电平和未定义逻辑电平的边缘）时，CMOS 非门的 NMOS 的电阻增大为原来的 1 倍，并且 PMOS 开始导通，其电阻为 4kΩ，此时 V_{OUT}=0.24V，虽然仍为低电平，但是已经高于 V_{OLmax} 的值。并且如果输出端有电阻性负载，则该输出电压值会更高。同样，此时会有从电源流经 PMOS 和 NMOS 后到地的电流 I_{wasted}，并消耗功耗 P_{wasted}。

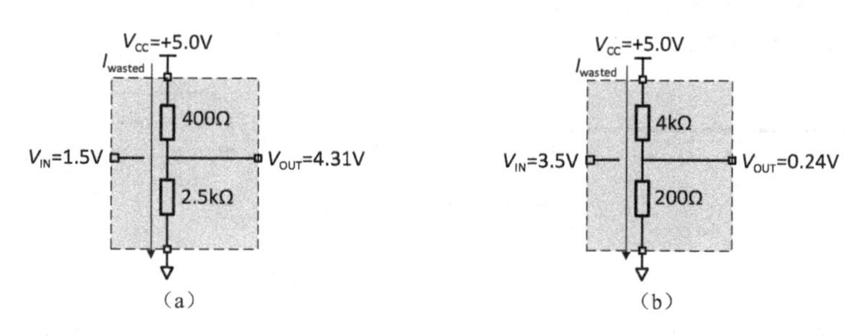

图 3-24 非理想输入时 CMOS 非门的电阻模型

表 3-5　CMOS 电路在输出端接电阻性负载和在非理想电压输入时对电压、电流和功耗的影响

	输出端接电阻性负载	非理想电压输入
对输出电压的影响	输出高压值变低 输出低压值变高	输出高压值变低 输出低压值变高
对器件电流的影响	输出端提供电流或吸收电流	产生从电源流经 PMOS 和 NMOS 后到地的电流 I_{wasted}
对器件功耗的影响	导通的晶体管产生功耗	产生 P_{wasted}

4）不用的输入端

有时不需要使用逻辑门的所有输入端，但是不用的 CMOS 输入端绝不可以闲置不接。因为 CMOS 的输入阻抗非常高，很小的电路噪声都可使一个悬空输入呈现为高态，从而造成一些不规律的间歇性电路故障。所以我们需要根据电路的具体逻辑功能，将不用的输入端与一个恒定逻辑值相连。例如，不用的与门或者与非门的输入端应通过一个上拉电阻与 5V 电源相连，如图 3-25（a）所示；不用的或门或者或非门的输入端应通过一个下拉电阻与地相连，如图 3-25（b）所示。

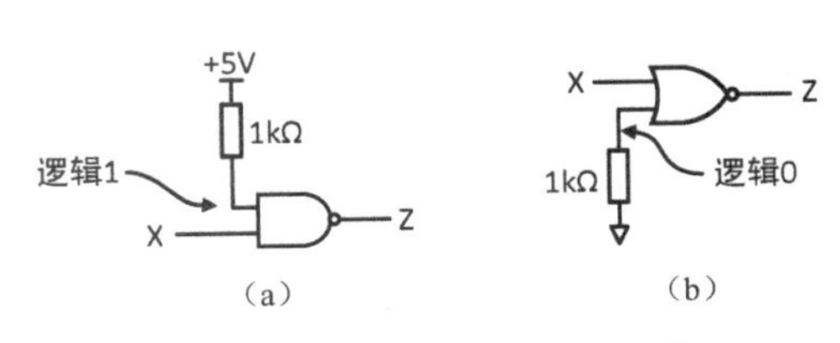

图 3-25　不用的输入端的接法

（2）动态电气特性

CMOS 器件的速度和功耗在很大程度上取决于器件及其负载的动态特性。因此数字电路的设计者需仔细考虑电路的负载效应，并对过大负载电容的部分（包括时钟、总线、具有较大扇出的输出端等方面）进行设计优化。CMOS 器件的动态特性包含：转换时间、传播延迟、动态功耗等，下面分别介绍。

1）转换时间

转换时间（Transition Time）指的是逻辑电路的输出在高、低电平间转换的时间。图 3-26（a）给出的是一种理想的转换方式，即转换时间为零。但是事实并非如此，因为输出端需要一定时间为其寄生电容充电，其寄生电容的来源可能包括：输出电路的电容、连线电容和所接输入端的输入电路的电容等方面。因此更接近实际情况的转换时间如图 3-26（b）所示，其中把从低电平到高电平的转换时间称为**上升时间**（Rise Time），表示为 t_r；把从高电平到低电平的转换时间称为**下降时间**（Fall Time），表示为 t_f。由于电压值的变化不是瞬间改变，因此，通常以有效逻辑电平的边界来作为测量 t_r 和 t_f 的起始点。根据图 3-13 定义的典型 CMOS 逻辑电平的范围，图 3-26（b）中 A 点和 D 点的电压值为 1.5V，B 点和 C 点的电压值为 3.5V，因此 t_r 和 t_f 实际上表示电压在高、低电平之间转换时经过未定义逻辑电平区所需的时间。

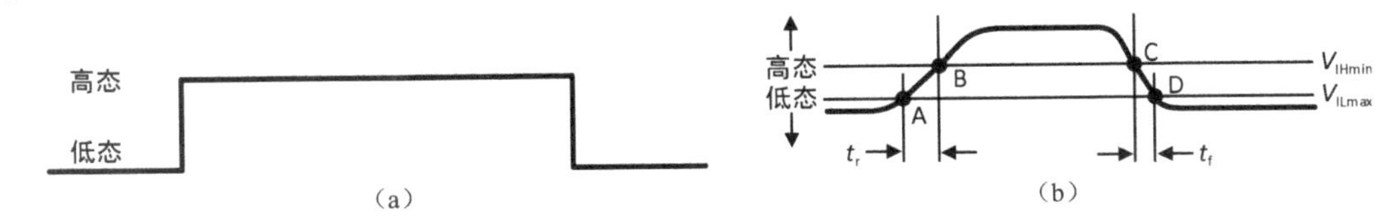

图 3-26　高、低电平的转换时间

CMOS 器件输出端的 t_r 和 t_f 的值可近似等于该器件的导通晶体管的电阻值和其负载电容 C_L 值的乘积（称为 RC 时间常数，单位为秒）。由于在不同输入电平下，CMOS 器件内导通不

同的晶体管，因此同一器件的 t_r 和 t_f 值可能不同。继续以 CMOS 非门为例，我们来估算其输出端的 t_r 和 t_f 的值。假设该 CMOS 非门输出端的电容负载 C_L 为 90pF，在图 3-27（a）所示的电路模型中，可估算出 $t_f=R_n\times C_L=100\times90\times10^{-12}$=9ns；在图 3-27（b）所示的电路模型中，可估算出 $t_r=R_p\times C_L=200\times90\times10^{-12}$=18ns。从上面的分析可以看出，输出端负载电容的增大会导致输出转换时间的增加，因此高速数字电路设计者应尽量使信号所驱动的输入端数量最少，以减小负载电容，特别是对时间敏感的信号。

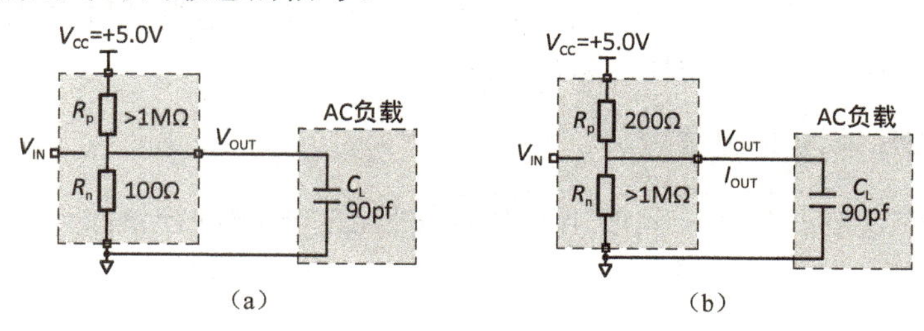

图 3-27　CMOS 非门输出的转换时间的计算模型

2）传播延迟

上升和下降时间只描述了器件的输出动态特性，还需要其他参数来描述输入信号和输出信号之间的延迟时间关系。信号通路（Signal Path）是指器件的一个特定输入信号到其一个特定输出信号所经历的电气通路。信号通路的传播延迟（Propagation Delay）是指从该信号通路的输入信号变化到产生输出信号变化所需的时间，表示为 t_p。根据输出信号变化的方向，传播延迟 t_p 可进一步分解为两个子指标：

t_{pHL}　输入变化引起输出从高电平到低电平变化的传播延迟；

t_{pLH}　输入变化引起输出从低电平到高电平变化的传播延迟。

图 3-28（a）标记出了假设上升和下降时间为零的 CMOS 非门的 t_{pHL} 和 t_{pLH}。但是正如前面讨论的一样，实际电路并非表现出这样理想的方式，因此器件制造者一般取输入/输出高、低电平转换的中点来确定传播延迟，如图 3-28（b）所示，并将平均传播延迟时间 t_{pd} 定义为：$t_{pd}=\frac{1}{2}(t_{pHL}+t_{pLH})$。HC 系列 CMOS 门的典型传播延迟值为几纳秒到数十纳秒。

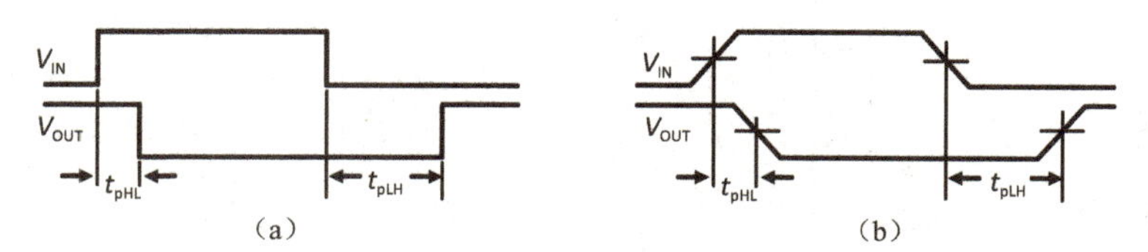

图 3-28　CMOS 非门的传播延迟示例

3）动态功耗

我们把输出不变时的 CMOS 电路功耗称为静态功耗（Static Power Dissipation），把 CMOS 电路处于非稳态时消耗的功耗称为动态功耗（Dynamic Power Dissipation）。在第 1 章中提到过微处理器的动态功耗的计算公式，这里进一步阐述该动态功耗的由来。

从表 3-4 给出的 CMOS 门电路输出负载规格数据可看出，驱动同系列 CMOS 电路时，即使其输出端的扇出为 20，其最大的输出电流值也仅为±0.02mA，因此大多数的 CMOS 电路的静态功耗很低。但是一旦 CMOS 电路进行状态转换，输入电压开始进入未定义逻辑电平范围时，PMOS 和 NMOS 会部分导通（如在前面“非理想输入时的电路特性”部分的分析），从而产生高达 1.72mA 的可观的 I_{wasted} 电流。另外，前面说过，CMOS 输出端上的电容负载 C_L 在高、低电平转换时也会产生功耗，因此 CMOS 电路的动态功耗 P_D 可由下式计算：

$$P_D = (C_{PD} + C_L) \times V_{CC}^2 \times f$$

式中，V_{CC} 为电源电压，动态功耗 P_D 与电压的平方成正比；f 为输出信号的转换频率；C_{PD} 是器件的功耗电容，一般由器件厂商给出，HC 系列门电路的 C_{PD} 典型值为 20pF～24pF。在目前大部分 CMOS 电路中，动态功耗是总功耗的主要部分。

5. 其他 CMOS 输入/输出结构

电路设计者可以根据具体不同应用对基本 CMOS 电路进行修改，下面介绍另外两种 CMOS 电路。

1）传输门

一个 PMOS 晶体管和一个 NMOS 晶体管可形成一个传输门，如图 3-29（a）所示，其中输入信号 EN 和 EN_L 需要总是处于相反的电平上。当 EN 为高电平，EN_L 为低电平时，输入 A 与输出 Z 之间低阻抗连接；当 EN 为低电平，EN_L 为高电平时，输入 A 与输出 Z 之间断开。当传输门导通时，输入 A 到输出 Z 的传播延迟非常短，因此传输门常被作为基本电路应用于 CMOS 器件内，例如，图 3-29（b）使用了两个传输门和一个非门来构成一个 2 输入多路复用器，实现用 S 信号来选择将 X 端信号输出还是将 Y 端信号输出。[快速练习：写出该多路复用器的 X、Y、S、Z 对应的真值表。]从图 3-29（b）中可看出，当 S 为低电平时，输入 X 与输出 Z 相连；当 S 为高电平时，输入 Y 与输出 Z 相连，简化后的真值表如表 3-6 所示。

传输门之所以需要使用两个晶体管，是因为导通的 PMOS 不能在输入 A 和输出 B 之间很好地传导低电压，而导通的 NMOS 不能在输入 A 和输出 B 之间很好地传导高电压。两个并联的晶体管正好可以覆盖完整的电压范围。

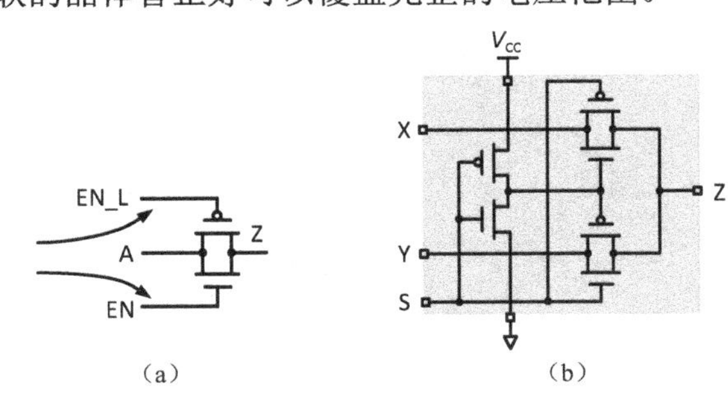

图 3-29　CMOS 传输门及其构成的多路复用器

表 3-6　图 3-29（b）的真值表

X	Y	S	Z
X	Y	0	X
X	Y	1	Y

2）三态缓冲器

如前所述，逻辑值有两个：0 和 1，分别对应低电平和高电平。但是有些输出可处于既不是低电平也不是高电平的状态，即第三种电气态，称为高阻态（Hi-Z，high-impedance state）。在这种状态下，输出好像没和电路连上，没有电压值，只有小的漏电流流入或流出输出端。如果一个输出端可出现高阻态，那么这样的输出可处于逻辑 0、逻辑 1 和高阻态这三种状态之一，称为三态输出（three-state output）。三态器件有一个额外的输入端，通常称为“输出使能”或“输出禁止”端，用来控制器件输出是否处于高阻态。

图 3-30 给出了 CMOS 三态缓冲器的电路，当输入端 EN 为高电平时，输出端 Z 处于相应的逻辑 0 或逻辑 1；当输入端 EN 为低电平时，我们可看到晶体管 Q1 和 Q2 均处于断开状态，因此输出端 Z 处于高阻态，如表 3-7 所示。

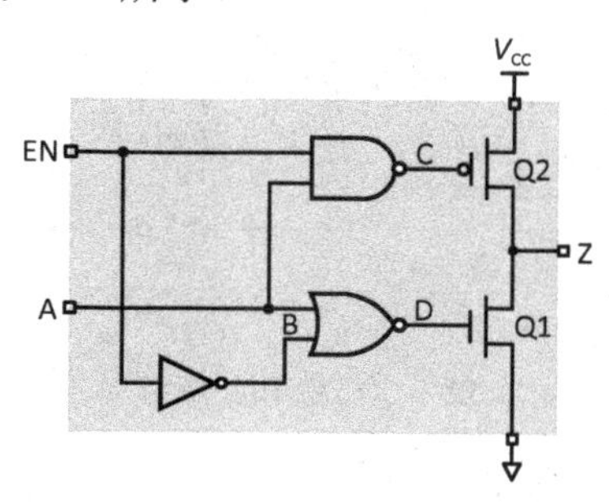

图 3-30　CMOS 三态缓冲器的电路

表 3-7　CMOS 三态缓冲器的电路

EN	A	C	D	Q1	Q2	Z
0	0	1	0	断开	断开	Hi-Z
0	1	1	0	断开	断开	Hi-Z
1	0	1	1	导通	断开	0
1	1	0	0	断开	导通	1

如果将多个三态输出连在一起，就形成了三态总线（Three-State Bus）。“输出使能”控制电路必须保证任一时间最多只有一个输出端被使能，即不在高阻态，这个被使能的器件才能在总线上不受干扰地传输逻辑电平。

3.3.2　TTL 逻辑

前面详细介绍了 CMOS 逻辑，本节简要介绍另一种逻辑系列——双极逻辑。最常用的双极逻辑系列是 TTL 逻辑。典型的 TTL 逻辑电路在 5V 电源下工作，将 0V～0.8V 电压解释为逻辑 0，将 2V～5V 电压解释为逻辑 1，如图 3-31 所示。

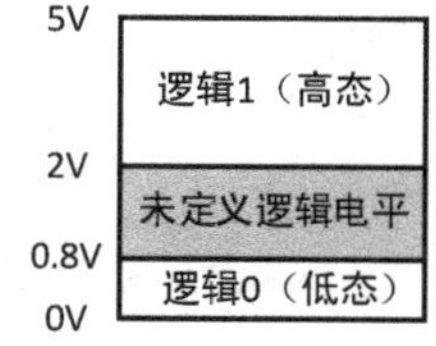

图 3-31　典型的 TTL 逻辑电平

TTL 逻辑系列使用半导体二极管和晶体管作为逻辑电路的基本组成。**二极管**（Semiconductor Diode）的核心是 PN 结，PN 结和二极管的电路符号如图 3-32（a）所示，由 P 型半导体和 N 型半导体两种材料相互接触形成。其特点是：当其两端施加大于二极管压降值 V_d（例如典型的小信号二极管的二极管压降值 V_d 约为 0.6V）的正向电压时，二极管导通，等效为一个小电阻 R_f 和一个小电源 V_d 串联，如图 3-32（b）所示；若施加的正向电压值低于 V_d 甚至为负压值，则二极管断开，等效为一个断开的开关，如图 3-32（c）所示。利用二极管可以构成与门的核心，如图 3-32（d）所示。其中，若输入端 X 和 Y 都接入高态

4V 电源，则二极管 VD1 和 VD2 导通，输出 Z 的电压为 4.6V，为高态；若其中一个输入电压降为 0V，例如输入 X，则输出电压等于输入电压较低者加上二极管压降，因此输出 Z 的电压为 0.6V，为低态。同理，若两个输入电压均为低态，输出 Z 也为低态。

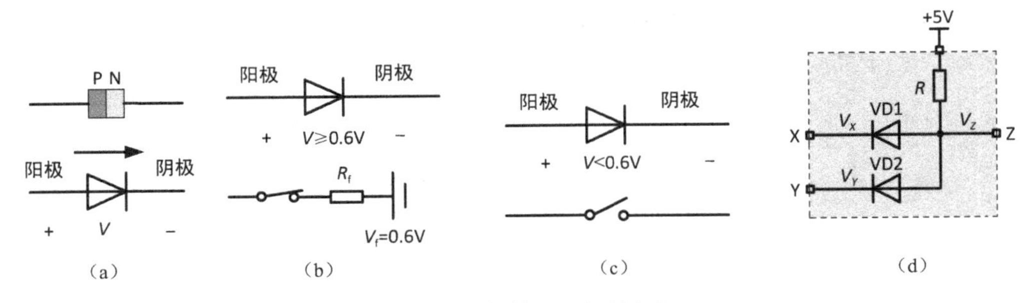

图 3-32 二极管和二极管与门

由于二极管的驱动能力弱，因此通常还需要结合晶体管来保持逻辑电平。**双极结型晶体管**（Bipolar Junction Transistor）是一个三端器件，用于控制电路的导通和断开，根据其结构可分为 NPN 晶体管和 PNP 晶体管两类。使用了一个 NPN 晶体管的 TTL 非门的电路图如图 3-33（a）所示：当输入电压 V_{IN} 小于 0.6V 时（输入低态），NPN 晶体管的基极 B 和发射极 E 之间的电压差 V_{BE} 也小于 0.6V，此时 NPN 晶体管的集电极和发射极之间断开，流入集电极的电流 I_C 为 0，输出 V_{OUT} 通过一个上拉电阻 R_2 与 V_{CC} 相连，因此输出为高态；当输入电压 V_{IN} 开始大于 0.6V 时，NPN 晶体管的基极 B 端形成流入电流 I_B，并且随着输入电压 V_{IN} 的增大而增大（$I_B=(V_{IN}-0.6)/R1$）。由于 NPN 晶体管的工作特性，流入集电极的电流 I_C 等于基极电流的给定常数 β 倍[①]（$I_C=\beta\times I_B$），因此输出电压 V_{OUT} 随着输入电压 V_{IN} 的增大而减小，直至 V_{OUT} 进入低态：

$$V_{OUT}=V_{CC}-I_C\times R_2=V_{CC}-\beta\times I_B\times R_2=V_{CC}-\beta\times(V_{IN}-0.6)\times R_2/R_1$$

在 V_{OUT} 进入低态时，需注意集电极 C 和发射极 E 之间的电压差 V_{CE} 不能低于该晶体管的饱和压降值 V_{CES}（晶体管参数，典型值为 0.2V）。一旦 V_{CE} 低于 V_{CES}，则晶体管进入深度饱和状态，此时晶体管的传播延迟将变大。为避免晶体管进入深度饱和状态，可在基极和集电极之间接一个**肖特基二极管**（Schottky Diode），如图 3-33（b）所示。图 3-33（c）给出了使用肖特基二极管的晶体管（也称为肖特基晶体管）符号。

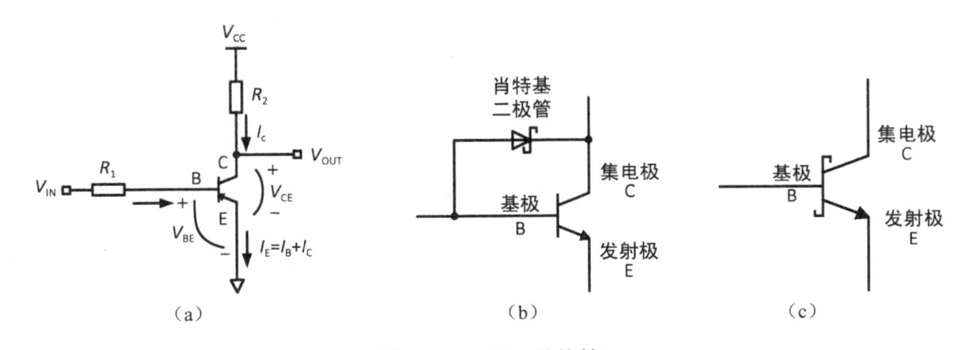

图 3-33 NPN 晶体管

① 比例常数 β 称为晶体管的增益，其典型值为 10-100 之间。

图 3-34 给出了一个 2 输入 TTL 与非门的电路图，其结构可分为三个部分：左边部分是由二极管 VD1A 和 VD1B 以及电阻 R_1 形成的二极管与门，左下的 VD2A 和 VD2B 用于输入保护，限制不必要的输入负向偏移；中间部分的晶体管 Q1 根据与门的输出电平来实现电路的导通或断开；右边部分称为推拉式输出，若晶体管 Q3 导通，则输出 Z 的输出为高电平；若晶体管 Q4 导通，则输出 Z 的输出为低电平。

与 CMOS 电路类似，我们可以需要定义 TTL 电路的输入、输出电压参数。

- V_{OHmin}：输出为高态时的最小输出电压，一般为 2.7V；
- V_{OLmax}：输出为低态时的最大输出电压，一般为 0.5V；
- V_{IHmin}：保证能被识别为高态的最小输入电压，一般为 2.0V；
- V_{ILmax}：保证能被识别为低态的最大输入电压，一般为 0.8V。

由此可计算出 TTL 电路的低态直流噪声容限 $V_{NL}=V_{ILmax}-V_{OLmax}=0.3V$；高态直流噪声容限 $V_{NH}=V_{OHmin}-V_{IHmin}=0.7V$。因此 TTL 电路对低态噪声更敏感。

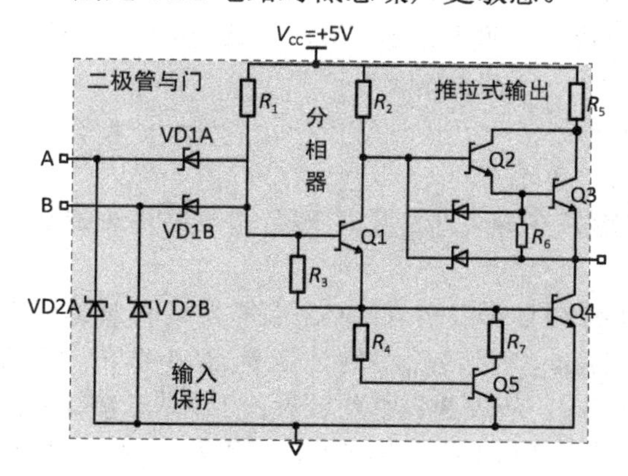

图 3-34　2 输入 TTL 与非门

表 3-8 给出了三个 TTL 不同系列的输入、输出电压和电流的参数规格。以 LS 系列为例，$I_{OHmax}=-0.4mA$，$I_{IHmax}=0.02mA$，可以算出 LS 系列 TTL 的高态扇出为 20；$I_{OLmax}=8mA$，$I_{ILmax}=-0.4mA$，可以算出 LS 系列 TTL 的低态扇出也为 20。所以 LS 门电路的输出端可驱动同系列的 20 个输入端。与 CMOS 电路类似，若 TTL 输出负载大于其扇出规格，则会造成直流噪声容限减小，转换时间和延迟增加，从而导致器件过热。

表 3-8　TTL 三个系列的特性

描　述	符　号	系　列		
		74LS	74ALS	74F
最大传播延迟/ns		9	4	3
每个门的功耗/mW		2	1.2	4
低态输入电压/V	V_{ILmax}	0.8	0.8	0.8
低态输出电压/V	V_{OLmax}	0.5	0.5	0.5
高态输入电压/V	V_{IHmin}	2.0	2.0	2.0

续表

描　述	符　号	系　列		
		74LS	74ALS	74F
高态输出电压/V	V_{OHmin}	2.7	2.7	2.7
低态输入电流/mA	I_{ILmax}	-0.4	-0.2	-0.6
低态输出电流/mA	I_{OLmax}	8	8	20
高态输入电流/μA	I_{IHmin}	20	20	20
高态输出电流/μA	I_{OHmin}	-400	-400	-1000

至此我们已经学习了 CMOS 电路和 TTL 电路的电气特性，由此可以判断 TTL/CMOS 和 CMOS/TTL 电路接口是否兼容。若 CMOS 输出端的 V_{OHmin} 大于 TTL 输入端的 V_{IHmin}，并且 CMOS 输出端的 V_{OLmax} 小于 TTL 输入端的 V_{ILmax}，则称该 CMOS 可以驱动该 TTL。同理，可定义 TTL 可驱动 CMOS 的条件。如果一个 CMOS 电路和一个 TTL 电路可互相驱动，则称它们是兼容的。

例题 3.9

试判断 HC 系列 CMOS 门电路与 LS 系列 TTL 门电路是否兼容，请简述原因。

解答

本题的关键在于 CMOS/TTL 和 TTL/CMOS 电路接口的兼容性判断。若 HC 系列 CMOS 门电路驱动 TTL，则其 V_{OHmin} 和 V_{OLmax} 的值应选表 3-4 的“TTL 负载”列中的值，即 V_{OHminT}=3.84V，V_{OLmaxT}=0.33V。从表 3-8 中可以看出 LS 系列的 V_{IHmin}=2.0V，V_{ILmax}=0.8V。因此满足前述的兼容关系，因此可用 HC 系列 CMOS 驱动 LS 系列的 TTL。

再看 TTL/CMOS 接口，TTL 的 V_{OHmin} 和 V_{OLmax} 的值为：V_{OHmin}=2.7V，V_{OLmax}=0.5V。查表 3-3，可看出 HC 系列的 V_{IHmin}=3.5V，V_{ILmax}=1.35V，所以不满足前述的兼容关系，不能用 LS 系列的 TTL 驱动 HC 系列 CMOS。

因此 HC 系列 CMOS 门电路与 LS 系列 TTL 门电路不兼容。

HCT 系列的 CMOS 门电路能够很好地兼容 LS 系列 TTL 门电路。[快速练习：根据图 3-35 给出的 HCT 系列的输入、输出电压规格，写出 HCT 系列的 CMOS 门电路能兼容 LS 系列 TTL 的依据。]

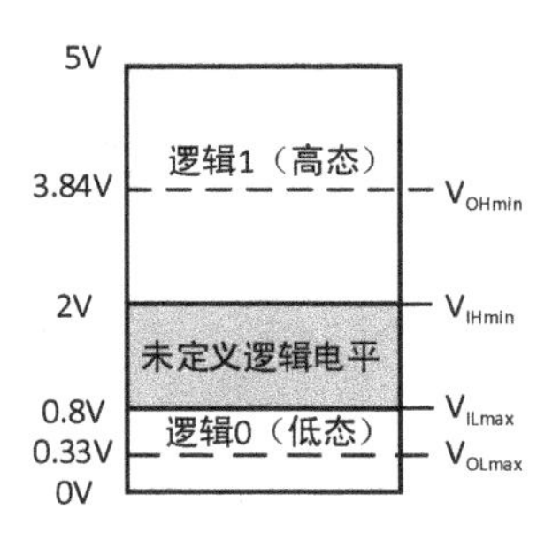

图 3-35　CMOS HCT 系列的输入、输出电压规格

3.4　门电路的代码实现

Verilog HDL（Hardware Description Language）是工业界常用的设计硬件电路的语言。本书中给出的所有代码实例都使用 Verilog HDL 语言，但本书不会详细介绍其语法，默认读者有一定的 Verilog HDL 语言基础。详细的语法介绍参见其他相关书籍和资料。

在 Verilog HDL 中，与门、与非门、或门、或非门、异或门属于内建原语，可在代码中直接调用。表 3-9 给出了 Verilog HDL 语言中的原语类型。例如，调用如图 3-1（a）所示的 2 输入与门 a1 的代码为："and a1(F, X, Y)"。

我们也可以利用表 3-9 中给出的晶体管原语来自己实现一个门电路。以图 3-15（a）所给出的 CMOS 非门为例，我们可自己编程实现，而不直接调用非门的原语，代码见模块 cmosnot 给出的代码实现：

```
module cmosnot (F, A);
    input A;
    output F;
    supply1 Vcc;
    supply0 gnd;
    pmos Q2 (F, Vcc, A);
    nmos Q1 (F, gnd, A);
endmodule
```

表 3-9　Verilog HDL 中的原语类型

基元分类	原　语
多输入门	and, nand, or, nor, xor, xnor
多输出门	buf, not
三态门	bufif0, bufif1, notif0, notif1
上拉、下拉电阻	pullup, pulldown
MOS 开关	cmos, nmos, pmos, rcmos, rnmos, rpmos
双向开关	tran, tranif0, tranif1, rtran, rtranif0, rtranif1

3.5　本章小结

本章介绍了数字电路的基本门电路的逻辑功能，给出了逻辑代数的基本公式和三个基本定理，讨论了逻辑函数标准形式以及对应逻辑电路的化简方法，然后详细介绍了数字电路两种逻辑系列的实现机制，包括电平范围、工作原理和基本构成、输入/输出的电气特性指标等相关内容，最后介绍了 Verilog HDL 语言中如何调用和自建门电路。

习题 3

1．证明下列等式。

（1）$A+\overline{A}B=A+B$

（2）$ABC+A\overline{B}C+AB\overline{C}=AB+AC$

（3）$A+A\overline{B}\overline{C}+\overline{A}CD+(\overline{C}+\overline{D})E=A+CD+E$

（4）$\overline{A}\overline{B}+A\overline{B}\overline{C}+\overline{A}B\overline{C}=\overline{A}\overline{B}+\overline{A}\overline{C}+\overline{B}\overline{C}$

2．分别求下列式子的反逻辑式和对偶式。

（1）$F=X\cdot Y+\overline{X}\cdot\overline{Z}$

（2）$F=(X+Y+Z)\cdot(\overline{X}+\overline{Z})$

（3）$F=\overline{X}\cdot Z+\overline{Y}\cdot\overline{Z}+X\cdot Y\cdot Z$

3．已知：

（a）$F=X+\overline{Y}\cdot\overline{Z}$

（b）$F=\overline{X}+Y\cdot\overline{Z}+Y\cdot\overline{Z}$

（c）$F=\overline{A}\cdot B+\overline{B}\cdot C+A$

请根据下面的要求进行计算：

（1）分别求上面三个式子的最小项之和的标准形式及最大项之积标准形式。

（2）分别画出上面三个逻辑函数对应的卡诺图，并求出化简后的逻辑函数。

4．已知：$F=\overline{X}\cdot Z+X\cdot Y+X\cdot\overline{Y}\cdot Z$。

要求：

（1）画出上式对应的逻辑电路；

（2）求出该电路对应的真值表；

（3）使用公式法化简该逻辑函数；

（4）使用卡诺图化简该逻辑函数；

（5）画出化简后的逻辑函数所对应的逻辑电路图；

（6）将化简后的逻辑函数转换为与或非形式或者或与非形式，并画出相应的逻辑电路图。

第 4 章 计算机芯片的基本电路组成

在第 3 章中我们提到，逻辑电路可分为组合逻辑电路（Combinational Circuit）和时序逻辑电路（Sequential Circuit）两大类。在计算机芯片中，两种类型的电路都有应用。我们在第 3 章中已经完成了数字电路相关基础知识的学习，在本章中将进一步学习更复杂的组合逻辑电路模块和时序逻辑电路模块的分析方法和应用实例。

4.1 组合逻辑电路

组合逻辑电路的特点是，任意时刻的输出仅仅取决于当前时刻的输入，与电路之前的历史状态无关（即无记忆能力）。在第 3 章中我们已经学习了组合逻辑电路的分析方法，本节将重点学习组合逻辑电路的设计方法，并了解几种典型的组合逻辑电路的实现和应用。

组合逻辑电路的设计是指，根据实际逻辑问题，求出实现这一逻辑功能的最简逻辑电路。组合逻辑电路的设计通常包含以下三个步骤。

（1）进行逻辑抽象。首先分析事件的因果关系，确定输入变量和输出变量；然后以二值逻辑 0 和 1 两种状态来标识输出变量和输出变量的不同状态；最后列出输入变量和输出变量的逻辑真值表。

（2）写出逻辑函数。将真值表转换为对应的逻辑函数式，或者直接画出卡诺图，然后使用第 3 章中介绍的卡诺图将逻辑函数进行化简。

（3）根据化简后的逻辑函数，画出逻辑电路图。

下面我们将分别介绍几种常用的组合逻辑电路。

4.1.1 多路选择器

最简单的**多路选择器**（Multiplexer）是 1 位二选一多路选择器。表 4-1 给出了 3 输入的 1 位二选一多路选择器的真值表。从表中可以看出，当输入 S 为高电平时，输入 Y 的值为输入 A1 的值；当输入 S 为低电平时，输入 Y 的值为输入 A0 的值。根据该真值表，可以画出该多路选择器的卡诺图，如图 4-1（a）所示。化简后得到逻辑函数为：$Y=\overline{S}A_0+SA_1$，其对应的逻辑电路如图 4-1（b）所示。按照第 3 章介绍的 CMOS 门电路的晶体管构成，与门和非门分别比与非门和或非门需要更多的晶体管，并且速度还更慢，因此我们可对上式做进一步变换：

$$Y=\overline{S}A_0+SA_1=\overline{\overline{\overline{S}A_0+SA_1}}=\overline{\overline{\overline{S}A_0}\cdot\overline{SA_1}}$$

表 4-1 1 位二选一多路选择器的真值表

S	A_1	A_0	Y
1	0	0	0
1	0	1	0
1	1	0	1
1	1	1	1
0	0	0	0
0	0	1	1
0	1	0	0
0	1	1	1

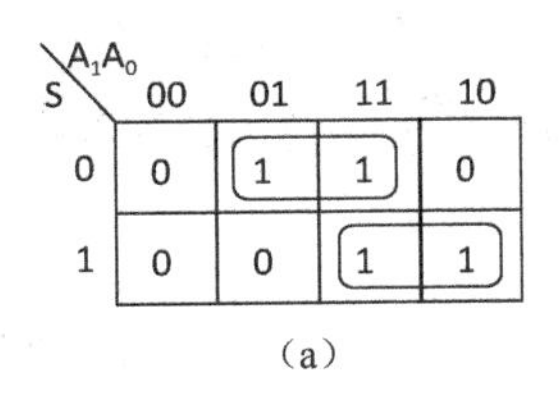

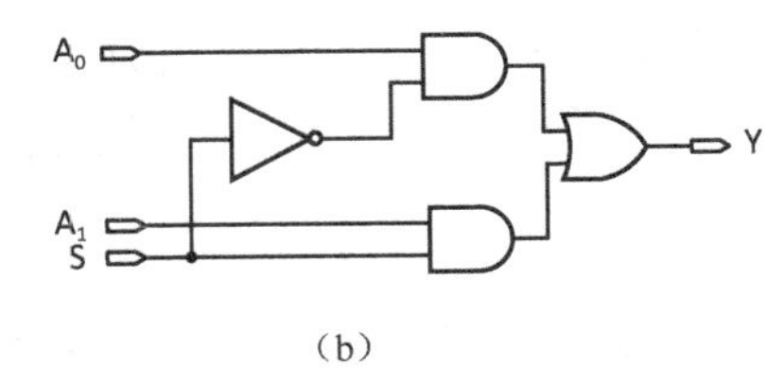

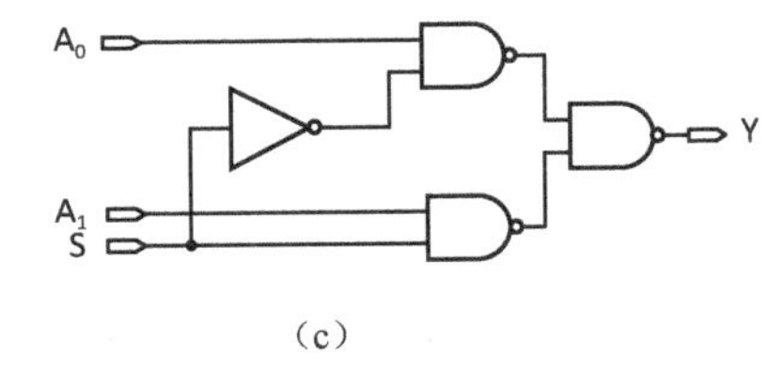

图 4-1 二选一多路选择器的卡诺图和实现逻辑电路

变换后的逻辑函数对应的逻辑电路如图 4-1（c）所示。变换前的逻辑电路总共需要 20 个晶体管，变换后的逻辑电路只需要 14 个晶体管。其实图 4-1（c）的逻辑电路还可做进一步化简，回忆一下，图 3-29（b）使用了两个传输门和一个非门来构成一个相同的多路选择器，只使用了 6 个晶体管，因此直接使用晶体管来设计逻辑电路可能优化效果会更好。但是直接使用晶体管来设计逻辑电路的方法和难度已经超出了本书的范围，本书讨论的重点还是门电路级。模块名为 MUX2X1 的二选一多路选择器的门电路级的实现代码如下：

```
module MUX2X1 (A0, A1, S, Y);
    input A0, A1, S;
    output Y;
    not i0 (S_n, S);
    nand i1 (A0_S, A0, S_n);
    nand i2 (A1_S, A1, S);
    nor  i3 (Y, A0_S, A1_S);
endmodule
```

在 1 位二选一多路选择器的基础上，我们可以很容易将其扩展到 *m* 位 *n* 选 1 多路选择器的实现。在典型的商业多路选择器中，*n*=1, 2, 4, 8 或 16，因此多路选择器还需要 *s*（$s=\log_2 n$）

个输入（称为选择信号）用于选择 *n* 个输入向量。图 4-2（a）给出了 32 位二选一多路选择器的接口，其门级电路实现可以参照模块 MUX2X1 的实现方式，即将两个输入向量中所有对应的位信号根据 MUX2X1 中的 4 个门的调用方式去实现。图 4-2（b）给出了 32 位四选一多路选择器的接口。显然，32 位四选一多路选择器的门级电路实现比 32 位二选一多路选择器更复杂。为了节约篇幅，我们给出了 32 位四选一多路选择器的功能描述风格的代码实现，参见模块 MUX4X32 的代码：

```
module MUX4X32 (A0, A1, A2, A3, S, Y);
input [31:0] A0, A1, A2, A3;
input [1:0] S;
output [31:0] Y;
function [31:0] select;
        input [31:0] A0, A1, A2, A3;
        input [1:0] S;
          case (s)
               2'b00: select = A0;
               2'b01: select = A1;
               2'b10: select = A2;
               2'b11: select = A3;
          endcase
   endfunction
   assign y = select (A0, A1, A2, A3, S);
end module
```

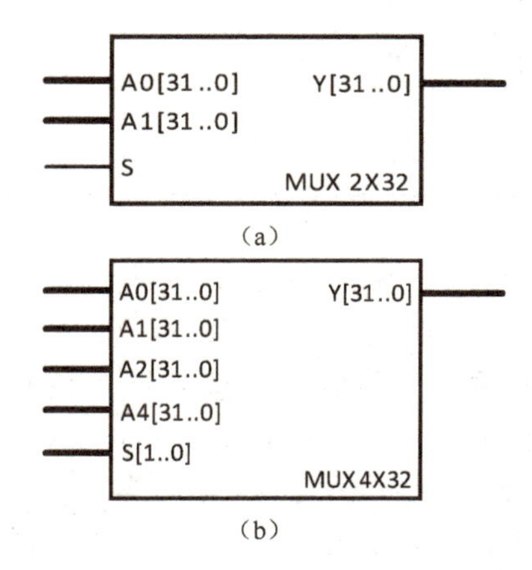

图 4-2　32 位二选一多路器和四选一多路器的输入、输出接口

从该功能描述风格的代码中可以看出，其中并无任何的门电路器件，而是靠“算法”实现电路的功能操作，因此其代码实现比门级电路更高层更简单。[快速练习：用门级电路和功能描述风格分别实现 32 位二选一多路选择器 MUX2X32 的逻辑功能。]

4.1.2　译码器

n-2^n 线二进制译码器（Decoder）是最常用的译码器，其 n 个输入端信号形成一个 n 位的二进制数值，其 2^n 个输出端中对应序号的输出端为高电平输出，其余 2^n-1 个输出端输出低电平信号。表 4-2 给出了 2-4 线译码器的真值表，其中可以看出，I1 和 I0 所形成的二进制值对应的输出端为高电平。为了节约篇幅，从本节开始不再给出电路的具体化简过程，而直接给出化简后的门级电路实现。2-4 线译码器的电路实现如图 4-3（a）所示，图 4-3（b）给出了其输入、输出接口，模块 DEC2T4 给出了其门电路代码实现。

```
module DEC2T4 (I0, I1, Y0, Y1, Y2, Y3);
    input I0, I1;
    output Y0, Y1, Y2, Y3;
    not i0 (I0_n, I0);
    not i1 (I1_n, I1);
    nor  i2 (Y0, I0, I1);
    nor  i3 (Y1, I0, I1_n);
    nor  i4 (Y2, I0_n, I1);
    nor  i5 (Y3, I0_n, I1_n);
endmodule
```

表 4-2　2-4 译码器的真值表

输入		输出			
I_1	I_0	Y_3	Y_2	Y_1	Y_0
0	0	0	0	0	1
0	1	0	0	1	0
1	0	0	1	0	0
1	1	1	0	0	0

有时需要为译码器增加一个输入使能端 En，使得当 En 为输入高电平时，输出为正常输出；当 En 为输入低电平时，输出为全 0。以 2-4 线译码器为例，为了增加使能输入端 En 的控制功能，可将 En 的输入信号取反后接入每个或非门，如图 4-3（c）所示，形成的带使能端的 2-4 线译码器的输入、输出接口如图 4-3（d）所示。[快速练习：自行用代码实现带使能端的 2-4 线译码器、5-32 线译码器电路，模块分别命名为：module DEC2T4E (I0, I1, En, Y0, Y1, Y2, Y3)和 module DEC5T32E (I, En, Y)，其中 I 信号为 5 位宽，Y 为 32 位宽。]

其他类型的译码器的输入、输出可以是其他的编码形式，例如二-十进制译码器等。由于与本书的主线内容关系不大，因此不再赘述，有兴趣的读者请参考相关书籍。

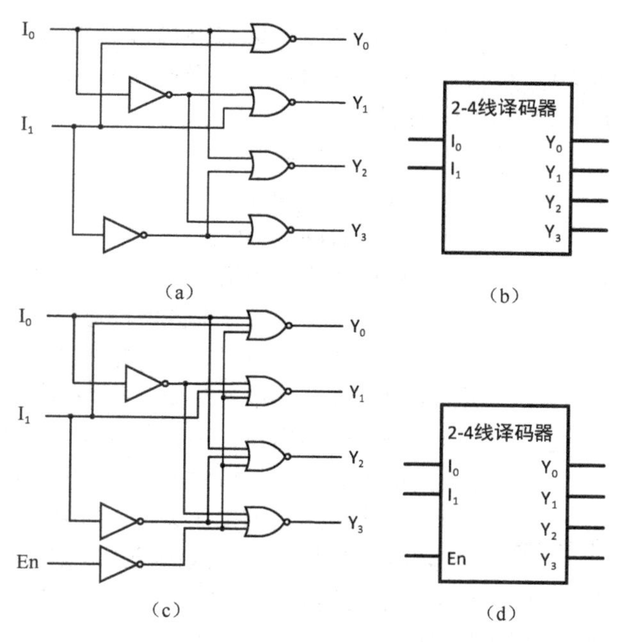

图 4-3　不带使能端和带使能端的 2-4 线译码器的门电路实现和其接口

4.1.3　编码器

2^n–n 线二进制编码器（Encode）的逻辑功能与 n–2^n 线二进制译码器的相反，将输入信号的每个高、低电平信号编制成对应的二进制代码。图 4-4 给出了一个有 8 个输入信号 I_7～I_0 和 3 个输出信号 Y_2～Y_0 的 8-3 线编码器，其逻辑功能需求为：若任意一个输入信号 I_x（$0 \leqslant x \leqslant 7$）为高电平，则 $Y_2Y_1Y_0$ 输出 x 的对应的 3 位二进制编码。例如，若输入 I_2 为高电平，其余输入信号为低电平时，输出 $Y_2Y_1Y_0$ 的值为 010。表 4-3 给出了该编码器的部分真值表。

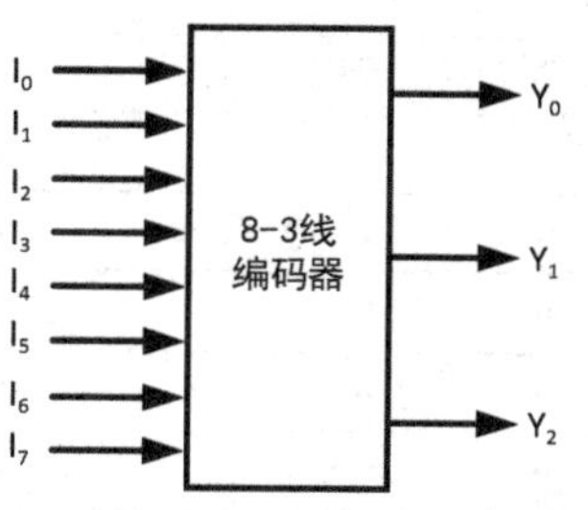

图 4-4　编码器的输入和输出信号

表 4-3　编码器的部分真值表

输　入								输　出		
I_7	I_6	I_5	I_4	I_3	I_2	I_1	I_0	Y_2	Y_1	Y_0
1	0	0	0	0	0	0	0	0	0	0
0	1	0	0	0	0	0	0	0	0	1
0	0	1	0	0	0	0	0	0	1	0
0	0	0	1	0	0	0	0	0	1	1
0	0	0	0	1	0	0	0	1	0	0
0	0	0	0	0	1	0	0	1	0	1
0	0	0	0	0	0	1	0	1	1	0
0	0	0	0	0	0	0	1	1	1	1

根据该部分真值表，可以总结出，当输入I_1、I_3、I_5和I_7为高电平时，输出Y_0为高电平；当输入I_2、I_3、I_6和I_7为高电平时，输出Y_1为高电平；当输入I_4、I_5、I_6和I_7为高电平时，输出Y_2为高电平。由此可以写出如下的逻辑函数组：

$$Y_0= I_1+I_3+I_5+I_7$$
$$Y_1= I_2+I_3+I_6+I_7$$
$$Y_2= I_4+I_5+I_6+I_7$$

根据该逻辑函数组，可以画出如图4-5所示的逻辑电路。

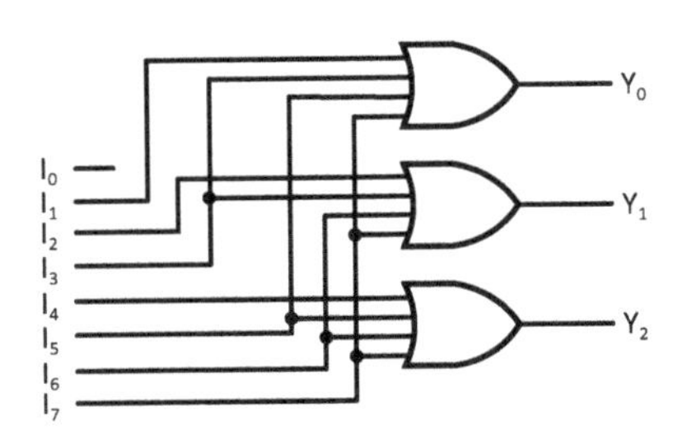

图 4-5 编码器对应的逻辑电路

表4-3之所以是部分真值表，因为它没有给出如果有多个输入端同时为高电平时，对应输出$Y_2Y_1Y_0$的值是什么。若按上述的逻辑函数组实现电路，当有多个输入端为高电平时，该编码器会输出我们不希望的结果。例如，当I_3和I_5同时为高电平时，$Y_2Y_1Y_0$输出110。为了避免这个问题，我们可以给输入端指定一个优先级，如果出现多个输入高电平，编码器将产生最高优先级的输入端对应的编号。我们把这样的编码器称为优先级编码器。优先级编码器还需要一个额外的输出端 IDLE 来标识当前的输入信号是否为全0，其真值表如表4-4所示。

表 4-4 8-3 线编码器的真值表

输入								输出			
I_7	I_6	I_5	I_4	I_3	I_2	I_1	I_0	Y_2	Y_1	Y_0	Idle
1	x	x	x	x	x	x	x	1	1	1	0
0	1	x	x	x	x	x	x	1	1	0	0
0	0	1	x	x	x	x	x	1	0	1	0
0	0	0	1	x	x	x	x	1	0	0	0
0	0	0	0	1	x	x	x	0	1	1	0
0	0	0	0	0	1	x	x	0	1	0	0
0	0	0	0	0	0	1	x	0	0	1	0
0	0	0	0	0	0	0	1	0	0	0	0
0	0	0	0	0	0	0	0	0	0	0	1

为了写出该优先级编码器的逻辑函数组，我们需要先定义8个中间变量H_7～H_0：

$$H_7=I_7$$
$$H_6=I_6\cdot\bar{I}_7$$
$$H_5=I_5\cdot\bar{I}_6\cdot\bar{I}_7$$
$$\cdots$$
$$H_0=I_0\cdot\bar{I}_1\cdot\bar{I}_2\cdot\bar{I}_3\cdot\bar{I}_4\cdot\bar{I}_5\cdot\bar{I}_6\cdot\bar{I}_7$$

优先级编码器对应的逻辑函数组可化简为：

$$Y_2 = H_4+H_5+H_6+H_7 = I_4+I_5+I_6+I_7$$

$$Y_1 = H_2+H_3+H_6+H_7 = I_2 \cdot \bar{I}_4 \cdot \bar{I}_5 + I_3 \cdot \bar{I}_4 \cdot \bar{I}_5 + I_6 + I_7$$

$$Y_0 = H_1+H_3+H_5+H_7 = I_1 \cdot \bar{I}_2 \cdot \bar{I}_4 \cdot \bar{I}_6 + I_3 \cdot \bar{I}_4 \cdot \bar{I}_6 + I_5 \cdot \bar{I}_6 + I_7$$

$$Idle = \bar{I}_0 \cdot \bar{I}_1 \cdot \bar{I}_2 \cdot \bar{I}_3 \cdot \bar{I}_4 \cdot \bar{I}_5 \cdot \bar{I}_6 \cdot \bar{I}_7$$

[快速练习：请自行应用表 3-2 中给出的逻辑公式对该逻辑函数组进行化简。]

该 8-3 线优先级编码器的电路实现代码由于篇幅限制，不再给出。

4.1.4　加法器

在计算机系统中，加法是最基本的运算操作，二进制补码也是最常用的数制形式，因此加法器需要按照第 2 章中所述的二进制补码的加法规则来实现两个操作数的运算。最简单的加法器称为**半加器**（Half Adder），它把两个 1 位的二进制数 X 和 Y 相加，输出一个 1 位的和 S 及一个 1 位的进位 Cout，其真值表如表 4-5 所示。根据半加器的真值表，可以很快实现其门级逻辑电路，如图 4-6（a）所示。

表 4-5　半加器的真值表

输入		输出	
X	Y	S	Cout
0	0	0	0
0	1	1	0
1	0	1	0
1	1	0	1

表 4-6　全加器的真值表

输入			输出	
X	Y	Cin	S	Cout
0	0	0/1	0/1	0/0
0	1	0/1	1/0	0/1
1	0	0/1	1/0	0/1
1	1	0/1	0/1	1/1

半加器的不足在于，其只考虑了两个操作数的对应位运算，并没有考虑在二进制数的运算过程中低位产生的进位。因此在半加器的基础上再增加一个低位进位的输入信号 Cin 后形成的加法器称为全加器，其真值表如表 4-6 所示。根据该真值表，可写出全加器的逻辑函数：

$$S = X \oplus Y \oplus Cin$$

$$Cout = \overline{\overline{X \cdot Y} \cdot \overline{X \cdot Cin} \cdot \overline{Y \cdot Cin}}$$

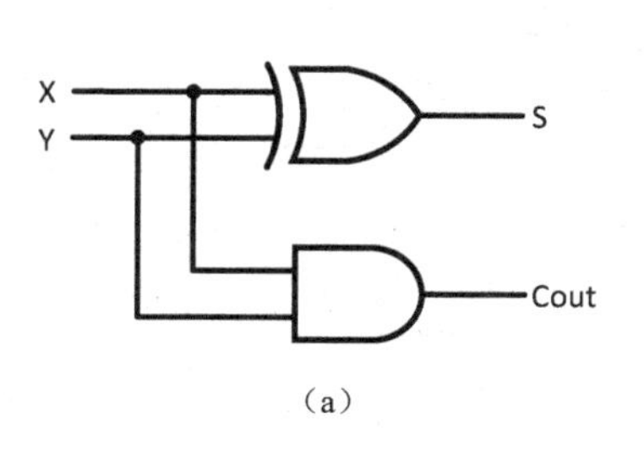

（a）

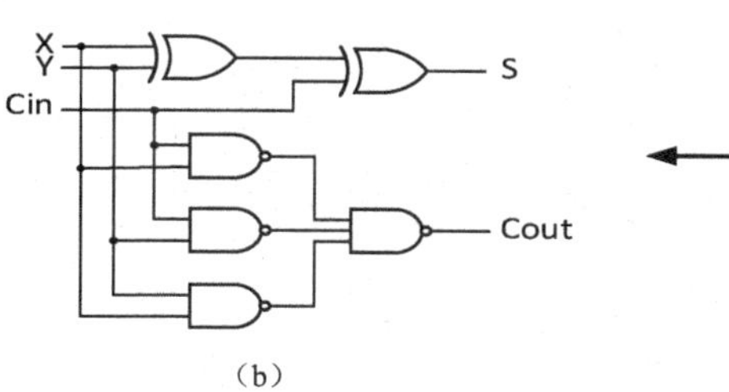

（b）

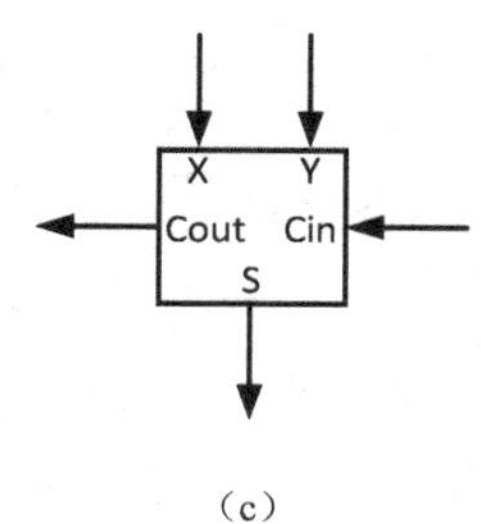

（c）

图 4-6　半加器和全加器

图 4-6（b）和（c）给出了全加器的门级电路和输入、输出接口，由此利用多个全加器的级联可以实现两个二进制数的串行进位加法。图 4-7 用 4 个全加器级联（把每个全加器的高位进位输出端 Cout 连接到其左边全加器的低位进位输出端 Cin）形成**串行进位加法器**（Ripple Adder），实现了两个 4 位二进制数 $X_3X_2X_1X_0$ 和 $Y_3Y_2Y_1Y_0$ 相加。

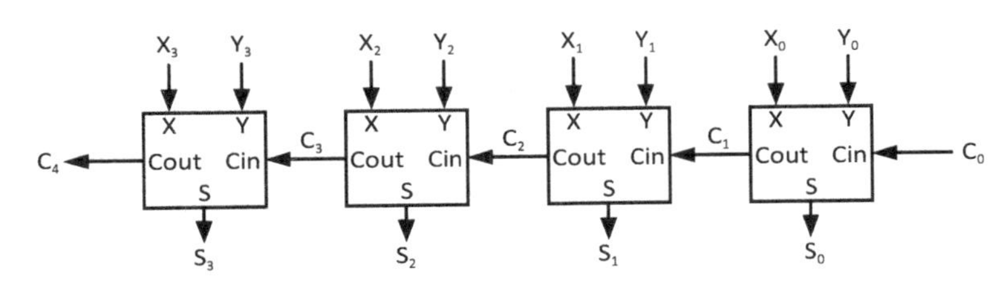

图 4-7 用全加器实现 4 位二进制数的串行进位加法

从这种串行进位的实现方式来看，其主要缺点就是运算速度慢。在最坏情况下，完成一次加法运算需要经过 4 个全加器的传播延迟总和，并且该最坏加法运算时间随着加法的操作数位数的增加而增长。因此若要提高运算速度，就必须缩短进位信号逐级传递所需的时间。如果能通过逻辑电路直接得出全加器每位的进位信号，就无须从最低位向最高位逐级传递进位信号了，这样的加法器称为**超前进位**（Carry Lookahead）加法器。为了实现超前进位加法器，我们观察两个二进制数相加时第 i 位的高位进位输出 Cout_i：

$$\mathrm{Cout}_i=\overline{\overline{X_i\cdot Y_i}\cdot\overline{X_i\cdot \mathrm{Cin}_i}\cdot\overline{Y_i\cdot \mathrm{Cin}_i}}=X_i\cdot Y_i+X_i\cdot \mathrm{Cin}_i+Y_i\cdot \mathrm{Cin}_i$$
$$=X_i\cdot Y_i+(X_i+Y_i)\cdot \mathrm{Cin}_i$$

若将 $X_i\cdot Y_i$ 定义为进位产生函数 G_i，将 X_i+Y_i 定义为进位传递函数 P_i，则 Cout_i 可表示为：

$$\mathrm{Cout}_i=G_i+P_i\cdot \mathrm{Cin}_i$$

由于 $\mathrm{Cin}_i=\mathrm{Cout}_{i-1}$，因此 Cout_i 可展开为：

$$\begin{aligned}\mathrm{Cout}_i&=G_i+P_i\cdot \mathrm{Cin}_i\\&=G_i+P_i\cdot(G_{i-1}+P_{i-1}\cdot \mathrm{Cin}_{i-1})\\&=G_i+P_i\cdot G_{i-1}+P_i\cdot P_{i-1}\cdot(G_{i-2}+P_{i-2}\cdot \mathrm{Cin}_{i-2})\\&\dots\\&=G_i+P_i\cdot G_{i-1}+P_i\cdot P_{i-1}\cdot G_{i-2}+\dots+P_i\cdot P_{i-1}\dots P_1\cdot G_0+P_i\cdot P_{i-1}\dots P_0\cdot \mathrm{Cin}_0\end{aligned}$$

从 Cout_i 的展开式可以看出，第 i 位的高位进位输出信号可由 $X_iX_{i-1}\cdots X_0$ 和 $Y_iY_{i-1}\cdots Y_0$ 以及最低位进位输入 Cin_0 唯一地确定。我们可写出 4 位超前进位加法器的逻辑函数组，并形成如图 4-8 所示的输入、输出接口（其中输入信号 Cin 对应逻辑函数组中的 Cin_0，输出信号 Cout 对应逻辑函数组中的 Cout_3）：

$$\mathrm{Cout}_3=G_3+P_3\cdot G_2+P_3\cdot P_2\cdot G_1+P_3\cdot P_2\cdot P_1\cdot G_0+P_3\cdot P_2\cdot P_1\cdot P_0\cdot \mathrm{Cin}_0$$
$$=\overline{\overline{G_3}\cdot\overline{P_3\cdot G_2}\cdot\overline{P_3\cdot P_2\cdot G_1}\cdot\overline{P_3\cdot P_2\cdot P_1\cdot G_0}\cdot\overline{P_3\cdot P_2\cdot P_1\cdot P_0\cdot \mathrm{Cin}_0}}$$
$$\mathrm{Cout}_2=G_2+P_2\cdot G_1+P_2\cdot P_1\cdot G_0+P_2\cdot P_1\cdot P_0\cdot \mathrm{Cin}_0$$
$$=\overline{\overline{G_2}\cdot\overline{P_2\cdot G_1}\cdot\overline{P_2\cdot P_1\cdot G_0}\cdot\overline{P_2\cdot P_1\cdot P_0\cdot \mathrm{Cin}_0}}$$
$$\mathrm{Cout}_1=G_1+P_1\cdot G_0+P_1\cdot P_0\cdot \mathrm{Cin}_0$$
$$=\overline{\overline{G_1}\cdot\overline{P_1\cdot G_0}\cdot\overline{P_1\cdot P_0\cdot \mathrm{Cin}_0}}$$
$$\mathrm{Cout}_0=G_0+P_0\cdot \mathrm{Cin}_0$$
$$=\overline{\overline{G_0}\cdot\overline{P_0\cdot \mathrm{Cin}_0}}$$
$$S_3=X_3\oplus Y_3\oplus \mathrm{Cout}_2=(P_3\cdot\overline{G_3})\oplus \mathrm{Cout}_2$$
$$S_2=X_2\oplus Y_2\oplus \mathrm{Cout}_1=(P_2\cdot\overline{G_2})\oplus \mathrm{Cout}_1$$

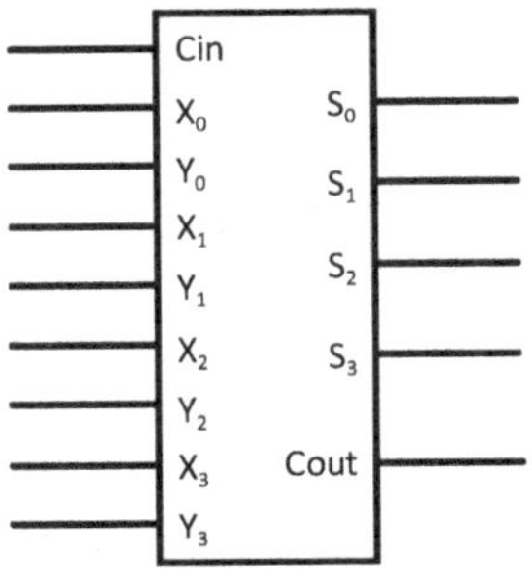

图 4-8 4 位超前进位加法器的输入、输出接口

$$S_1=X_1 \oplus Y_1 \oplus Cout_0=(P_1 \cdot \overline{G_1}) \oplus Cout_0$$

$$S_0=X_0 \oplus Y_0 \oplus Cin_0=(P_0 \cdot \overline{G_0}) \oplus Cin_0$$

根据上面的逻辑函数组，我们可形成 4 位超前进位加法器的门级实现电路，如图 4-9 所示。[快速练习：自行用代码实现该 4 位超前进位加法器的门级电路，模块命名为：module CLA_4 (X, Y, Cin, S, Cout)，其中 X，Y 和 S 信号均为 4 位宽，Cin 和 Cout 为 1 位宽]。

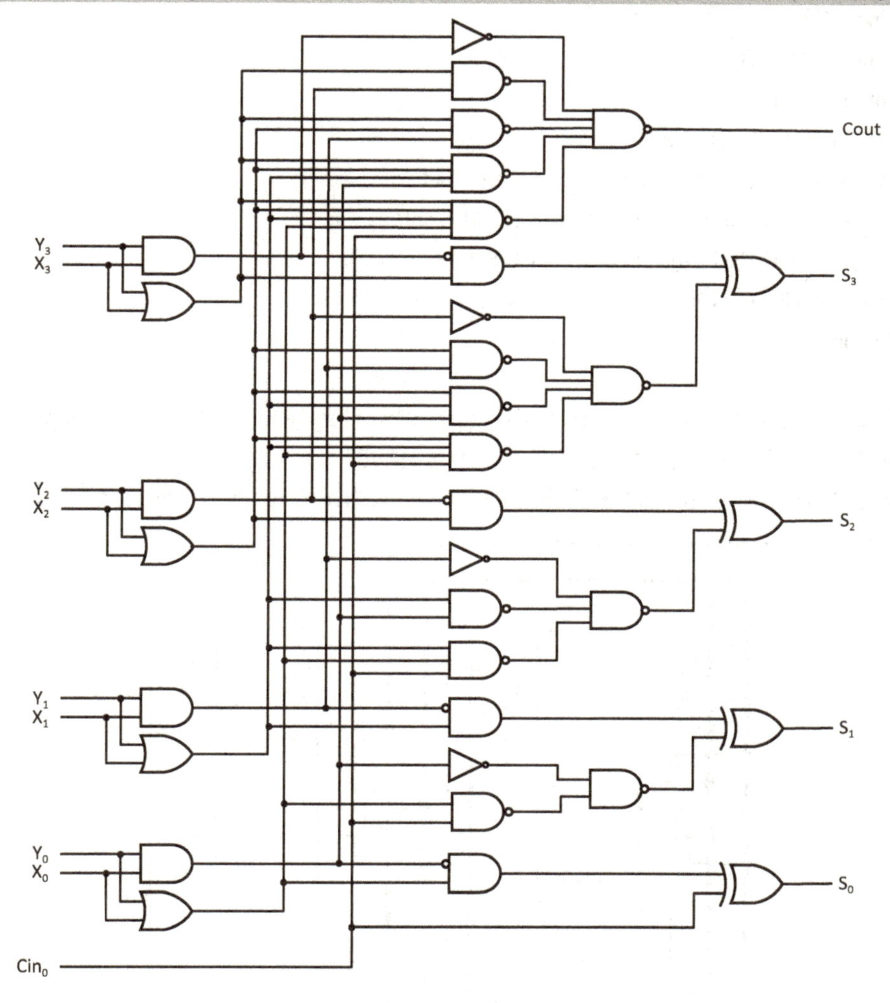

图 4-9　4 位超前进位加法器的门级实现

从上面的逻辑函数，也可看出该 4 位超前进位加法器的输出高位进位信号 $Cout_3$ 只有三级门电路延迟，但是运算时间的缩短是以增加电路的复杂程度为代价换取的，这也是一种典型的空间换时间的做法。因此更多位数的超前进位加法器的门级实现电路将更加复杂。为了简便地设计更多位数的高效加法器，我们可以使用多个 4 位超前进位加法器形成**组间串行进位加法器**（Group-Ripple Adder）。图 4-10 给出了 16 位组间串行进位加法器的实现方式，即低 4 位的超前进位加法器的输出信号 Cout 接到高 4 位的超前进位加法器的输入信号 Cin，这样每个 4 位加法器的内部为超前进位，不同 4 位加法器之间为串行进位，在性能和复杂性之间取了一个折中。模块 CLA_16 给出了 16 位组间串行进位加法器的代码实现：

```
module CLA_16 (X, Y, Cin, S, Cout);
    input [15:0] X, Y;
    input Cin;
    output [15:0] S;
    output Cout;
    wire Cout0, Cout1, Cout2;
    CLA_4 add0 (X[3:0], Y[3:0], CIN, S[3:0], Cout0);
    CLA_4 add1 (X[7:4], Y[7:4], Cout0, S[7:4], Cout1);
    CLA_4 add2 (X[11:8], Y[11:8], Cout1, S[11:8], Cout2);
    CLA_4 add3 (X[15:12], Y[15:12], Cout2, S[15:12], Cout);
endmodule
```

当然图 4-10 给出的 16 位组间串行进位加法器的性能还可以继续改进，即组间也采用超前进位的方式，这样的加法器称为**组间超前进位加法器**（Group-Carry Lookahead Adder）。由于篇幅限制，本书不再给出其详细设计过程，有兴趣的读者请参阅其他相关书籍。

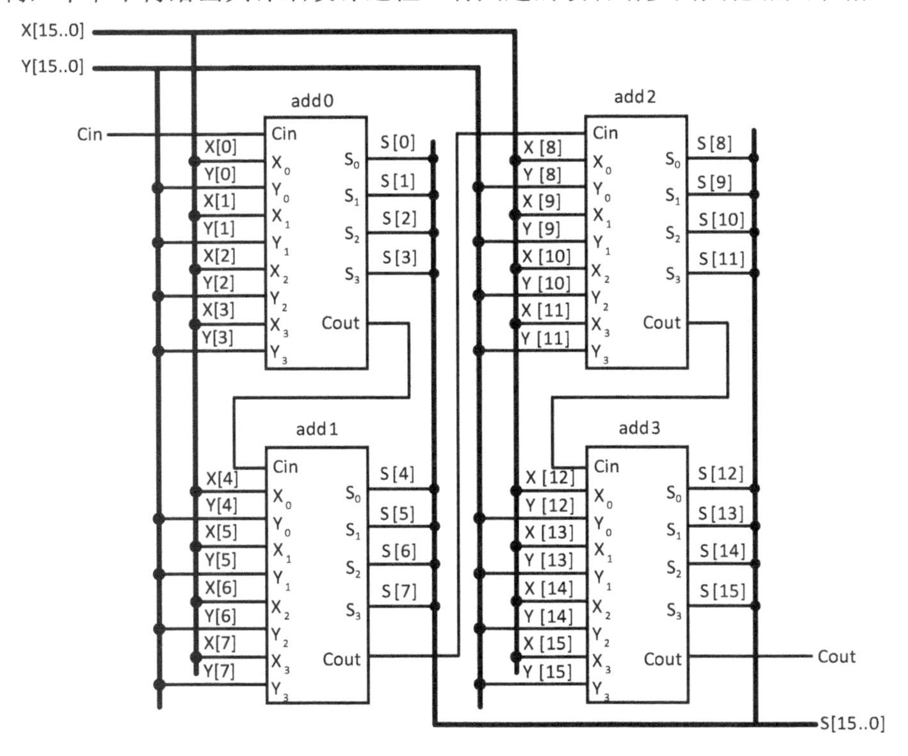

图 4-10　16 位组间串行进位加法器

4.1.5　减法器

在第 2 章中学习过二进制补码的减法运算，我们知道将减数取反后加 1 就变成二进制加法运算，因此可以利用前面所介绍的加法器实现减法运算。图 4-11 在图 4-7 的串行进位加法器的基础上为其中一个输入向量的每个位信号增加一个异或门：当输入信号 Sub 为低电平时，完成加法运算，因为此时异或门不改变输入的每个位信号的值并且进位输入 Cin 为低电平；当输入信号 Sub 为高电平时，完成减法运算，因为此时异或门将减数的每个位信号实现了取反操作，并且进位输入 Cin 为高电平。

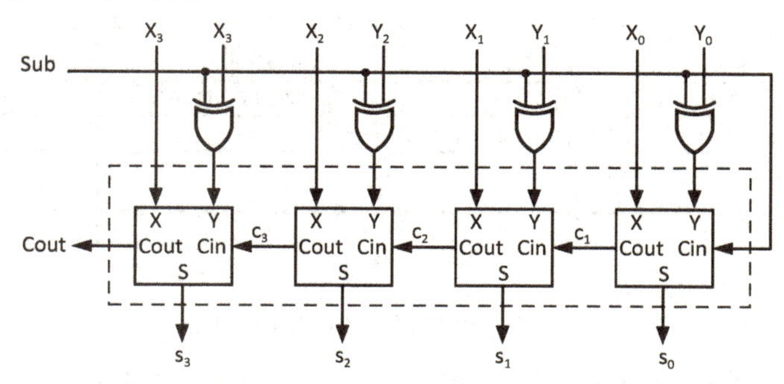

图 4-11　使用串行进位加法器实现减法运算

同理，我们可以对前面所述的 16 位组间串行进位加法器进行减法运算的扩展，并封装成 16 位组间串行进位的加减法器。模块 ADDSUB_16 给出了其代码实现：

```
module ADDSUB_16 (X, Y, Sub, S, Cout);
   input [15:0] X, Y;
   input Sub;
   output [15:0] S;
   output Cout;
   CLA_16 adder0 (X, Y^{16{Sub}}, Sub, S, Cout);
endmodule
```

4.1.6　移位器

在第 2 章中已经学习过二进制数的移位运算，包括逻辑左移、逻辑右移、算术左移和算术右移 4 类移位操作，本节将利用多个二选一多路选择器 MUX2X32 来构成一个 32 位的**移位器**（Shifter），实现这 4 类移位运算。首先给出 32 位移位器的输入、输出接口，如图 4-12 所示，其中 X 和 Sh 分别是 32 位宽的输入向量数据和输出移位结果；输入向量 Sa 是移位位数，5 位宽（移位位数为 0～31 位）；输入端 Arith 为高电平时表示进行算术移位，为低电平时表示进行逻辑移

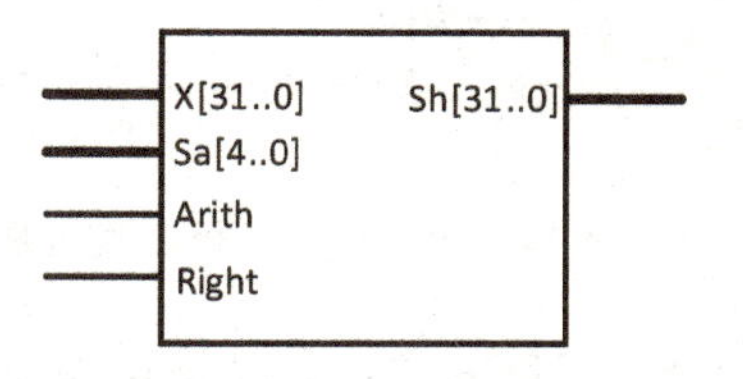

图 4-12　32 位移位器的输入、输出接口

位；输入端 Right 为高电平时表示向右移位，为低电平时表示向左移位。为了能根据输入数据的符号位形成移位数据，我们还需要两个中间信号向量 e[15:0]和 z[15:0]：

- 根据符号位信号 X[31]和 Arith 信号进行与运算后的值作为中间信号 e 的值，并将该中间信号 e 扩展成 16 位宽度的数据向量 e[15:0]。若 Arith 为低电平（即逻辑移位），则中间向量 e 的值为 0，因此 e[15:0]的值为全 0；若 Arith 为高电平（即算术移位），则中间向量 e[15:0]的值为全 0 还是全 1 需要看符号位 X[31]的电平值是低还是高。
- 中间信号 z[15:0]的值为全 0。

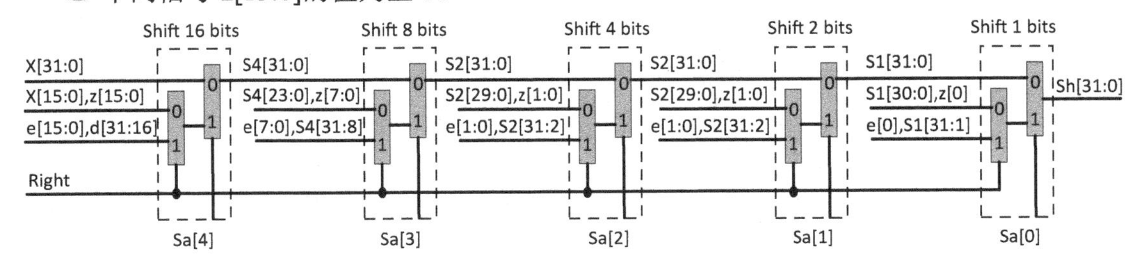

图 4-13　32 位移位器的电路实现

图 4-13 给出了 32 位移位器的内部电路实现，包括了 5 级多路选择器，其中每级由两个 32 位二选一多路选择器组成。以第 1 级多路选择器为例，我们分析其移位原理：若 Sa[4]为低电平，则该级多路选择器的输出 S4[31:0]等于 X[31:0]的值（即第一级的右侧多路选择器选择 A0 端输入）；若 Sa[4]为高电平，则该级多路选择器的输出 S4[31:0]等于第一级的左侧多路选择器的输出。第一级的左侧多路选择器又有两个输入端：上端是由 d[15:0]作为高 16 位和 z[15:0]作为低 16 位拼接而成的 32 位宽的数据输入（当 Right 为低电平时选择此输入端，对应的操作为逻辑左移 16 位和算术左移 16 位）；下端是由 e[15:0]作为高 16 位和 d[31:16]作为低 16 位拼接而成的 32 位宽的数据输入（当 Right 为高电平时选择此输入端，对应的操作为逻辑右移 16 位和算术右移位）。图 4-14 给出了第 1 级多路选择器内部实现更直观的展示（为了方便展示数据的拼接，图 4-14 把图 4-13 中的第一级多路选择器进行了 90° 顺时针翻转展示）。其他 4 级多路选择器的工作原理与第一级类似，只是当 Sa[3]、Sa[2]、Sa[1]和 Sa[0]分别为高电平时，第 2 级、第 3 级、第 4 级和第 5 级多路选择器分别实现将各自的输入数据移位 8 位、4 位、2 位和 1 位。因此，这样的 32 位移位器可根据移位的类型、移位的方向和移位的位数实现相应的操作。模块 SHIFTER_32 给出了其主要实现代码。注意在 SHIFTER_32 的代码实现中，语句“assign L1d = {e, d[31:16] }”实际上给出了对一个二进制数进行符号扩展的方法，这种方法也将会在第 5 章和第 6 章中的符号扩展模块中使用。

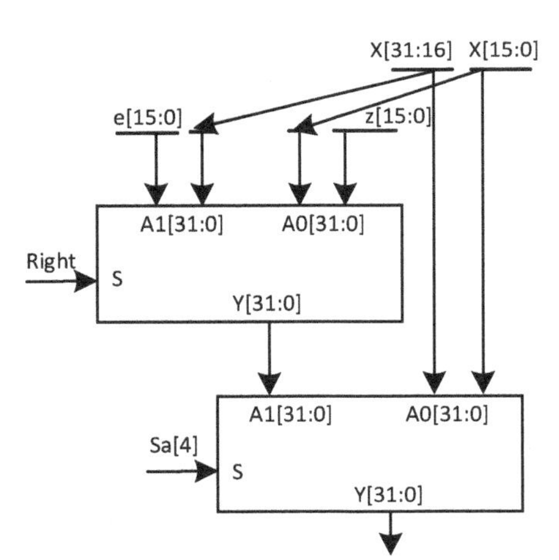

图 4-14　第 1 级多路器的直观展示

```
module SHIFTER_32 (X, Sa, Arith, Right, Sh);
  input [31:0] X;
  input [4:0] Sa;
  input Arith, Right;
  output [31:0] Sh;
  wire [31:0] T4, S4, T3, S3, T2, S2, T1, S1, T0;
  wire a = X[31] & Arith;
  wire [15:0] e = {16{a}};
  parameter z = 16'b0;
  wire [31:0] L1u, L1d, L2u, L2d, L3u, L3d, L4u, L4d, L5u, L5d;
  assign L1u = {X[15:0] ,z};
  assign L1d = {e, X[31:16] };
  MUX2X32 M1l (L1u, L1d, Right, T4);
  MUX2X32 M1r (X, T4, Sa[4], S4);
  //完成第 1 级多路器实现
  assign L2u = {S4[23:0], z[7:0]};
  assign L2d = {e[7:0], S4[31:8] };
  MUX2X32 M2l (L2u, L2d, Right, T3);
  MUX2X32 M2r (S4, T3, Sa[3], S3);
  //完成第 2 级多路器实现
  …
  assign L5u = {S1[30:0], z[0]};
  assign L5d = {e[0], S1[31:1] };
  MUX2X32 M5l (L5u, L5d, Right, T0);
  MUX2X32 M5r (S1, T0, Sa[0], Sh);
  //完成第 5 级多路器实现
endmodule
```

4.1.7　其他组合逻辑电路

计算机系统中经常需要比较两个输入值是否相等，我们把比较输入信号之间是否相等的电路称为**比较器**（Comparator）：如果两个输入向量相等，则输出高电平，否则输出低电平。我们可以用异或门和或非门来构成一个按位比较的比较器，图 4-15 分别给出了一个 4 位比较器的门级电路实现及其接口图，模块 CPT4 给出了其门级实现代码。

```
module CPT4 (A, B, Y);
  input [3:0] A, B;
  output Y;
```

```
    xor   i0 (D0, A[0], B[0]);
    xor   i1 (D1, A[1], B[1]);
    xor   i2 (D2, A[2], B[2]);
    xor   i3 (D3, A[3], B[3]);
    nor   i4 (Y, D0, D1, D2, D3);
endmodule
```

在计算机系统中还经常需要对数据进行符号扩展或零扩展，因此数据扩展模块需要一个数据输入端、一个扩展方式选择端和一个数据输出端。图 4-16 给出了将 16 位输入数据扩展为 32 位数据的**数据扩展器**的输入、输出接口，模块 EXT16T32 给出了其代码实现。其他位数的数据扩展器可以参考模块 EXT16T32 的代码进行实现。

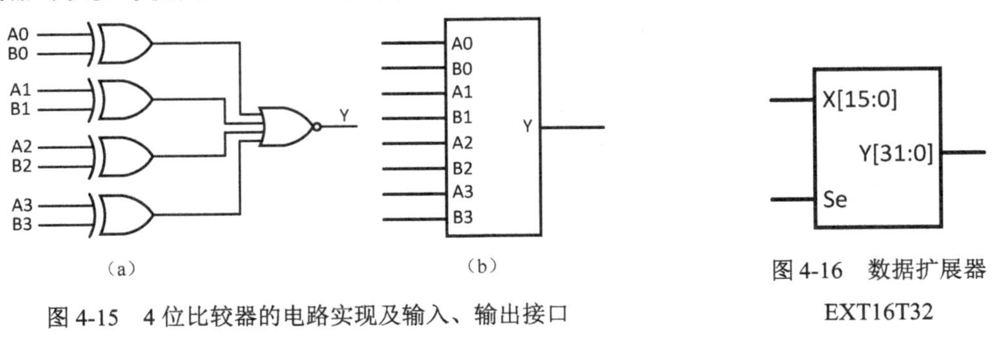

（a）　　　　（b）

图 4-15　4 位比较器的电路实现及输入、输出接口

图 4-16　数据扩展器 EXT16T32

```
module EXT16T32 (X, Se, Y);
    input [15:0] X;
    input B;
    output Y;
    wire [31:0] E0, E1;
    wire [15:0] e = {16{X[15]}};
    parameter z = 16'b0;
    assign E0 = {z, X};
    assign E1 = {e, X};
    MUX2X32 i(E0, E1, Se, Y);
endmodule
```

4.2 时序逻辑电路

如前所述，组合逻辑电路的特点是任意时刻的输出仅取决于当前时刻的输入，与电路之前的历史状态无关；而时序逻辑电路的输出不仅取决于当前的输入，还取决于电路的历史状态。因此我们需要一种元件能保存电路的状态信息。如果一个元件带有内部存储功能，它就包含状态，也称为**状态单元**（State Element）。

4.2.1　锁存器和触发器

最简单的时序电路由一对反相器形成一个双稳态元件，如图 4-17 所示。从图 4-17 中可以看出，这个元件没有输入接口，却有两个输出接口，Q 和 Qn。我们分析 Q 和 Qn 的输出：

- 若 Q 为高电平输出，则 V_{in2} 为高电平输入，Qn 输出低电平，同时 V_{in1} 也为低电平输入，又使得 Q 继续保持高电平输出；
- 若 Q 为低电平输出，则 V_{in2} 为低电平输入，Qn 输出高电平，同时 V_{in1} 也为高电平输入，又使得 Q 继续保持低电平输出。

因此该元件具有上述两种稳定状态，只要接上电源，它就随机出现两种状态中的一种，并永久保持这一状态。下面从电气特性方面来简单分析该双稳态元件的工作原理。回忆图 3-21 给出的非门的输入、输出曲线，我们将该元件的两个非门的输入、输出曲线合并在一张图里，如图 4-18 所示。在图 4-18 中我们可以发现两条曲线有三个相交点，其中 A 点和 C 点对应上述的两种稳态（即这两个点对应的 $V_{in1}=V_{out2}$，$V_{in2}=V_{out1}$），但是 B 点处于两条曲线的中部，虽然也满足这两种等式约束，但是其对应的 Q 值和 Qn 值却不是有效的逻辑信号。我们把 B 点称为亚稳态。因为亚稳态并不是真正稳定的，随机出现的电路噪声会使电路从亚稳态转移到两种稳态之一，转移的过程如图 4-18 中从 B 点到 A 点标记出的转移路径所示。

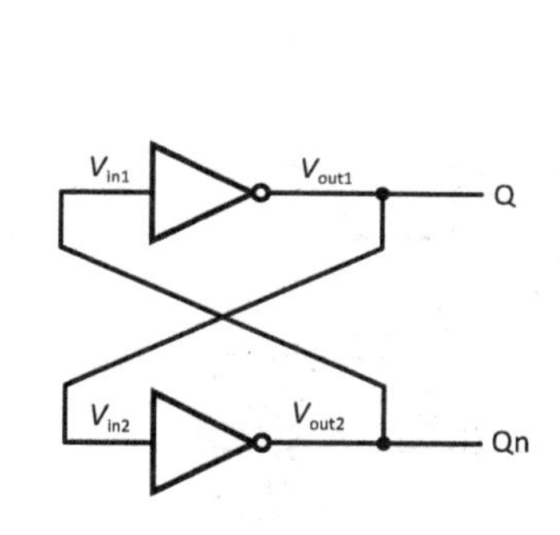

图 4-17　双稳态元件

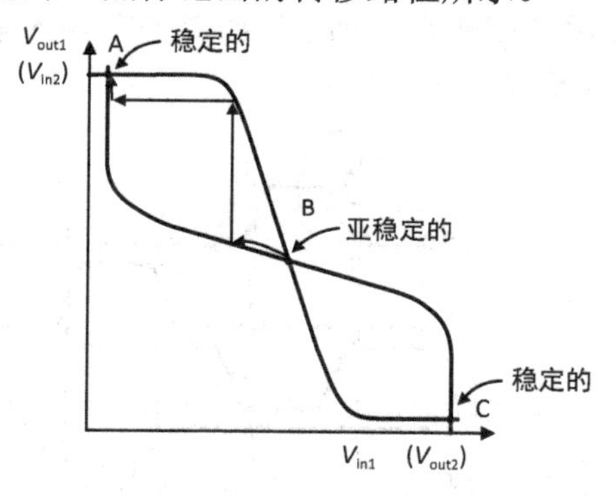

图 4-18　双稳态元件的两个非门的输入、输出曲线

刚才介绍的双稳态元件虽然可以持续保存电路的状态信息，但是其缺点是不能根据我们的需求去修改存储的信息。因此还需要其他的元件来实现我们的需求。图 4-19 给出了另一种元件的门级电路，称为 **Sn-Rn 锁存器**（Sn-Rn Latch）。下面分析其输入和输出的对应关系：

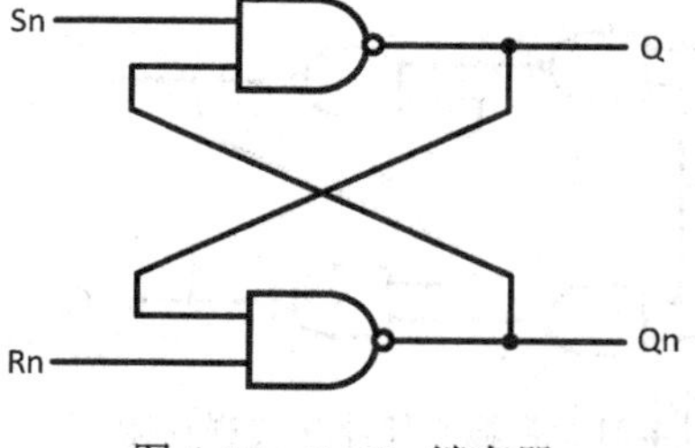

图 4-19　Sn-Rn 锁存器

- 当 Sn 为输入高电平，Rn 为输入低电平时，Qn 输出为高电平，Q 输出为低电平；
- 当 Sn 为输入低电平，Rn 为输入高电平时，Q 输出为高电平，Qn 输出为低电平；
- 当 Sn 为输入低电平，Rn 为输入低电平时，Q 输出为高电平，Qn 输出为高电平；

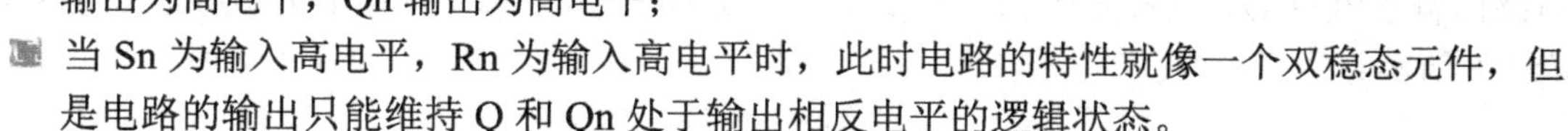

- 当 Sn 为输入高电平，Rn 为输入高电平时，此时电路的特性就像一个双稳态元件，但是电路的输出只能维持 Q 和 Qn 处于输出相反电平的逻辑状态。

表 4-7 给出了 Sn-Rn 锁存器的真值表。下面通过一个例子来分析 Sn-Rn 锁存器的输出、输入电平的变化及对应的 Q 和 Qn 输出电平的变化。图 4-20 所示的输入、输出变化关系考虑了 Sn-Rn 锁存器的传播延迟：在初始时刻，Sn 和 Rn 都为低电平，Q 和 Qn 输出都为高电平；在 t_1 时刻，Sn 变为高电平，Rn 不变，Q 随即变为低电平；在 t_2 时刻，Sn 变为低电平，Rn 不变，Q 随即变为高电平；在 t_3 时刻，Rn 变为高电平，Sn 保持高电平不变，此时 Q 继续保持输出低电平不变，Qn 继续保持输出高电平不变；在 t_4 时刻，Rn 变为低电平，Sn 不变，Q 仍然输出低电平，Qn 仍然输出高电平；在 t_5 时刻，Sn 变为低电平，Rn 保持低电平不变，Q 随即变为高电平；特别注意 t_6 时刻，Sn 和 Rn 均变为高电平，但是此时锁存器进入了一个不可预知的状态（可能是振荡状态或者亚稳态），因为在 t_6 时刻之前，Q 和 Qn 均为高电平输出，并不是输出相反电平的逻辑状态。另外，对 Sn 和 Rn 端的输入信号，通常需要规定最小脉冲宽度（Minimum Pulse Width）$t_{pw(min)}$，如图 4-20 中的阴影部分所示。如果加在输入端的信号宽度小于 $t_{pw(min)}$ 的值，那么锁存器也可能进入亚稳态。

表 4-7　Sn-Rn 锁存器的真值表

Sn	Rn	Q	Qn
1	1	维持不变	维持不变
1	0	0	1
0	1	1	0
0	0	1	1

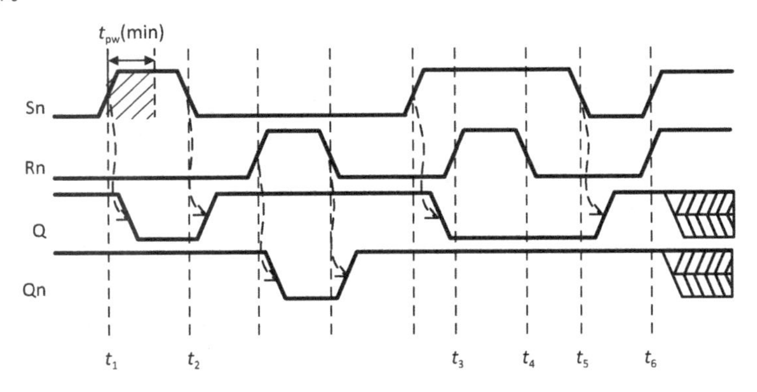

图 4-20　Sn-Rn 锁存器的输入、输出变化的例子

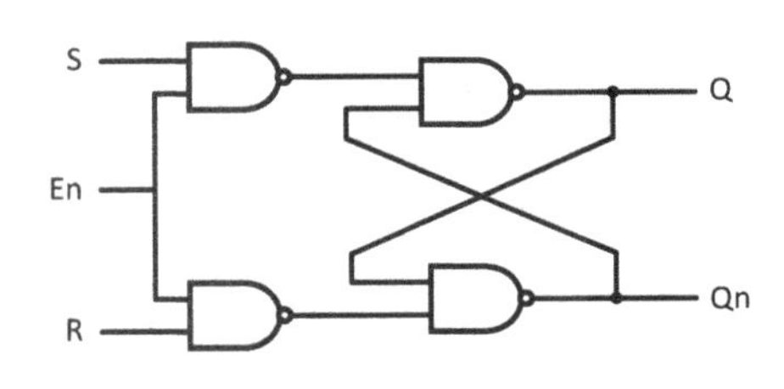

图 4-21　带输入使能端的锁存器

由于 Sn-Rn 锁存器对两个输入端的电平信号是一直敏感的，因此需要在 Sn-Rn 锁存器的基础上增加一个输入使能端 En，使得输出只在使能端 En 为输入高电平时才对输入端的电平敏感。这种具有输入使能端的锁存器的门级电路实现如图 4-21 所示。当输入使能 En 为高电平时，输入端 S 和 R 的输入值分别取反后形成 Sn-Rn 锁存器的两个输入信号；当输入使能 En 为低电平时，不论 S 和 R 是什么输入电平，Sn-Rn 锁存器的 Sn 和 Rn 端的输入信号都为高电平，电路的输出维持 Q 和 Qn 处于输出相反电平的逻辑状态。带输入使能端的锁存器的真值表如表 4-8 所示。

表 4-8　带使能端的锁存器的真值表

S	R	En	Q	Qn
1	1	1	1	1
1	0	1	1	0
0	1	1	0	1
0	0	1	维持不变	维持不变
X	X	0	维持不变	维持不变

我们看到 Sn-Rn 锁存器已经具备可根据需求去修改存储信息的能力。由于计算机系统中所有信息的表示都是二进制数据的形式，因此我们可在带输入使能端的 Sn-Rn 锁存器的基础上略加修改，使得修改后的元件能够保存一个二进制位的状态信息。我们把这种修改后的锁存器称为 **D 锁存器**（D Latch），其门级电路如图 4-22 所示，真值表如表 4-9 所示。从其真值表我们可以看出，当输入使能 En 为高电平时，输出 Q 与输入 D 的电平信号一致，此时称该 D 锁存器“打开”；当输入使能 En 为低电平时，不论输入 D 的电平为何值，其输出 Q 保持之前的电平值不改变，此时称该 D 锁存器“关闭”。从 D 锁存器的真值表还可以看出，D 锁存器不会出现其输出 Q 和 Qn 同时为高电平的情况，从而也就避免了当 D 锁存器关闭时其输出进入不可预知状态。

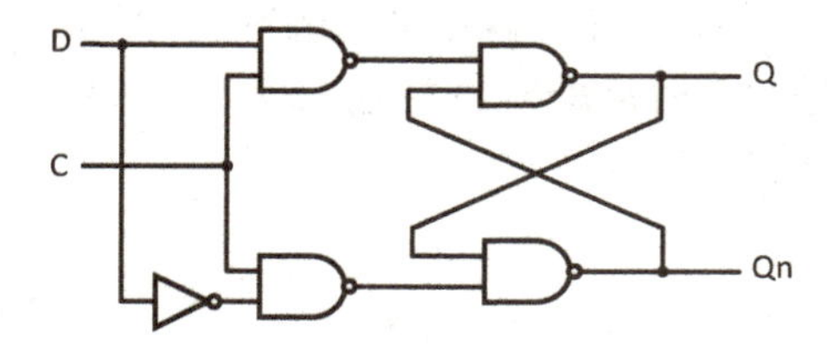

图 4-22　D 锁存器的门级电路实现

表 4-9　D 锁存器的真值表

D	En	Q	Qn
1	1	1	0
0	1	0	1
X	0	维持不变	维持不变

下面还是通过如图 4-23 所示的一个例子来分析 D 锁存器的输入、输出变化关系：初始时刻输入使能信号 En 为低电平，D 锁存器关闭，输出 Q 维持低电平输出，并不随 D 的变化而变化；在 t_1 时刻，使能信号 En 变为高电平，D 锁存器打开，此时输出 Q 随输入 D 的电平信号变化而变化；在 t_2 时刻，使能信号 En 变为低电平，D 锁存器关闭，输出 Q 维持低电平输出；在 t_3 时刻，使能信号 En 又变为高电平，D 锁存器打开，此时输出 Q 随输入 D 的电平信号变化而变化直至 t_4 时刻。另外，由于 D 锁存器内的核心元件仍然是 Sn-Rn 锁存器，因此加在输入 D 端的信息也需要满足最小的脉冲宽度，否则 D 锁存器也可能进入亚稳态。模块 D_Latch 的代码给出了 D 锁存器的门级实现。

```
module D_Latch (D, En, Q, Qn);
  input D, En;
  output Q, Qn;
  wire Sn, Rn, Dn;
  not i0 (Dn, D);
  nand i1 (Sn, D, En);
```

```
    nand i2 (Rn, En, Dn);
    nand i3 (Q, Sn, Qn);
    nand i4 (Qn, Q, Rn);
    //这两行代码实现的是 Sn-Rn 锁存器
endmodule
```

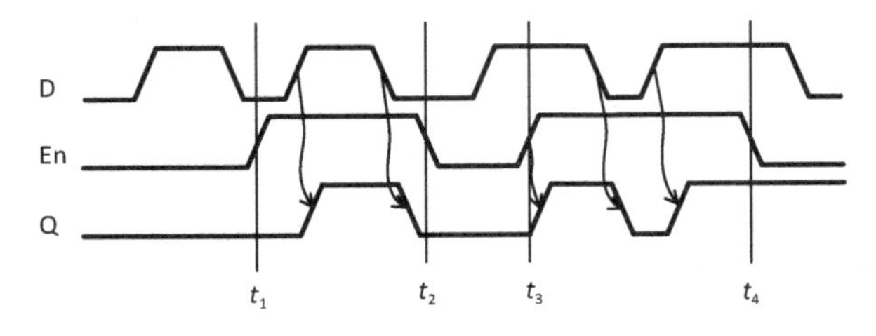

图 4-23 D 锁存器的输入、输出变化的例子的门级电路实现

我们已经看到，D 锁存器已经能够保存一个二进制位的状态信息，并且能够在输入使能端为高电平时改变其存储的信息，即通过输入使能端的电平信号去控制 D 锁存器的开闭。不过，在计算机芯片内部，我们往往需要通过输入的时钟边沿信号（时钟的上升沿或下降沿）去控制 D 锁存器的开闭，把这种用时钟边沿控制 D 锁存器中存储内容的元件称为 **D 触发器**（D Flip-Flop）。图 4-24（a）用两个 D 锁存器和两个非门构成了一个上升沿触发式 D 触发器（Positive Edge-Triggered D Flip-Flop），即该 D 触发器在时钟信号的上升沿采样 D 端输入信号，其中第一个 D 锁存器称为主锁存器，第二个 D 锁存器称为从锁存器。

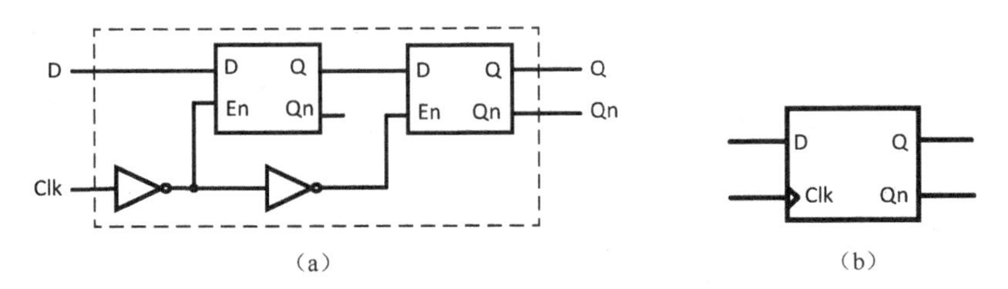

图 4-24 上升沿触发式 D 触发器的内部实现和输入、输出接口

注意图 4-23（b）中的 Clk 输入端的三角形表示触发器的边沿触发特性。我们根据其内部实现结构来分析输出电平：

- 当 Clk 输入端为低电平时，主锁存器的 En 端为高电平输入，为打开状态；从锁存器的 En 端为低电平输入，为关闭状态。因此 D 触发器的输出端 Q 和 Qn 维持之前的状态信息。换句话说，此时 D 触发器中存储的信息是由从锁存器提供的。
- 当 Clk 输入端从低电平变为高电平时，主锁存器的 En 端从输入高电平变为低电平，即变为关闭状态，其输出端 Q 保持 En 端电平降低前的 D 端输入的电平信息；从锁存器的 En 端从输入低电平变为高电平，即变为打开状态，其输出 Q 端与其输入 D 端的电平信号一致。换句话说，D 触发器在时钟信号的上升沿采样 D 端输入信号并保存在其主锁存器中。

- 当 Clk 输入端从高电平变为低电平时，主锁存器的 En 端从输入低电平变为高电平，即变为打开状态，其输出端 Q 开始接收 D 端的输入电平并保持一致；从锁存器的 En 端从输入高电平变为低电平，即变为关闭状态，其输出端 Q 保持 En 端电平降低前的 D 端输入的电平信息。换句话说，D 触发器在时钟信号的下降沿将其存储的信息从主锁存器移到从锁存器。

总结上面的分析，上升沿触发式 D 触发器在输入的时钟信号上升沿采样其输入端 D 的逻辑值，并进行保存（保存在其主锁存器内）；在时钟信号的下降沿将该信息从主锁存器移到从锁存器内保存直至下一个时钟周期的上升沿。上升沿触发式 D 触发器的真值表如表 4-10 所示。

表 4-10　上升沿触发式 D 触发器的真值表

D	Clk	Q	Qn
1	上升沿	1	0
0	上升沿	0	1
X	0	维持不变	维持不变
X	1	维持不变	维持不变

下面通过如图 4-25 所示的一个例子来分析上升沿触发式 D 触发器的输入、输出变化关系：初始时刻 Clk 输入端为低电平，D 触发器的输出 Q 维持低电平输出并不随 D 的变化而变化；在 t_1 时刻，Clk 的上升沿到来，此时 D 触发器将 D 端的输入逻辑值 1 进行保存，并且输出端 Q 一直输出该逻辑值；在 t_2 时刻，Clk 的第二个上升沿到来，此时 D 触发器将 D 端的输入逻辑值 0 进行保存，并且输出端 Q 一直输出该逻辑值；在 t_3 时刻，Clk 的第三个上升沿到来，此时 D 触发器将 D 端的输入逻辑值 0 进行保存，并且输出端 Q 继续输出该逻辑值。模块 D_FF 给出了上升沿触发式 D 触发器的实现代码。

```
module D_FF (D, Clk, Q, Qn);
 input D, Clk;
 output Q, Qn;
 wire Clkn, Q0, Qn0;
 not i0 (Clkn, Clk);
 D_Latch d0 (D, Clkn, Q0, Qn0);
 //主锁存器
 D_Latch d1 (Q0, Clk, Q, Qn);
 //从锁存器
endmodule
```

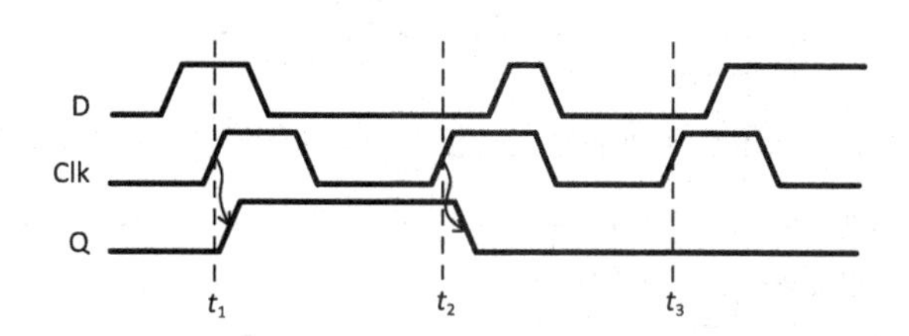

图 4-25　上升沿触发式 D 触发器的输入、输出变化的例子

D 触发器的另一种方式是，在时钟信号的下降沿采样其输入端 D 的逻辑值并进行保存，我们把这种 D 触发器称为下降沿触发式 D 触发器。相比于上升沿触发式 D 触发器的实现，下降沿触发式 D 触发器的内部少用了一个非门，如图 4-26 所示，其真值表如表 4-11 所示。注意，本书中所使用的 D 触发器，除非特别说明，默认使用的都是上升沿触发式 D 触发器。

表 4-11 下降沿触发式 D 触发器的真值表

D	Clk	Q	Qn
1	下降沿	1	0
0	下降沿	0	1
X	0	维持不变	维持不变
X	1	维持不变	维持不变

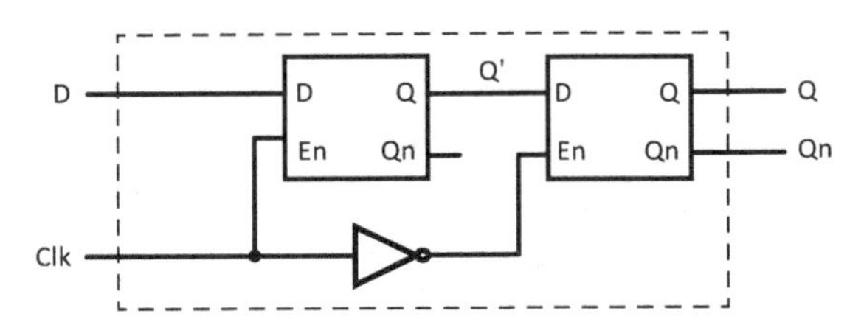

图 4-26 下降沿触发式 D 触发器的内部实现和输入、输出接口

为了让上升沿触发式 D 触发器更有实用性，我们还需要为其增加两个输入端，输入使能端 En 和清零端 Clrn，其内部实现如图 4-27 所示。从图 4-27 中可以看出，当 Clrn 为高电平输入时，如果输入使能端 En 为高电平，则多路选择器选择 D 端作为多路选择器的输入，D 触发器在时钟信号上升沿采样其输入端 D 的逻辑值，并进行保存，实现所存信息的更新；如果输入使能端 En 为低电平，则多路选择器选择 Q 端的输出作为多路选择器的输入，尽管 D 触发器仍然是在时钟信号上升沿采样其输入端 D 的逻辑值，但是因为 D 触发器的输出没变，所以实际上是用相同的值更新了 D 触发器中保存的内容。当 Clrn 为低电平输入时，D 触发器的输入信号为 0，实现在时钟信号的上升沿将 0 写入。扩展后的上升沿触发式 D 触发器的真值表如表 4-12 所示。图 4-28 给出了扩展后的上升沿触发式 D 触发器的输入、输出接口，模块 D_FFEC 给出了其实现代码。

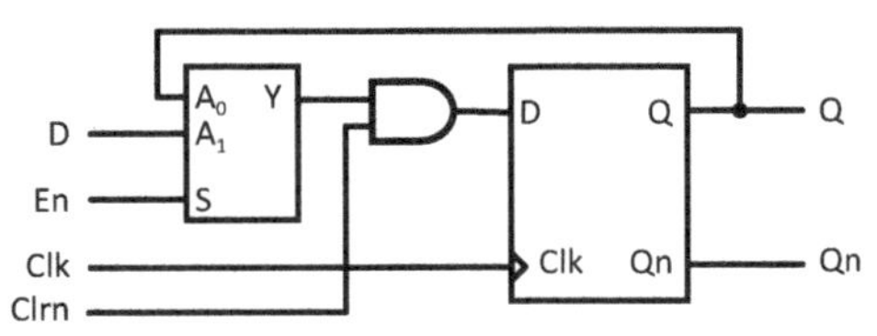

图 4-27 带 En 和 Clrn 的上升沿触发式 D 触发器的内部实现

```
module D_FFEC (D, Clk, En, Clrn, Q, Qn);
  input D, Clk, En, Clrn;
  output Q, Qn;
  wire Y0, Y_C;
```

```
    MUX2X1 m0 (Q, D, En, Y0);
    and i0 (Y_C, Y0, Clrn);
    D_FF d0 (Y_C, Clk, Q, Qn);
endmodule
```

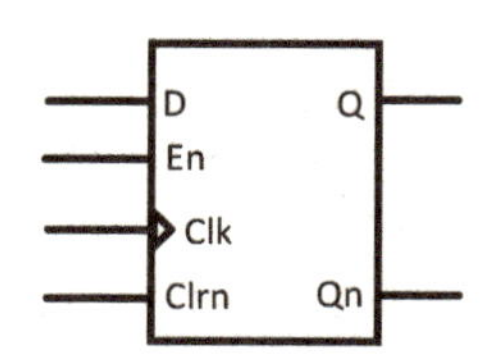

图 4-28　带 En 和 Clrn 的上升沿触发式 D 触发器的输入、输出接口

表 4-12　带 En 和 Clrn 的上升沿触发式 D 触发器的真值表

D	Clk	En	Clrn	Q	Qn
1	上升沿	1	1	1	0
0	上升沿	1	1	0	1
X	X	0	1	维持不变	维持不变
X	上升沿	X	0	0	1

4.2.2　时钟同步时序电路分析

时钟同步时序电路是指构成时序电路中的所有触发器都使用同一个时钟信号，这样的时序电路只在时钟信号的边沿出现时（即一个时钟周期结束时）才可能改变状态。

图 4-29 给出了以 D 触发器组作为状态单元的时钟同步时序电路的一般结构，其中 n 个 D 触发器中存储的信息具有 2^n 个不同的状态，并且所有 D 触发器都接入一个公共时钟信号，它们在时钟信号的边沿采样输入信号并更新存储的状态信息。因此我们在图 4-29 中把 D 触发器组在当前时钟周期内的输出称为当前状态值，把其输入称为下一个状态值。D 触发器组的输入由**更新状态逻辑模块** F 来确定，我们可写出 F 的输入、输出函数关系：

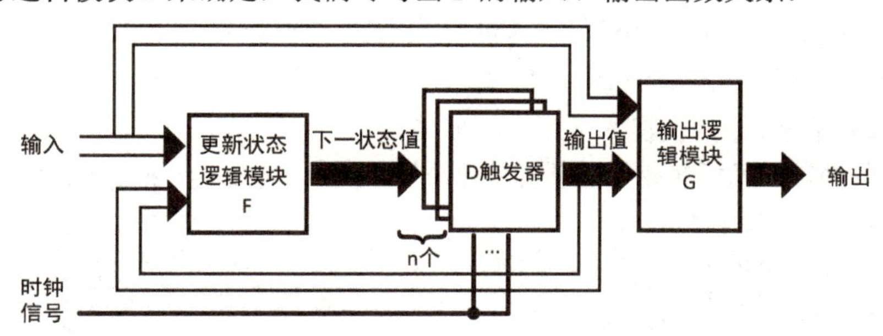

图 4-29　时钟同步时序电路的一般结构

下一个状态值=F（当前状态值，输入）

时钟同步时序电路的输出由**输出逻辑模块** G 来确定，G 的输入、输出函数关系根据其是否需要外部输入分为两种情况：

输出 =G（当前状态值，输入）　　或　　输出 =G（当前状态值）

确定了时钟同步时序电路中的 F 函数和 G 函数之后，可构造出触发器组的**状态/输出表**（state/output table）来说明电路的具体功能。下面通过一个例题来说明对时钟同步时序电路功能的分析过程。

例题 4.1

分析如图 4-30 所示的时钟同步时序电路在给定逻辑输入时的功能，其中更新状态逻辑模块 F 由图 4-8 所示的 4 位超前进位加法器构成。

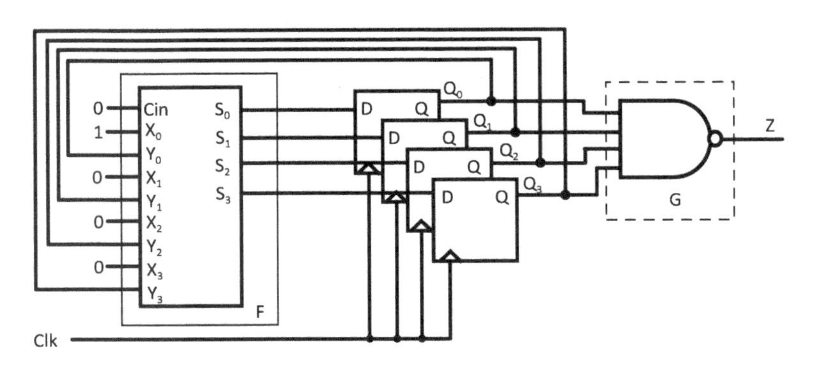

图 4-30　时钟同步时序电路例子

解答

更新状态逻辑模块 F 的输入、输出函数关系就是 4.1.4 节所介绍的 4 位超前进位加法器的逻辑函数关系，只不过我们可以利用给定的逻辑输入对 4.1.4 节中 4 位超前进位加法器逻辑函数组中用到的 G_i 和 P_i 进行化简：

$$\begin{cases} G_0 = Q_0 \\ P_0 = 1 \end{cases};\quad \begin{cases} G_1 = 0 \\ P_1 = Q_1 \end{cases};\quad \begin{cases} G_2 = 0 \\ P_2 = Q_2 \end{cases};\quad \begin{cases} G_3 = 0 \\ P_3 = Q_3 \end{cases}$$

然后我们可写出化简后的逻辑函数组：

$Cout_3 = Q_3Q_2Q_1Q_0$，$Cout_2 = Q_2Q_1Q_0$，$Cout_1 = Q_1Q_0$，$Cout_0 = Q_0$；

$S_3 = Q_3 \oplus Cout2$，$S_2 = Q_2 \oplus Cout\ 1$，$S_1 = Q_1 \oplus Cout0$，$S_0 = \overline{Q_0} \oplus Cin0$

我们用 Q^*_i 表示第 i 个触发器的下一个输出值 Q_i。根据 D 触发器的功能，我们知道，在当前时钟周期结束的上升沿有 $Q^*_i = S_i$，因此有：

$$Q^*_3 = Q_3 \oplus Cout2,\quad Q^*_2 = Q_2 \oplus Cout\ 1,$$

$$Q^*_1 = Q_1 \oplus Cout0,\quad Q^*_0 = \overline{Q_0} \oplus Cin0$$

对于 D 触发器的当前状态和给定的输入信号，上述式子可计算出下一个状态值。我们把在给定输入逻辑条件下的状态转移关系用转移表列出，并将输出逻辑模块 G 的输出（$Z = \overline{Q_3 \cdot Q_2 \cdot Q_1 \cdot Q_0}$）加入其中，形成状态/输出表,如表 4-13 所示。

表 4-13　例题 4.1 的状态/输出表

$Q_3Q_2Q_1Q_0$	Cin=0, X_0=1, X_1= X_2=X_3=0	
	$Q^*_3Q^*_2Q^*_1Q^*_0$	Z
0000	0001	1
0001	0010	0
0010	0011	0
…	…	…
1111	0000	0

从表 4-13 可以看出，$Q_3Q_2Q_1Q_0$ 的值在每个时钟信号的上升沿加 1，并且在等于 1111 时变为 0000，实现加 1 的循环计数。在第 5 章中我们将看到，例题 4.1 所给出的时钟同步时序电路实际上是 CPU 中 PC 寄存器及其更新电路的一个最简单的原型。

4.2.3　通用寄存器的设计和实现

我们在 1.2 节中就知道了现代微处理器中包含有寄存器部件以加快指令的执行速度。我们将在第 5 章中学习到 MIPS 体系结构的微处理器中有 32 个 32 位通用寄存器，其中每个寄存器的每个存储位就是用一个带 En 和 Clrn 的边沿触发式 D 触发器来实现的。

图 4-31 给出了用 32 个类型为 D_FFEC 的 D 触发器来实现一个 32 位的通用寄存器的方法，由此可以看出，寄存器的值的变化时刻只可能发生在时钟周期的上升沿，并且输入使能信号 En、清零信号 Clrn 和时钟信号 Clk 都同时接到 32 个 D 触发器的相应输入端。

图 4-32 给出了类型为 D_FFEC32 的寄存器接口。模块 D_FFEC32 给出了具体的代码实现。第 5 章我们还会将 32 个寄存器再进一步封装为包含 32 个寄存器的寄存器堆模块。

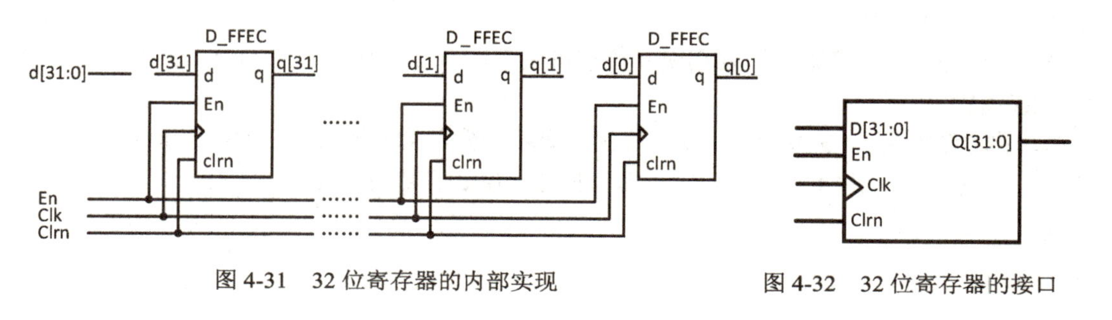

图 4-31　32 位寄存器的内部实现　　图 4-32　32 位寄存器的接口

```
module D_FFEC32 (D, Clk, En, Clrn, Q, Qn);
   input [31:0 ] D;
   input Clk, En, Clrn;
   output [31:0] Q, Qn;
   D_FFEC d0 (D[0], Clk, En, Clrn, Q[0], Qn);
   D_FFEC d1 (D[1], Clk, En, Clrn, Q[1], Qn);
   …
   D_FFEC d31 (D[31], Clk, En, Clrn, Q[31], Qn);
endmodule
```

4.3　本章小结

本章介绍了几种常用的组合逻辑电路（包括多路选择器、译码器、编码器、加法器、减法器、移位器等）的功能、输入/输出接口、内部实现的电路图及代码。由于组合逻辑电路无记忆能力，因此从 Sn-Rn 锁存器开始，逐步将其扩展为带输入使能端和清零端的 D 触发器，实现了在时钟信号上升沿采样其输入端的逻辑值，并进行保存。最后介绍了 D 触发器的两类应用实例，分别给出了时钟同步时序电路的功能分析方法和寄存器的设计及实现方法。

习题 4

1．若将例题 4.1 中的 4 位超前进位加法器的给定逻辑输入改为：Cin=1，X_0=0，X_1=X_2=X_3=1，试分析该时钟同步时序电路的功能。

2．用代码实现 32 位组间串行进位加法器，模块命名为：module CLA_32(X, Y, Cin, S, Cout)，其中，X、Y 和 S 信号均为 32 位宽，Cin 和 Cout 为 1 位宽。

3．在题 2 完成的 32 位组间串行进位加法器的基础上实现 32 位组间串行进位加减法器，模块命名为：module ADDSUB_32(X, Y, Sub, S, Cout)，其中，X、Y 和 S 信号均为 32 位宽，Sub 和 Cout 为 1 位宽。

4．在例题 4.1 的基础上，要实现 4 位二进制数的减 1 循环计数，画出其同步时序电路，给出状态/输出表。

5．用代码实现 4.1.3 节给出的 8-3 线优先级编码器，模块分别命名为：module ENC8T3 (I, Y, Idle)，其中 I 信号为 8 位宽，Y 信号为 3 位宽，Idle 信号为 1 位宽。

第 5 章 现代处理器基础

计算机的所有功能都是由 CPU 通过执行程序完成的，其中程序由若干条指令构成。本章主要介绍 CPU 的基本组成、功能及其指令集结构，通过给出一个 MIPS 风格的单周期模型机的设计和实现来说明 CPU 的工作原理和设计方法。

5.1 指令集概述

指令集结构（Instruction Set Architecture，ISA），简称为**指令集**，定义了微处理器的语言，也就是微处理器能做的工作。“能做的工作”意思是：告诉系统软件（比如编译器）的设计者，该微处理器能做什么事情（软件开发者如何使用它）。因此，指令集实际上是软件设计者和硬件设计者之间能对上话的一个“接口”，如图 5-1 所示。

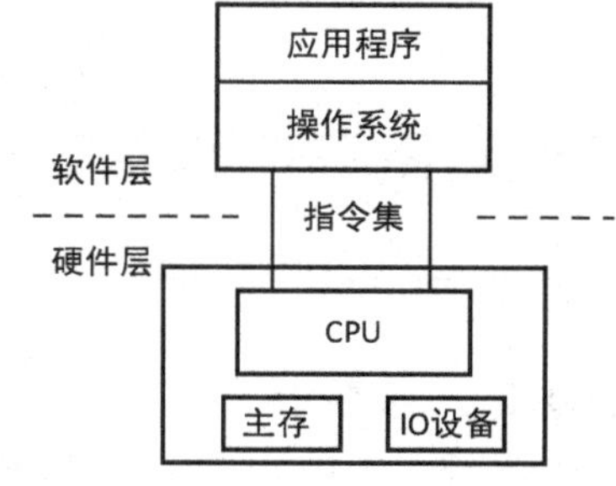

图 5-1　软件和硬件的接口

值得注意的是，微处理器并不是直接执行用高级程序语言所编写的程序。在程序执行之前，需要使用编译器（Compiler）把高级程序语言所编写的程序转换成微处理器认识的语言，也就是下面所说的**机器指令**（Machine Instructions）。

指令集包括软件编程者和编译器所有可见的功能部件和工作机制，即微处理器的机器指令的格式、功能、操作数的类型、大小和数量、寻址方式等方面的要求。目前常用的指令集结构可分为两类：**复杂指令集**（Complex Instruction Set Computer，CISC）和**精简指令集**（Reduced Instruction Set Computer，RISC）。CISC 的代表性微处理器有：Intel 的 x86，RISC 的代表性微处理器比较多，有：MIPS 的 MIPS、IBM 的 PowerPC、SUN 的 SPARC、DEC 的 Alpha、HP 的 HP-PA 等。（详细的分类情况参见 5.5 节。）

MIPS（Microprocessor without Interlocked Pipeline Stages）指令集，是由 MIPS 科技公司提出的一种著名的精简指令集类别的微处理器架构，被广泛用于许多嵌入式领域，如电子产品、网络设备、个人娱乐设备与商业设备。早期的 MIPS 指令集 MIPS32 是 32 位的，最新的版本已经变成 64 位 MIPS64。本章将主要以 MIPS32 指令集（在后面的章节中简称为 MIPS

指令集）为例对指令集结构进行介绍。

5.1.1　机器指令

微处理器的每条机器指令就是一个二进制串，例如，一条32位的算术运算类MIPS机器指令（在上下文清楚的情况下通常省略“机器”二字）的编码为：0000 0010 0011 0010 0100 0000 0010 0000。那么这32位二进制数字表示什么意思？我们将在本章中进行深入学习。

一般来说，每条机器指令的编码应该包含两个部分：**操作码**（Operation Code）和**操作数**（Operand），其中操作码部分定义了该条指令的功能，操作数部分给出了该条指令的操作码需要操作的数据。不同的操作码可能需要不同个数或类别的操作数。在具体开始介绍机器指令的操作码和操作数之前，我们还需要知道一个概念：**汇编语言**（Assembly Language）。由于二进制表示的机器指令十分难记和难于直接编写，人们发明了汇编语言，用**助记符**（Mnemonics）来代替机器指令的操作码，用**地址符号**（Symbol）或**标号**（Label）代替指令或操作数的地址。正是由于汇编代码与机器指令的一一对应性，因此不同的汇编语言编写的汇编指令对应不同的指令集。人们用汇编语言编写程序的效率远远高于用机器指令编写程序，并且还具有更好的可读性。不过，在执行指令之前，还是需要使用**汇编器**（Assembler）把汇编指令转换成机器指令。

表5-1给出了一条MIPS机器指令与MIPS汇编代码以及高级语言之间的对应实例。表5-1的左列是用高级语言（C、C++或Java）表示的两个变量b和c相加，并将它们的和放入变量a中；中间一列使用的是MIPS汇编代码，其中“add”是助记符，它指明需要执行的操作是加法，后面部分的$t0、$s1和$s2都是寄存器名，其中$s1和$s2是进行加法运算的源操作数，$t0是用于存放结果的目的操作数（注：需要事先将变量b、c的值从存储器中读进寄存器$s1和$s2中，运算结果还需要进一步从寄存器$t0写回存储器中）；右列给出了该汇编代码对应的机器指令编码。

表5-1　高级语言、汇编指令和机器指令的对应关系

高级语言代码	MIPS汇编代码	机器指令编码
a = b + c	add $t0, $s1, $s2	0000 0010 0011 0010 0100 0000 0010 0000

5.1.2　寄存器

在第1章中我们就已经知道，寄存器在微处理器内部，其工作速度可与CU和ALU同频率，因此使用寄存器暂存数据将远远快于外部的存储器。那么，是不是在微处理器中的寄存器数量越多越好呢？理论上是这样的，但是在现实中不可行。在后面的介绍中我们将了解到，如果寄存器的数量越多，那么其编号在指令编码中占用的宽度也就越宽。例如，如果一款微处理器有16个寄存器，那么寄存器的编号为0000～1111，即需要用4位比特表示[①]。如果指令的宽度为16比特，而指令中包含三个寄存器操作数的话，那么仅寄存器操作数的宽度就占了指令位宽的12比特，只留了4比特的位置用于分配给操作码，因此对指令的数量造成了限制。

① 计算机中部件所涉及的每个二进制数位也称为比特（Bit）。

前面提到的寄存器在大多数的指令集中也被称为**通用寄存器**（General-Purpose Register，GPR），因为它们的主要用途就是传送和暂存数据，或参与算术逻辑运算并保存运算结果，还可用于特殊约定的用途。MIPS32 指令集中定义了 32 个 32 位的整数通用寄存器，因此通用寄存器的编号需要 5 比特来表示。MIPS32 指令集中各个通用寄存器（在后文中无歧义的情况下，一般把通用寄存器简称为寄存器）的名称、编号和约定用途如表 5-2 所示。从表 5-2 中可以看出如下两点：

（1）在 MIPS 汇编指令中，在寄存器的名字前需加“$”符号，也可采用“$”+寄存器编号的方式来表示寄存器。寄存器$0 的值为常量 0。

（2）第 3 列给出了每个寄存器的“约定”用途，即在硬件上并没有强制指定每个寄存器的使用规则，但是为了保持软件兼容性，这些寄存器的实际用法都应遵循统一标准。例如，寄存器$ra 用于存放子程序的返回地址，寄存器$sp 用于堆栈指针。MIPS 指令集中的这些寄存器的用法在随后相应的章节中还会做进一步介绍。

表 5-2　MIPS 指令集中定义的 32 个寄存器用途

寄存器名	寄存器编号	约定用途
$zero	0	常量 0
$at	1	留作汇编器生成一些合成指令
$v0～$v1	2～3	用来存放子程序返回值
$a0～$a3	4～7	函数调用参数，即调用子程序时，用这 4 个寄存器传输前 4 个整数参数
$t0～$t7	8～15	临时寄存器
$s0～$s7	16～23	需要保存的寄存器。子程序如果要改变这些寄存器内容，则必须先保存，在退出子程序前恢复其内容
$t8～$t9	24、25	临时寄存器
$k0～$k1	26、27	异常处理程序使用
$gp	28	全局指针
$sp	29	堆栈指针
$fp	30	帧指针
$ra	31	存放子程序返回地址

除了通用寄存器之外，各指令集还会定义自己的特殊寄存器，并给出访问特殊寄存器的专用指令。指令集的特殊寄存器一般可分为如下三类：

（1）用于标识当前微处理器状态的特殊寄存器。最有代表性的这类特殊寄存器是**程序计数器**（Program Counter），简写为 PC 寄存器。MIPS 指令集中的 PC 寄存器是 32 位的，给出了当前正在执行的指令在存储器中的地址。由微处理器中的取指模块根据 PC 寄存器的值在存储器中进行取指。我们将在 5.1.3 节介绍存储器的取指方式。

（2）用于控制微处理器的某些功能部件的特殊寄存器。MIPS 指令集中定义了一个此类寄存器 CP0，用于控制和标识微处理器在虚拟存储器管理、Cache 管理、中断和异常管理等方面的状态和模式。

（3）用于暂存某些临时中间结果的特殊寄存器。例如，MIPS 指令集中的 Hi（乘除结果高位寄存器）和 Lo（乘除结果低位寄存器）就是这类特殊寄存器。Hi 和 Lo 寄存器用于存储 MIPS 指令集中乘/除运算的计算结果，其中对于乘法运算，Hi 存储运算结果的高 32 位，Lo 存储低 32 位；对于除法运算，Hi 和 Lo 分别存储余数和商。但是这两个寄存器没有编号，不能像通用寄存器一样直接访问，需要通过 MIPS 定义的专用指令来读取。

为了支持浮点运算，MIPS 定义了浮点寄存器专门用于单精度和双精度计算，其寄存器的名字为$f0～$f31。注意，MIPS 的这 32 个 32 位浮点寄存器，若单独使用，则可以保存单精度浮点数；若两个浮点寄存器一起使用，并且偶数编号在前，奇数编号在后，则形成一个双精度寄存器。例如，浮点寄存器$f4 和$f5 形成一个双精度寄存器$f4。

5.1.3 寻址方式

寻址方式（Addressing mode）指的是微处理器根据指令中给出的地址信息来定位所需的指令或所需数据的方式。本节主要介绍对于存储器的寻址方式。在介绍存储器的寻址方式前，我们先了解存储器的编址方式。

1. 存储器的编址单位

存储器的基本编址单位是**字节**（Byte），每个字节有 8 位。每个字节都有一个地址，地址值从值 0 开始进行递增。在 5.1.2 节中我们已经知道了在存储器中读取的指令地址是由 PC 寄存器的值给出的，而 MIPS 指令集中的 PC 寄存器是 32 位的，因此根据 PC 寄存器的值能够访问的存储器地址的大小范围为：$0\sim2^{32}-1$（即 0x0000 0000～0xFFFF FFFF），也就是 4G[①]的地址空间。图 5-2 给出了一段存储器单元的地址和存储的值。

字节地址	存储器
	…
0xD000 4005	0xCE
0xD000 4004	0x01
0xD000 4003	0x12
0xD000 4002	0x34
0xD000 4001	0x56
0xD000 4000	0x78
	…

图 5-2 部分存储器单元地址示例

只能对存储器以字节作为单位进行访问是不够的，因为一个字节只有 8 位，只能表示一个 8 位的二进制无符号数或有符号数。如果我们需要存储更大的数怎么办呢？因此，MIPS 指令集中还定义了存储器的其他两种编址单位：**半字**（Half Word）和**字**（Word）。一个半字包含两个字节，一个字包含 4 个字节。但是要注意的是，并不是任意相邻的两个字节都能组成一个合法的半字，同理，也并不是任意相邻的 4 个字节都能组成一个合法的字。MIPS 指令集规定了一个合法的半字地址要求其地址的最后 1 位二进制数是 0，而一个合法的字地址要求其地址的最后 2 位二进制数都是 0。这种对半字和字的合法地址要求称为**地址对齐**。在微处理器访问存储器时，如果给出的访存地址没有对齐，则会触发异常。

例题 5.1

请写出图 5-2 中所有合法的半字的地址和合法的字的地址。

解答

图 5-1 中合法的半字的地址有 3 个：0xD000 4000，0xD000 4002 和 0xD000 4004。合法

① 习惯上，人们把 2^{10} 记为 1K，2^{20} 记为 1M，2^{30} 记为 1G。

的半字的地址有 2 个：0xD000 4000 和 0xD000 4004。

既然一个半字包含 2 个字节，一个字包含 4 个字节，那么哪个字节的内容表示半字或字的最高字节，哪个字节的内容表示半字或字的最低字节呢？例如，地址为 0xD000 4000 的半字包含两个字节（地址分别为 0xD000 4000 和 0xD000 4001），这个半字的值究竟应该理解为 0x5678 还是 0x7856？因此 MIPS 指令集定义了半字和字的两种解释方式：**小端**（Little Endian）方式和**大端**（Big Endian）方式。小端方式规定了半字或字的低字节存储在低地址单元中，高字节存储在高地址单元中。而大端方式则相反，高字节存储在低地址单元中，低字节存储在高地址单元中。例如，ARM 微处理器可以通过硬件的方式（没有提供软件的方式）设置大、小端方式。

例题 5.2

写出地址为 0xD000 4000 的半字和字分别在大、小端方式下的值。

解答

地址为 0xD000 4000 的半字在大端方式下的值为：0x7856，在小端方式下的值为：0x5678；地址为 0xD000 4000 的字在大端方式下的值为：0x78563412，在小端方式下的值为：0x12345678。

回忆第 2 章中介绍的浮点数部分的内容，IEEE-754 规定了单精度浮点数和双精度浮点数分别需要 4 个字节和 8 个字节，同理，单精度浮点数和字的地址对齐要求是一样的，而双精度浮点数的合法地址要求其地址的最后 3 位二进制数都是 0。由于 MIPS 指令集使用取数/存数类指令来访问存储器，因此在每类指令的操作码中进行访存单位的区分。例如，取数类指令 lw、lh 和 lb 分别用于读取一个字、一个半字和一个字节；同样，存数类指令 sw、sh 和 sb 分别用于存储一个字、一个半字和一个字节。表 5-3 列出了常用的数据单元的位数和对应值的大小范围，以及对应的 C 语言使用这些数据类型时的关键字。

表 5-3　不同位数的数据单元的值范围

数据类型	位数	数值范围	C 语言中的对应关键字
字节	8	-128～+127	signed char
无符号字节	8	0～255	unsigned char
半字	16	-32 768～+32 767	short int
无符号半字	16	0～65 535	unsigned short int
字	32	-2 147 483 648～+2 147 483 647	int
无符号字	32	0～4 294 967 295	unsigned int
单精度浮点数	32	参见第 2 章	float
双精度浮点数	64	参见第 2 章	double

2. 存储器的寻址方式

不同的指令集有不同的存储器寻址方式。一般而言，常见的存储器寻址方式有以下三类。

（1）直接寻址

在指令中直接给出操作数所在的存储器地址，根据该地址就可从存储器中读取或写入操作数，这种方式称为存储器的直接寻址。由于这个地址就是最终读取存储器的访存地址，因此也称为绝对地址。直接寻址的好处在于，地址直接存储在指令编码中，使用简单直观；但是由于地址字段可能较长，可能会影响指令其他字段的长度。因此，为了节约指令编码的空间，存储器的直接寻址方式一般不需要给出完整的访存地址。例如，在 MIPS 指令集中，跳转指令 j 的指令编码中给出了 26 位地址字段，然后再简单拼接 6 个地址位就可以形成 32 位的访存地址了。

（2）寄存器间接寻址

在指令中给出的是寄存器号，该寄存器中存放的是要访问的存储器单元的地址，然后根据该地址就可从存储器中读取或写入操作数，这种方式称为存储器的寄存器间接寻址。这种寻址方式的好处在于，寄存器编号所占指令编码字段较绝对地址更短，如果要修改所需访问的存储单元的地址，则不需修改指令的编码，只需修改指令编码中寄存器的值即可。

寄存器间接寻址的一种变形称为基址寻址。在基址寻址中，指令除了需要给出一个寄存器号之外，还需要给出一个偏移量，其中寄存器的值作为基准地址，将基准地址与偏移量相加后的值作为要访问的存储器单元的地址，然后根据该地址就可访问存储器。例如，在 MIPS 指令集中，存数/取数指令 lw 和 sw 就是根据指令编码中给出的寄存器的值与偏移量之和计算出访存地址。

（3）相对寻址

将 PC 寄存器中的值作为当前地址，指令编码中给出偏移量（有符号二进制数），两者之和形成下一条指令在存储器中的地址。由于这种指令的寻址方式是以当前 PC 寄存器的值作为基准，因此称为相对寻址。使用相对寻址方式的指令一般为跳转类指令，在 MIPS 指令集中，条件分支类指令 beq 和 bne 等使用的是相对寻址，该偏移量在指令编码中占用 16 个比特。

3. 指令的其他寻址方式

存储器的寻址方式给出了存储器中的数据来源方式。而在大部分指令集中，还有其他类型的操作数来源。即便在同一指令集中，不同的指令所需要的操作数的个数和来源可能都不同。按照指令中操作数的用途不同，一般可将操作数分为源操作数和目的操作数两类，其中源操作数提供的是在该指令执行时参与运算的数据来源，而目的操作数提供的是运算结果的存储地址。在大多数的指令集中，除了存储器操作数之外，操作数还有另外两种来源：立即数和寄存器操作数。

（1）立即数寻址

在指令中直接给出操作数的值，然后在计算时从指令编码中取出该操作数参与运算，这种方式称为立即数寻址。事实上，我们在程序中需要使用常量的情况非常多。例如，给一个数组的下标加 1 以指向下一个元素。例如，在 SPEC2006 测试基准程序集中，有超过一半的 MIPS 算术指令是属于带有一个常数操作数的情况。如果指令集中仅使用我们前面讨论的存储器操作数类型，那么首先需要将一个常数存储在存储器中，并且在使用的时候要先访存才能取出。由于访存时间非常慢，因此仅使用存储器寻址这种寻址方式的计算机性能将非常差。下面给出用 MIPS 汇编指令实现将常数 4 与寄存器$s3 的值相加的两种方式。

方式 1：

```
lw $t0, offset($s1);          # $t0 = Memory[$s1 + offset]
add $s3, $s3, $t0;            # $s3 = $s3 + $t0
```

第一条指令 lw 是 MIPS 的取数指令（从存储器中读取一个字到寄存器中），寄存器$s1 给出了访存地址的基准地址，offset 是偏移量。lw 指令先根据 offset 与基准地址之和计算出访存地址。该地址就是常数 4 在存储器中的存储地址。然后把立即数 4 从该存储器地址中读取到寄存器$t0 中。然后第二条指令 add 实现将寄存器$s3 的值与寄存器$t0 的值相加，计算结果保存在$s3 中。

方式 2：

```
addi $s3, $s3, 4              # $s3 = $s3 + 4
```

MIPS 指令集还允许一个寄存器的值直接与指令中的一个立即数进行运算。注意，该立即数是直接占用 addi 指令编码的字段。这种带有立即数的运算指令与方式 1 中给出的两条指令相比，节约了一条 lw 指令的执行时间。

（2）寄存器寻址

在上面的例子中我们实际上还看到了，add 指令和 addi 指令中给出的寄存器中的数据可以参与运算，因此这种在指令中直接给出寄存器的编号，然后在计算时根据该寄存器编号取出其数据作为操作数参与运算，这种方式称为寄存器寻址。

MIPS 指令集中，除了在运算类指令中可以采用寄存器寻址方式外，跳转类指令也可以采用寄存器寻址方式，其指令中的寄存器给出了要跳转的地址，即把该寄存器的值更新进 PC 寄存器。例如指令“jr $s2”的意思是把寄存器$s2 的值更新到 PC 寄存器中。

本节中提到的这几种寻址方式将在 5.2 节中结合具体的 MIPS 指令编码继续学习。

5.2 MIPS 指令集结构

一般而言，大多数的指令集都可以按照功能将其指令集分为算术运算、逻辑运算、移位操作、存储器访问、I/O 访问、转移控制、浮点数运算、系统控制等类别。由于 MIPS 指令集是典型的 RISC，其指令的编码格式非常规整，因此本书按编码格式对 MIPS 指令进行分类介绍。本节将针对 MIPS 指令集介绍其指令功能、指令编码、寻址方式等具体内容。

5.2.1 MIPS 指令格式

MIPS32 版本的 MIPS 指令集的所有指令都是 32 位的，其整数指令可分为三种指令格式类型，分别是 R 型、I 型和 J 型。每类指令的编码格式如图 5-2 所示。

其中，op 字段占 6 位，定义指令基本操作（也称指令码）。func 字段是功能码，占 6 位，func 字段的作用在下面讲解 R 型指令的时候再做介绍。sa 字段占 5 位，只在 R 型的移位指令中用到，用于表示移位的位数。其他 R 型指令的 sa 字段为全 0。rs、rt 和 rd 三个字段都用于表示寄存器编号，各占 5 位。I 型指令将第 0～15 位作为立即数字段，可存放一个 15 位的二进制补码。J 型指令的第 0～25 位用于表示要跳转的部分地址。表 5-4 进一步给出了每类指令所包括的部分典型整数指令。

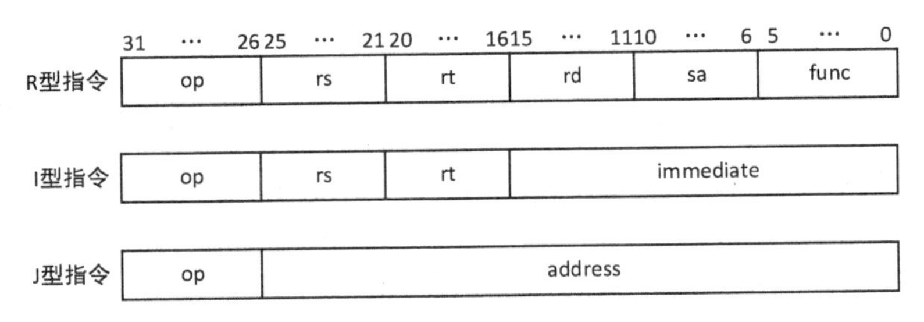

图 5-2　三种 MIPS 指令的编码格式

（1）R 型指令，包括：add、sub、and、or、xor、sll、srl、sra、jr 等。R 型指令的 op 字段均为全 0，每条指令的具体操作由 func 字段指定。除了最后一条 jr 跳转指令之外，R 型指令还需要三个操作数，其中 rs 和 rt 字段分别表示两个源操作数寄存器号，rd 是存放运算结果的目的操作数寄存器号。各寄存器的编号已在表 5-2 中给出。三条移位指令 sll、srl 和 sra 也是三个操作数，但是没使用 rs 字段（为全 0）。每条指令的功能如下。

- 前 5 条指令的编码格式一致，只是运算不同，其中第 1、2 条指令对两个寄存器 rs 和 rt 分别进行加、减算术运算，第 3～5 条指令分别进行按位与、按位或和按位异或运算。这 5 条指令的运算结果都存进寄存器 rd 中。
- 第 6～8 条指令的编码格式一致，分别对寄存器 rt 的值进行左移、逻辑右移和算术右移运算。移位的位数由 sa 字段给出，移位的结果存进寄存器 rd 中。
- 第 9 条指令是跳转指令，由寄存器 rs 的值更新 PC 寄存器。常用方法是“jr $ra”，由于寄存器$ra 约定保存的是子程序的返回地址，因此该条指令常用于从子程序的返回。

（2）I 型指令，包括 addi、andi、ori、xori、lw、sw、beq、bne、lui 等。与 R 型指令编码不同的是，I 型指令的低 16 位是立即数字段。值得注意的是，如前所述，参与运算的两个二进制数的位数需要相等。因此在将 16 位立即数和寄存器的值（32 位）进行运算之前，需要将 16 位立即数扩展到 32 位立即数。具体要按照指令的不同进行零扩展或符号扩展。每条指令的功能如下。

- 前 4 条指令的编码格式一致，但是寄存器 rt 的用途与 R 型指令不同，这 4 条指令中的 rt 是目的操作数，寄存器 rs 和立即数字段是源操作数。第 1 条指令对立即数进行符号扩展后与寄存器 rs 的值进行相加，第 2～4 条指令对立即数进行零扩展之后与寄存器 rs 的值分别进行按位与、按位或、按位异或运算，运算结果都存进寄存器 rt 中。
- 第 5 条和第 6 条指令是按字进行取数和存数的指令，即访存类指令，源操作数寄存器 rs 与偏移量求和之后得到访存地址。第 5 条指令根据该地址读取存储器，读取的结果保存到寄存器 rt 中。第 6 条指令将寄存器 rt 的值写进该地址的存储单元中。
- 第 7 条是条件分支指令，当寄存器 rs 和 rt 的值相等时进行跳转，跳转的目标地址为指令中的偏移量左移两位后加 4 再与当前 PC 寄存器的值相加。若寄存器 rs 和 rt 的值不相等，则执行该条件分支指令的下一条相邻指令。
- 第 8 条也是条件分支指令，发生跳转的条件与第 7 条指令相反，即当寄存器 rs 和 rt 的值不相等时进行跳转。跳转目标地址的计算方法跟第 7 条指令相同。
- 第 9 条指令把 16 位立即数左移 16 位后形成的 32 位数存入寄存器 rt。

表 5-4　MIPS 的部分典型整数指令

R 型指令							
指　令	[31:26]	[25:21]	[20:16]	[15:11]	[10: 6]	[5:0]	功　能
add	000000	rs	rt	rd	00000	100000	寄存器加
Sub	000000	rs	rt	rd	00000	100010	寄存器减
and	000000	rs	rt	rd	00000	100100	寄存器与
or	000000	rs	rt	rd	00000	100101	寄存器或
xor	000000	rs	rt	rd	00000	100110	寄存器异或
sll	000000	00000	rt	rd	sa	000000	左移
srl	000000	00000	rt	rd	sa	000010	逻辑右移
sra	000000	00000	rt	rd	sa	000011	算术右移
jr	000000	rs	00000	00000	00000	001000	寄存器跳转
I 型指令							
addi	001000	rs	rt	immediate			立即数加
andi	001100	rs	rt	immediate			立即数与
ori	001101	rs	rt	immediate			立即数或
xori	001110	rs	rt	immediate			立即数异或
lw	100011	rs	rt	offset			取数（字）
sw	101011	rs	rt	offset			存数（字）
beq	000100	rs	rt	offset			相等转移
bne	000101	rs	rt	offset			不等转移
lui	001111	00000	rt	immediate			设置高位
J 型指令							
j	000010	address					跳转
jal	000011	address					调用

（3）J 型指令，包括 j 和 jal。与前两类指令编码不同的是，J 型指令的低 26 位全是地址字段，用于产生跳转的目标地址。跳转的目标地址的计算方式为：最高 4 位为 PC+4 的最高 4 位，中间 26 位为 J 型指令的 26 位立即数字段，最低两位为 0。指令 j 和 jal 的具体功能分别说明如下。

- 指令 j 根据上述的地址拼接方式形成跳转地址，下一条指令从跳转地址处开始取指执行。
- 指令 jal 在完成上一条指令功能的同时还要把当前 PC 寄存器的值加 4 后保存在寄存器 $ra 中。因此寄存器$ra 中保存的是当前 jal 指令的下一条指令地址。jal 指令经常用于实现子程序（过程）的调用和返回地址的保存。

表 5-5 给出了每条指令的实例。表 5-6 给出了 5 条 MIPS 浮点数运算指令的编码格式，其中前 4 条指令也是三操作数指令。另外，为了兼容 IEEE 754 定义的浮点数操作，MIPS 还定义了浮点单精度加（add.s）和双精度加（add.d）、浮点单精度减（sub.s）和双精度减（sub.d）、浮点单精度乘（mul.s）和双精度乘（mul.d）、浮点单精度除（div.s）和双精度除（div.d）等指令，有兴趣的读者可以进一步自行查阅完整的 MIPS 浮点数指令。

表 5-5　MIPS 部分指令的例子

类　别	名　称	示　例	含　义	说　明
算术运算	add	add $s1, $s2, $s3	$s1 = $s2 + $s3	其中 rs=$2，rt=$3，rd=$1
	sub	sub $s1, $s2, $s3	$s1 = $s2 - $s3	其中 rs=$2，rt=$3，rd=$1
	addi	addi $s1, $s2, 100	$s1 = $s2 + 100	立即数加，需要对立即数进行符号扩展
逻辑运算	and	and $s1, $s2, $s3	$s1 = $s2 · $s3	按位与
	or	or $s1, $s2, $s3	$s1 = $s2 | $s3	按位或 （这里为避免产生歧义，用"|"表示逻辑或）
	xor	xor $s1, $s2, $s3	$s1 = $s2 ⊕ $s3	按位异或
	andi	andi $s1, $s2, 10	$s1 = $s2 · 10	需要对立即数进行零扩展
	ori	ori $s1, $s2, 10	$s1 = $s2 | 10	需要对立即数进行零扩展
	xori	xori $s1, $s2, 10	$s1 = $s2 ⊕ 10	需要对立即数进行零扩展
	sll	sll $s1, $s2, 10	$s1 = $s2<<10	按立即数对寄存器进行逻辑左移
	srl	srl $s1, $s2, 10	$s1 = $s2>>10	按立即数对寄存器进行逻辑右移
	sra	sra $s1, $s2, 10	$s1 = $s2>>10	按立即数对寄存器进行算术右移
取数/ 存数	lw	lw $s1, 10($s2)	$s1 = memory[$s2+10]	从地址为$s2+10 的存储单元中取一个字到寄存器
	sw	sw $s1, 10($s2)	memory[$s2+10] = $s1	从寄存器存一个字到地址为$s2+10 的存储单元
条件分支	beq	beq $s1, $s2, 10	if($s1==$s2) goto PC+4+40	相等则转移
	bne	bne $s1, $s2, 10	if($s1 != $s2) PC = PC+4+40	不等则转移
无条件 跳转	j	j 10000	PC = $(PC+4)_{31..28}(10000)_{27..2}00$	直接跳转至目标地址处取指
	jr	jr $ra	PC = $ra	过程返回，转移目标地址由$ra 给出
	jal	jal 1000	$ra = PC + 4; PC = $(PC+4)_{31..28}(10000)_{27..2}00$	过程调用，下一条指令在转移目标地址处取指

表 5-6　MIPS 的部分浮点运算指令

指　令	[31:26]	[25:21]	[20:16]	[15:11]	[10: 6]	[5:0]	功　能
add.s	010001	10000	ft	fs	fd	000000	单精度浮点加
举例	add.s $f2, $f4, $f6		含义	$f2 = $f4 + $f6			
sub.s	010001	10000	ft	fs	fd	000001	单精度浮点减
mul.s	010001	10000	ft	fs	fd	000010	单精度浮点乘

续表

指　令	[31:26]	[25:21]	[20:16]	[15:11]	[10: 6]	[5:0]	功　能
div.s	010001	10000	ft	fs	fd	000011	单精度浮点除
sqrt.s	010001	10000	00000	fs	fd	000100	单精度浮点开方

5.2.2　MIPS 地址空间分配

图 5-3 给出了 MIPS 程序的存储器地址空间分布，其中程序的代码区域从地址 0x0040 0000 开始，程序的静态数据区域从地址 0x1000 0000 开始。以 C 语言为例，在所有过程之外声明的变量以及声明时使用关键字 static 的变量都存储在静态数据区域中。紧挨静态数据区域的是动态数据区域，也称为堆。动态数据区域的存储空间可由 C 语言中的 malloc 函数分配或由 Java 语言中的 new 函数来分配。

与堆相对增长的区域称为堆栈。堆栈是一种后进先出的队列，栈底在高地址单元中，栈顶在低地址单元中，如图 5-4 所示。堆栈栈顶指针寄存器$sp 指向堆栈的栈顶，其初始值为 0x7FFF FFFC。当数据（按字大小）需要放入堆栈时，根据数据的大小，寄存器$sp 的值减 4 以指向新入栈的数据，此过程称为压栈；当数据（按字大小）需要移出堆栈时，根据数据的大小，寄存器$sp 的值加 4 以指向次晚入栈的数据，此过程称为出栈。由此可以看出，寄存器$sp 的值始终指向最新入栈的数据。堆栈在指令执行时的主要用途是临时保存数据，例如，在调用子程序时，可能需要将用于传递参数的参数寄存器（$a0～$a3）、临时寄存器（$t0～$t9）、返回地址寄存器（$ra）进行压栈保存。在子程序执行完毕返回时，再将堆栈中临时保存的这些寄存器的值出栈恢复。

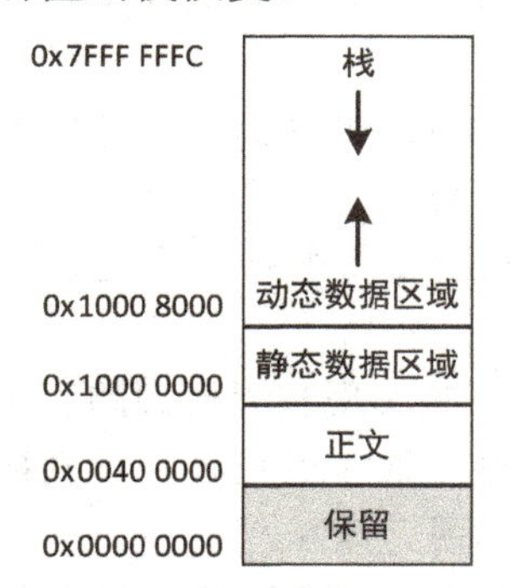

图 5-3　MIPS 程序存储器地址空间分布

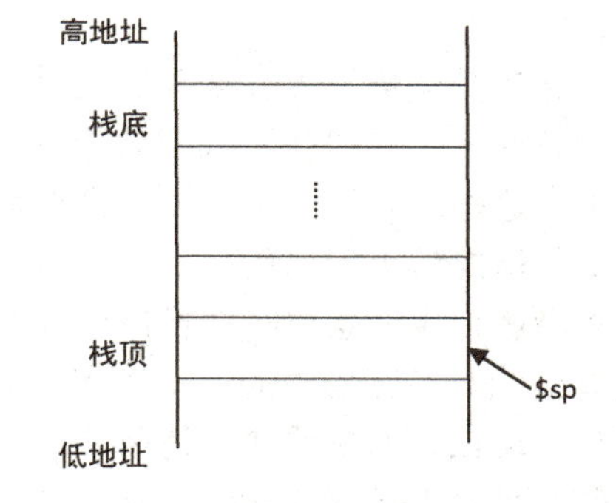

图 5-4　堆栈结构

5.2.3　对软件的支持

1. 对过程的支持

不论是高级程序语言还是汇编程序，**过程**（Procedure）（也称为子程序）都是编程人员进行结构化编程的核心方式，有助于提高程序的可读性和代码的可重用性。过程允许编程人员每次只需将精力集中在任务的一部分，使用参数作为过程与其他程序之间的接口，实现数值传递并返回结果。在过程运行期间，过程的编写须遵循以下 5 个步骤：

（1）将参数放在过程可以访问到的位置。

（2）将控制转移给过程。

（3）执行过程。

（4）将结果的值放在调用程序可以访问到的位置。

（5）将控制返回原调用点。

如前面所述，寄存器是计算机中保存数据最快的位置，所以我们希望尽可能多地使用寄存器。MIPS 软件在为过程调用分配寄存器时，遵循以下约定。

- \$a0～\$a3：用于传递参数的 4 个参数寄存器。如果过程需要的参数超过 4 个，那么多余的参数放在堆栈中。
- \$v0～\$vl；用于保存返回值的两个值寄存器。
- \$ra：用于返回调用点的返回地址寄存器。

在调用过程时，调用程序或称为调用者，将参数值放在\$a0～\$a3 中，然后使用过程调用指令“jal ProcedureAddress”，使得在跳转到被调用过程地址 ProcedureAddress 处开始执行过程的同时将返回地址保存在寄存器\$ra 中。在过程执行完毕时，被调用者将结果放在寄存器\$v0 和\$vl 中，然后使用寄存器跳转指令“jr \$ra”，使得程序的控制返回给调用者，回到之前的调用点继续往下执行。

2. 对互斥的支持

当任务之间相互独立的时候，任务的并行执行是比较容易实现的。但往往任务之间需要相互协作，例如禁止多个任务对同一**临界资源**（Critical Resource）的使用。因此，任务之间需要**互斥**（Mutex）机制，否则就有发生数据竞争的危险，导致读数据错误而引起程序运行结果的改变。

不论是在单处理器、多核处理器还是多处理器系统中，实现互斥操作都需要依赖硬件提供相应的硬件原语，使得在进行存储器原子读操作或原子写操作时，任何其他操作都不得插入。如果没有这样的硬件原语，那么建立互斥机制的代价将会变得很高，并且随着核数/处理器数的增加，情况将更为恶化。

我们先考虑使用一条**原子交换原语**（Atomic Exchange）来实现临界资源的互斥操作。该原子交换原语能将寄存器中的一个值和存储器中的一个值进行原子互换，即该互换过程是不可被打断的。现在我们来看如何使用这条原子交换原语来实现互斥：

（1）假定使用存储器中的一个单元来表示某个资源对应的锁变量，即该锁变量的数值为 0 时表示该资源可用，为 1 时表示该资源当前被占用。

（2）当需要访问该资源时，尝试对该锁单元进行加锁操作，即使用原子交换原语将寄存器的值 1 与该锁单元的值进行交换（保证交换过程不被打断）。交换以后该锁单元的值为 1，而寄存器的值（即锁单元的原值）若为 1，则表明这个资源已被其他任务占用，目前不可用；寄存器的值若为 0，则表明这个资源是空闲的，并且加锁操作成功。此时锁单元已被修改为 1，以防止其他任务再来占用。

我们看到，上面假定的单条原子交换原语实际上包含了对存储器单元的一次读操作和一次写操作。实现这样的单条原子交换原语给微处理器的设计者带来了很大的挑战，因为这要求存储器的两次读和写操作是不可分割的。

在 MIPS 微处理器中使用了一个指令对来实现锁单元的加锁操作，而非一条原子指令。该指令对中的两条指令分别称为：**链接取数**（Load Linked）指令 ll 和**条件存数**（Store Conditional）指令 sc。我们顺序地使用这两条指令：如果由链接取数指令 ll 所指定的锁单元的内容，在条件存数指令 sc 执行前已被改变的话，那么条件存数指令 sc 执行失败；否则 sc 指令执行成功。我们定义条件存数指令“sc rt, offset(rs)”完成以下功能：如果执行成功，则将寄存器的值保存到锁单元（地址为 offset+寄存器 rs 的值）中，并将寄存器 rt 的值修改为 1；如果执行失败，则寄存器 rt 的值修改为 0。我们通过下面的例子来学习 ll 和 sc 指令的用法。

假设当前寄存器$t0 的值为 1，寄存器$s1 的值为锁单元的地址。下面的 MIPS 汇编指令序列实现了尝试加锁操作：

```
try:  ll $t1, 0($s1);         #链接取数
      sc $t0, 0($s1);         #条件存数
      beq $t0, $zero, try;    #如果条件存数指令执行失败，则分支条件成立
```

第一条指令“ll $t1, 0($s1)”读取锁单元的值到寄存器$t1 中，当第二条指令“sc $t0, 0($s1)”执行时，若锁单元的值没有被改变，则执行成功，会将寄存器$t0 的值 1 写进锁单元中并且寄存器$t0 的值置 1；否则，若锁单元的值被修改过，则 sc 指令执行失败，寄存器$t0 的值置 0。若第二条指令执行失败，则第三条条件分支指令的跳转条件成立，转移到第一条指令处重新尝试加锁。

从上面的分析可以看出，在 ll 和 sc 两条指令执行之间的任何时候，如果锁单元的值被修改，sc 指令都会将寄存器$t0 置为 0，从而引起这段指令序列重新执行。因此，链接取数和条件存数之间的指令数一定要尽可能少，这样才能减少条件存数指令执行失败的概率。此外，多核或多处理器系统中的更复杂同步机制也可利用链接取数指令和条件存数指令对实现。

3．对操作系统的支持

微处理器一般能够在硬件上支持内存空间的隔离，使得用户程序和操作系统程序在各自独立的内存空间中执行。例如，如图 5-3 所示的 MIPS 程序存储器地址空间分布只给出了 32 位地址下用户程序的地址空间分布，即地址空间的 0x0000 0000～0x7FFF FFFC（低 2G 地址空间）分配给用户程序，剩下的地址空间 0x8000 0000～0xFFFF FFFC（高 2G 地址空间）由操作系统使用。那么硬件如何区分用户程序和操作系统程序，如何保证不能跨区域访问呢？一般来说，微处理器都至少提供两类权限模式，即用户态和内核态。因此，用户程序应运行在用户态下。运行在用户态下的用户程序由硬件机制来保证其不能执行特权指令，也不能破坏操作系统区域的数据。我们在 5.2.1 节中给出的 MIPS 指令都可以在用户态下执行。

而操作系统需要运行在内核态下。在内核态特权模式下，操作系统可以访问系统的所有资源，包括可以使用特权指令访问在用户态下不能访问的特殊寄存器或管理控制任务。表 5-7 给出了部分在内核态下可以执行的指令，例如在内核态下可以使用 mfc0 指令将特殊寄存器中的内容读取到一个通用寄存器中，也可以使用 mtc0 指令将通用寄存器中的值更新到一个特殊寄存器中。但是注意，表 5-7 中的第一条 syscall 指令是例外，可以在用户态下执行。微处理器通过提供两种不同特权模式，可以实现保护操作系统不受用户程序的影响。这里又引申出

下面两个问题。

表 5-7　MIPS 的部分内核态特权指令

指　令	[31:26]	[25:21]	[20:16]	[15:11]	[10: 6]	[5:0]	功　能
syscall	000000	00000	00000	00000	00000	001100	系统调用
eret	010000	10000	00000	00000	00000	011000	从异常返回
tlbwi	010000	10000	00000	00000	00000	000010	写指定的 TLB 项
tlbwr	010000	10000	00000	00000	00000	000110	写随机的 TLB 项
mfc0	010000	00000	rt	rd	00000	000000	取控制字
mtc0	010000	00100	rt	rd	00000	000000	存控制字

问题 1：微处理器的用户态和内核态之间如何切换？

大部分的微处理器都支持两类切换方式：主动切换和被动切换。例如，执行 MIPS 指令集中的 syscall 指令可以实现从用户态到内核态的主动切换。被动切换是指系统如果产生了中断或异常，也将自动切换到内核态。中断/异常处理程序执行完毕，执行 eret 指令可从内核态切换回用户态。

问题 2：微处理器是否还有其他的特权模式？

如前所述，大部分的微处理器都至少包括用户态和内核态两种模式。但是很多微处理器都支持更多的特权模式用于不同的目的。例如，ARM v4 以上版本的指令集支持用户模式（User Mode）、系统模式（System Mode）、中断模式（IRQ Mode）、快速中断模式（FIQ Mode）、监视模式（Supervisor Mode）、中止模式（Abort Mode）和未定义模式（Undefined Mode），其中只有用户模式是用户态，其他 6 种模式都是特权模式，可以访问系统的所有资源。

本节只是总结了指令集和硬件机制对软件提供的一些基本支持。对于硬件，当然还提供了其他方面的支持，例如计算机系统中虚拟存储机制的实现也需要依靠指令集和硬件的支持（需要 MMU 部件来进行虚拟地址和物理地址之间的转换，MIPS 指令 tlbwi 和 tlbwr 提供了对 TLB 表项的操作）。我们还将在第 7 章中进一步学习有关存储系统的知识。

5.3　MIPS 风格的单周期处理器的设计实现

在第 1 章中我们介绍了 CPU 的基本构成，包括 ALU 和控制器。实际上，随着超大规模集成电路技术的发展，更多的功能逻辑和控制逻辑被集成到 CPU 中，因此 CPU 的内部结构越来越复杂，甚至在一个 CPU 芯片内部可以集成多个处理器核。但是不管 CPU 的结构多么复杂，它都可以被看成由数据通路（Data Path）和控制部件两大部分组成。

数据通路是指在指令执行过程中，数据所经过的路径及路径上所涉及的功能部件。控制部件则根据每条指令的不同功能，生成对不同数据通路的不同控制信号，正确地控制指令的执行流程。因此，要设计处理器，首先需要确定处理器的指令集和指令编码，然后确定每条指令的数据通路，最后确定数据通路的控制信号。从本节开始，我们通过学习一个简单的 MIPS 风格的单周期处理器模型机的设计来理解处理器的基本工作原理及工作机制。

我们先定义本章所设计的单周期处理器模型机的基本指令集及指令编码，除了表 5-4 中的 xor、xori、sll、srl、sra、lui、jr、jal 指令之外，其他 12 条指令都需要在模型机中实现（即表 5-4 中阴影部分的指令），并且编码格式与表 5-4 一致。

5.3.1　数据通路的基本构成

开始设计模型机的数据通路前，我们先分析模型机执行指令时所需的主要功能部件，包括两类：组合逻辑部件和状态存储部件。下面我们将按指令的类型分别介绍其数据通路的设计。

1．组合逻辑部件

组合逻辑部件是用组合逻辑电路实现的功能部件，其输出只取决于当前的输入。数据通路中常用的组合逻辑部件有多路选择器、符号扩展部件、算术逻辑部件 ALU、控制部件等。除了 ALU 和控制部件外，其他组合逻辑部件的设计和实现我们已在第 4 章中学习过。下面分别介绍 ALU 和控制部件。

（1）ALU

根据前面的单周期处理器的指令定义，ALU 需要实现以下 4 类运算：加、减、按位与和按位或，因此需要 2 位的控制信号 Aluc 来控制 ALU 的运算类型，信号的对应关系如表 5-8 所示。图 5-5（a）给出了 ALU 的内部实现，其中输入为两个 32 位操作数 X 和 Y，核心部件是第 4 章实现过的 32 位加减法器 ADDSUB_32。注意，图 5-5（a）中为了画图的简便，把 32 个 1 位与门和 32 个 1 位或门分别简化为 1 个 32 位的按位与部件和 1 个 32 位的按位或部件。回忆 4.1.5 节介绍的加减法器 ADDSUB_32 的接口要求，要进行减法运算，需要其输入 Sub 信号为逻辑 1。因此可将控制信号 Aluc 的低位 Aluc[0]接入加减法器 ADDSUB_32 的 Sub 端以实现加减法运算。此外，按位与部件和按位或部件的输出端连接到一个 32 位二选一多路选择器，Aluc[0]也连接到这个二选一多路选择器的选择信号 S。根据 4.1.1 节给出的 MUX2X32 的定义，如果选择信号为逻辑 0，则选择 A0 端（在图 5-5 中简写为 0 端），输出按位与的结果；否则选择 A1 端（在图 5-5 中简写为 1 端），输出按位或的结果。最后还需再加一个 32 位二选一多路选择器用于选择是加减法器的输出还是 32 位逻辑运算的输出。在图 5-5（a）的 R 输出上还接了一个小模块，该小模块的输入是 32 位的输出 R 信号，其内部功能是先把这 32 位输入信号进行按位或运算得到一个 1 位信号，然后将其值取反后再进行输出。因此 Z 信号的输出为逻辑 1 当且仅当 32 位 R 的值为全 0，否则 Z 信号的输出为逻辑 0。Z 信号也称为零标志信号。模块 ALU 给出了 ALU 的具体实现代码。

表 5-8　ALU 的 Aluc 编码

Aluc 编码	实现功能	运算类型
00	加	算术运算
01	减	
10	按位与	逻辑运算
11	按位或	

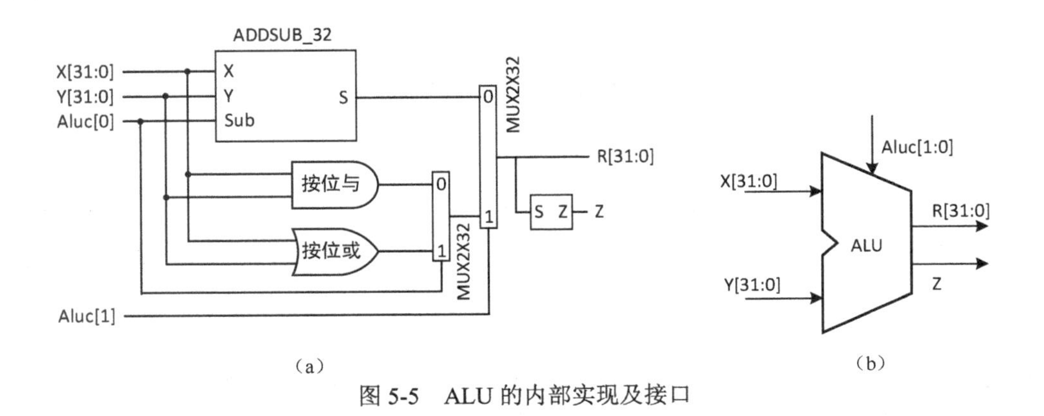

（a）　　（b）

图 5-5　ALU 的内部实现及接口

```
module ALU(X, Y, Aluc, R, Z);
    input [31:0] X, Y;
    input [1:0] Aluc;
    output [31:0] R;
    output Z;
    wire [31:0] d_as, d_and, d_or, d_and_or;
    ADDSUB_32 as32 (X, Y, Aluc[0], d_as);
    assign d_and = X & Y;
    //为了简便，没有采用门级实现
    assign d_or = X | Y;
    //为了简便，没有采用门级实现
    MUX2X32 select1 (d_and, d_or, Aluc[0], d_and_or);
    MUX2X32 select2 (d_as, d_and_or, Aluc[1], R);
assign Z = ~| R;
endmodule
```

（2）控制部件

控制部件也是处理器内部的核心部件，它的主要功能是根据指令的操作码字段生成各部件的控制信号，例如生成用于输入到 ALU 中的 Aluc 控制信号。由于目前还没有给出存储部件的接口和实现，因此对于控制部件的接口和功能的介绍将在后续内容中逐步给出和完善。

2. 状态存储部件

状态存储部件由我们在第 4 章中学习过的时钟同步时序电路构成，其中具有状态单元，能够存储数据。在本书所设计的模型机中涉及两类状态存储部件：寄存器堆和存储器。

（1）寄存器堆

我们在第 4 章中给出了 32 位寄存器的设计和实现，但是在 MIPS 指令集中有 32 个整数寄存器，构成一个**寄存器堆**（Register File）组件。因此寄存器堆应包含 32 个寄存器。图 5-6 给出了包含 32 个 D_FFEC32 类型寄存器的基本寄存器堆模块 REG32，其中所有 D_FFEC32

类型寄存器的 D[31:0]端口都连接在同一输入端口 D[31:0]上以更新某个寄存器的值。具体使能哪个寄存器更新由各自的 En 使能信号选定。因此为了产生对应寄存器的输入使能信号，需要由一个 5 位输入的译码器生成 32 位的输出信号接入 En[31:0]信号以使能对应的寄存器。另外，由于 MIPS 指令集中寄存器$zero（编号为 0）的值恒为 0，因此图中的寄存器$zero 采用输出信号直接接地的方式。

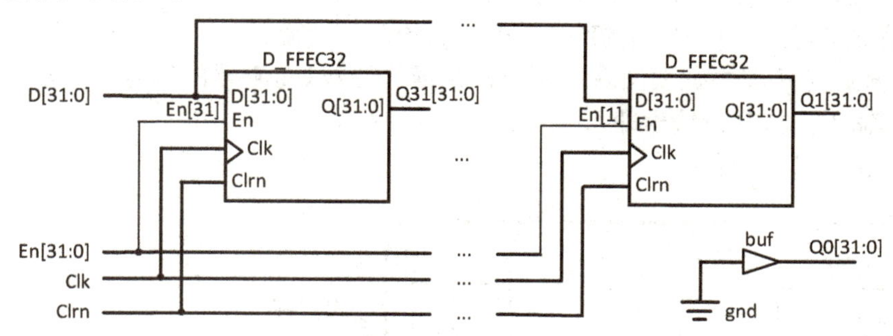

图 5-6　寄存器堆的基本实现

图 5-7 给出了基本寄存器堆模块 REG32 的输入、输出接口，模块 REG32 给出了其代码实现。

```
module REG32 (D, En, Clk, Clrn, Q31,···, Q0);
    input [31:0] D, En;
    input Clk, Clrn;
    output [31:0] Q31,···, Q0;
    D_FFEC32 q31 (D, Clk, En[31], Clrn, Q31);
    D_FFEC32 q30 (D, Clk, En[30], Clrn, Q30);
    ···
    D_FFEC32 q1 (D, Clk, En[1], Clrn, Q1);
    assign Q0 = 0;
endmodule
```

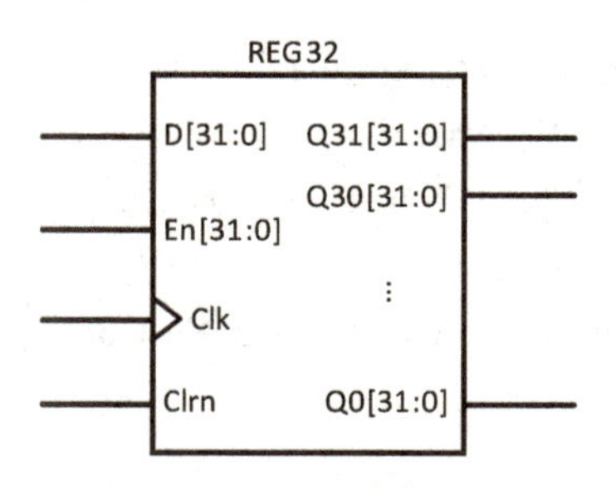

图 5-7　基本寄存器堆的接口图

注意，图 5-6 给出的只是寄存器堆的基本实现，这种实现还不能满足指令的功能需求。回顾下我们前面学习过的算术运算指令“add $s1, $s3, $t0”，该条指令涉及三个寄存器操作数，即读取两个寄存器的值进行运算，然后写入一个寄存器中。因此，寄存器堆部件在图 5-7 给出的接口基础上还需增加三个端口，其中两个端口用于接收要读取的两个寄存器的编号，另一个端口用于接收要写入的寄存器的编号。更完整的寄存器堆的实现如图 5-8 所示。在图 5-8 中可以看到，要写入的寄存器编号输入译码器 DEC5T32E 中，由译码器的输出去使能对应的寄存器的输入使能端，从而在时钟周期的上升沿将 D[31:0]的值写入对应的寄存器中。另外，由于基本寄存器堆模块 REG32 是将 32 个寄存器的值全部输出，因此还需要分别使用两个 32 位的 32 选 1 多路选择器根据要读取的两个寄存器的编号（寄存器的编号作为多路选择器的选择信号 S[4:0]输入）将其值输出即可。

图 5-9 给出了其接口图。

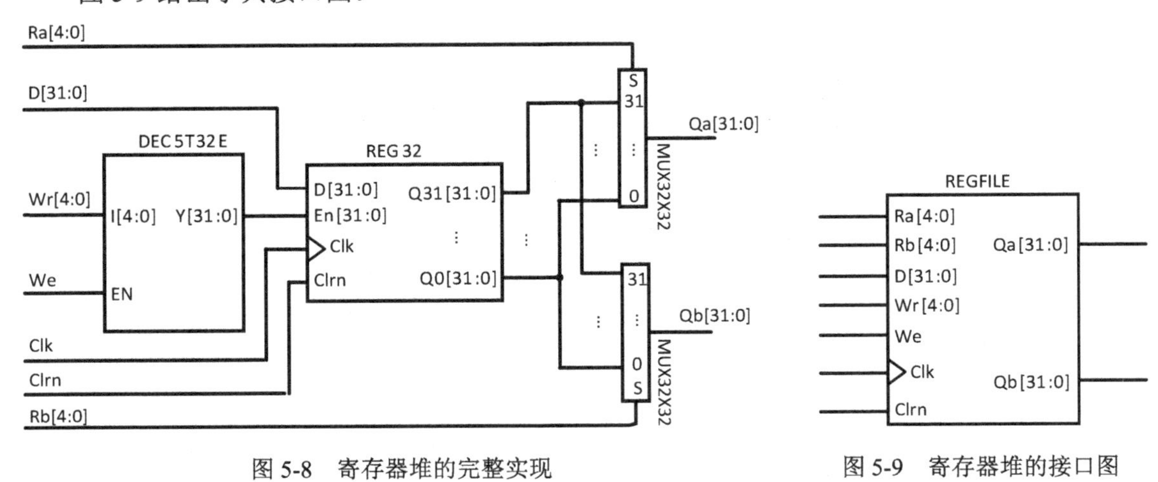

图 5-8 寄存器堆的完整实现

图 5-9 寄存器堆的接口图

模块 REGFILE 给出了其代码实现。

```
module REGFILE (Ra, Rb, D, Wr, We, Clk, Clrn, Qa, Qb);
    input [4:0] Ra, Rb, Wr;
    input [31:0] D;
    input We, Clk, Clrn;
    output [31:0] Qa, Qb;
    wire [31:0] Y_mux, Q31_reg32,…, Q0_reg32;
    DEC5T32E dec (Wr, We, Y_mux);
    REG32 (D, Y_mux, Clk, Clrn, Q31_reg32,…, Q0_reg32)
    MUX32X32 select1 (Q0_reg32,…, Q31_reg32, Ra, Qa);
    MUX32X32 select2 (Q0_reg32,…, Q31_reg32, Rb, Qb);
endmodule
```

（2）存储器

存储器模块在真实系统中是独立于处理器的，但是为了简化模型机的设计和实现，也便于读者理解，本书用组合逻辑电路来分别实现模型机所需的指令存储器和数据存储器。

① 指令存储器

简化起见，指令存储器的功能是，根据其地址端口读取的指令地址输出对应地址所存储的指令编码。因此指令存储器只需要一个地址输入端口和一个指令编码输出端口，如图 5-10 所示。

模块 INSTMEM 给出了指令存储器的一种理想实现，可存储 32 条指令，其具体存储方式为：将输入的 32 位地址信号 Addr 的第 6 位至第 2 位的 5 位地址字段映射到 INSTMEM 模块内部定义的 Rom[31:0]的 32 个指令编码之一进行持续输出。注意，在模块 INSTMEM 给出的代码中，这 32 条指令中的每条指令编码都使用符号 X 来暂时占用位数，而在实际使用过程中应使用指令的实际编码进行替换。

```
module INSTMEM (Addr, Inst);
    input [31:0] Addr;
    output [31:0] Inst;
    wire [31:0] Rom [31:0];
    assign Rom[5'h00] = 32'hXXXXXXXX;
    assign Rom[5'h01] = 32'hXXXXXXXX;
    ...
    assign Rom[5'h1F] = 32'hXXXXXXXX;
    //该指令存储器可存放 32 条指令
    assign Inst = Rom [Addr[6:2]];
endmodule
```

② 数据存储器

数据存储器的实现原理与指令存储器类似，但是由于数据存储器需要支持取数/存数指令对其进行数据读取和数据写入，并且写操作写入的时机定义在时钟周期的上升沿，因此需要在数据存储器的基础上增加写入数据的输入端口、写使能信号和时钟信号，如图 5-11 所示。

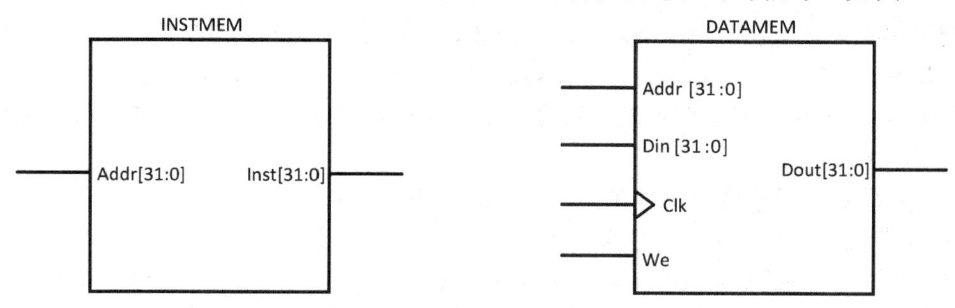

图 5-10　指令存储器的接口图　　图 5-11　数据存储器的接口图

模块 DATAMEM 给出了数据存储器的一种理想实现，其中该数据存储器可存储 32 个 32 位数据，并根据输入的 32 位地址信号 Addr 中的第 6 位至第 2 位的 5 位地址字段映射到 DATAMEM 模块内部定义的 Ram[31:0]的 32 个数据之一进行持续输出。在时钟信号的上升沿，如果写使能信号为逻辑 1，则将 32 位输入数据 Din 的值根据输入地址信号 Addr 的第 6 位至第2位的5位地址字段的映射更新到Ram[31:0]中的对应数据。此外还需注意，模块DATAMEM的代码在初始化时将 Ram[31:0]中的 32 个数据全部置 0，但是在具体情况下，可对该行代码进行修改，将数据的值设置为正确的值即可。

```
module DATAMEM (Addr, Din, Clk, We, Dout);
    input [31:0] Addr, Din;
    input Clk, We;
    output [31:0] Dout;
    reg [31:0] Ram [31:0];
    //该指令存储器可存放 32 条指令
    assign Dout = Ram[Addr[6:2]];
    always @ (posedge Clk) begin
        if (We) Ram[Addr[6:2]] <= Din;
    end
    integer i;
    initial begin
        for (i=0; i<32; i=i+1)
            Ram[i] = 0;
        //所有 32 个数据的初值为全 0
    end
endmodule
```

5.3.2 数据通路的设计

1. R 型指令的数据通路

模型机中有 4 条 R 型指令：add、sub、and 和 or。这 4 条 R 型指令都是根据指令的 rs 和 rt 字段读取寄存器的值，然后将两个寄存器的值送入 ALU 中进行相应的运算操作，最后把运算结果根据 rd 字段给出的寄存器编号写进该寄存器中。图 5-12 给出了这 4 条 R 型指令的数据通路，说明如下。

- PC 寄存器：用于给出指令在指令存储器中的地址。
- 指令存储器：根据 PC 寄存器的地址读出指令的编码。
- 寄存器堆：将指令编码的 rs、rt 和 rd 字段分别连接到寄存器堆的 Ra、Rb 和 Wr 端口，分别给出要读取的两个寄存器编号和要写入的寄存器编号，然后由 Qa 和 Qb 端口根据 Ra 和 Rb 端口的输入编号分别输出其值。
- ALU：寄存器堆输出的两个寄存器的值分别输入到 ALU 的两个输入端口 X 和 Y 中，ALU 根据控制信号 Aluc 的值选择相应的运算类型进行计算，形成的计算结果从 R 端口输出到寄存器的 D 端口中，以给出要写入的寄存器的值。

- 控制部件：根据R型指令的op字段和func字段生成寄存器堆的写使能信号We和ALU的控制信号Aluc。

注意，为了画图的简便，图5-12省略掉了PC寄存器和寄存器堆的时钟信号接入。实际上，PC寄存器和寄存器堆接入的是同一时钟信号。

从图5-12给出的数据通路中可以看出，从时钟周期开始时，PC寄存器就稳定提供指令地址的输出，然后从指令存储器中读取指令，分解其编码字段，将op和func字段送入控制部件中，产生寄存器堆的We信号和ALU的Aluc信号，与此同时，指令的rs和rt字段送入寄存器中以将两个寄存器的值读出并送入ALU的两个输入端中。ALU根据其Aluc端口的值对两个寄存器的值进行相应的运算，并产生两个运算结果Z和R。最后在当前时钟周期结束的上升沿，若寄存器堆的写使能信号We为逻辑1，则根据D端口读取的要写入的值对Wr端口读取的寄存器编号进行写入。

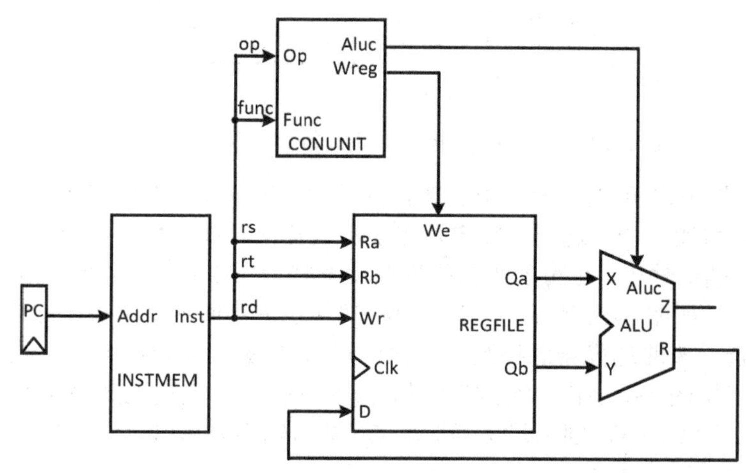

图5-12　模型机R型指令的数据通路

2. I型指令的数据通路

模型机中有7条I型指令：addi、andi、ori、lw、sw、beq和bne。但是与R型的4条指令不同的是，I型指令编码中的rt字段标记的是目的寄存器操作数，并且这7条I型指令包括算术/逻辑运算类、访存类和条件分支三类。每类指令的数据通路都存在差异，下面分别进行介绍。

① addi、andi和ori

这三条I型指令都需要对16位立即数进行符号扩展或零扩展，然后与根据指令的rs字段读取的寄存器值一起送入ALU中进行相应的运算，最后把运算结果根据rd字段给出的寄存器编号写进该寄存器中。图5-13给出了这三条I型指令的数据通路，与R型指令的数据通路不同之处说明如下。

- 寄存器堆：将指令编码的rs和rt字段分别连接到寄存器堆的Ra和Wr端口，分别给出要读取的寄存器编号和要写入的寄存器编号，然后由Qa端口根据Ra端口的输入编号输出其值。
- 扩展模块：将指令的immediate字段进行符号扩展或零扩展，扩展后的结果输入到ALU的Y端口和从寄存器Qa端口输出的寄存器的值进行运算。

■ 控制部件：还需要增加一个输出端口 Se，生成扩展模块 Se 端的输入信号。

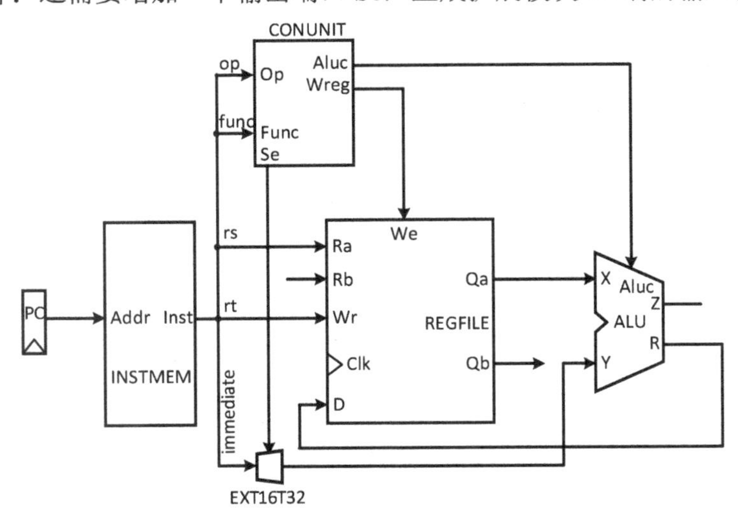

图 5-13　模型机 I 型算术/逻辑运算类指令的数据通路

从图 5-12 和图 5-13 可以看出，由于寄存器堆的 Wr 端口输入可能是 rd 字段，也可能是 rt 字段，因此需要增加一个二选一多路选择器进行选择；同样，ALU 的 Y 端输入信号可能来自寄存器堆的 Qb 端口输出，也可能来自扩展模块 EXT16T32，因此也需要增加一个二选一多路选择器进行选择，如图 5-14 所示。因此，控制部件还需要增加两个输出端口 Regrt 和 Aluqb 分别用于两个二选一多路选择器的控制：若输出端口 Regrt 为逻辑 1，则选择指令编码的 rt 字段输入到寄存器堆的 Wr 端口，否则选择指令编码的 rd 字段输入到寄存器堆的 Wr 端口；若输出端口 Aluqb 为逻辑 1，则选择寄存器堆 Qb 端口输出到 ALU 的 Y 端口，否则选择扩展模块的输出到 ALU 的 Y 端口。

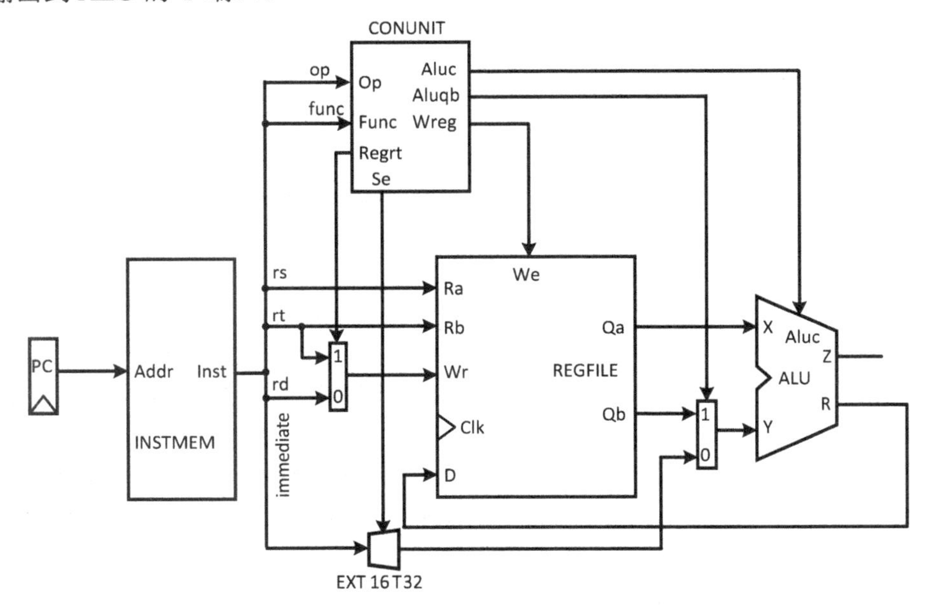

图 5-14　图 5-12 和图 5-13 合并之后的数据通路

② lw 和 sw

这两条 I 型指令都需要对数据存储器进行操作，其中 lw 指令根据 ALU 计算出的地址进行访存，然后根据 rt 字段给出的寄存器编号将从存储器中读取的结果进行写入；sw 指令根据 rt 字段给出的寄存器编号将其值读出，然后写入到 ALU 计算出的地址对应的存储器单元中。图 5-15 给出了这两条 I 型指令的数据通路，在图 5-14 给出的数据通路基础上增加的部件如下。

- 数据存储器：将 ALU 的 R 端口计算出的访存地址输入到数据存储器的 Addr 端口，对应存储器单元中读取的值从 Dout 端口输出到寄存器堆的 D 端口。如果存储器的 We 端口输入为逻辑 1，则在时钟周期结束的上升沿将存储器的 Din 端口的输入值根据 Addr 的值更新到相应的存储器单元中。
- 寄存器堆：对于 sw 指令，由于 rt 字段给出了要写入存储器的寄存器编号，并且只有 Rb 端口接收的是 rt 字段，因此需要在寄存器堆的 Qb 端口增加一条信号，将 Qb 的输出连接到数据存储器的 Din 端口。
- 控制部件：还需要增加一个输出端口 Wmem，用于生成数据存储器 We 端的信号。另外，由于写入寄存器堆 D 端的数据有可能来自 ALU 的 R 端口，也可能来自读取存储器的结果，因此还需要增加一个二选一多路选择器对两个数据的来源进行选择，相应地增加控制部件的一个输出端口 Reg2reg 连接到该二选一多路选择器的选择输入端。

在介绍 beq 和 bne 的数据通路之前，我们继续在图 5-15 的基础上增加对 PC 寄存器的更新信号，如图 5-16 所示。由于每条指令 32 位，占 4 个字节，因此在 PC 寄存器的输出增加一个加法器，固定与 32 位的立即数 4 进行相加，得到的结果作为 PC 寄存器的输入在当前时钟周期结束时的上升沿将 PC+4 的值更新进 PC 寄存器中。在下一个时钟周期开始时，PC 寄存器输出下一条指令的地址。

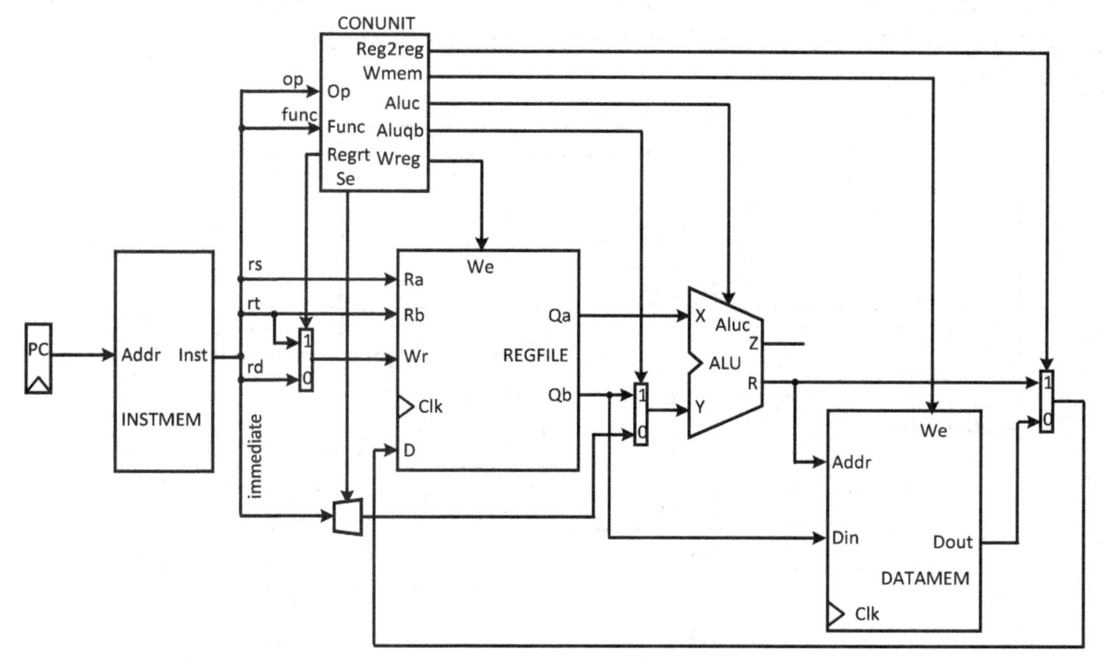

图 5-15 支持 lw 和 sw 指令的数据通路

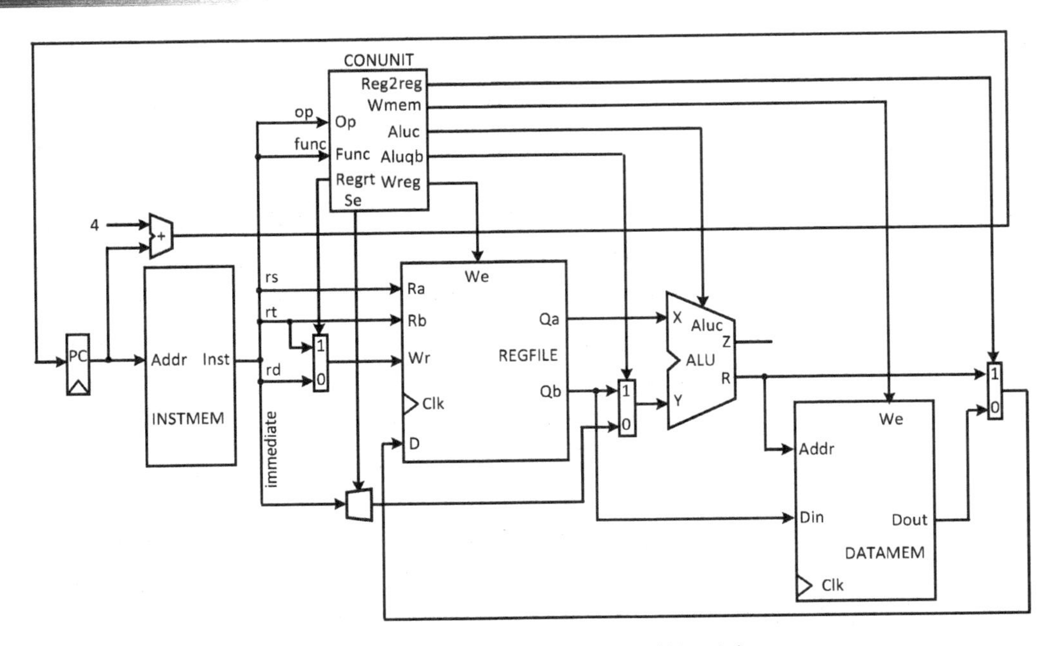

图 5-16 支持 PC 寄存器更新的数据通路

③ beq 和 bne

beq 和 bne 是条件分支指令，这两条 I 型指令都需要根据两个寄存器的相减结果改变 PC 寄存器的地址输入。这两条条件分支指令的偏移量都为 16 位，若分支条件成立，则将指令中的偏移量符号扩展到 32 位后再左移两位后与 PC+4 的值相加，得到的值为跳转目标地址，然后在当前时钟周期结束时的上升沿写入 PC 寄存器中；若分支条件不成立，则还是选择用 PC+4 的值写入 PC 寄存器。图 5-17 给出了这两条条件分支指令的数据通路，在图 5-16 的基础上增加的部件如下。

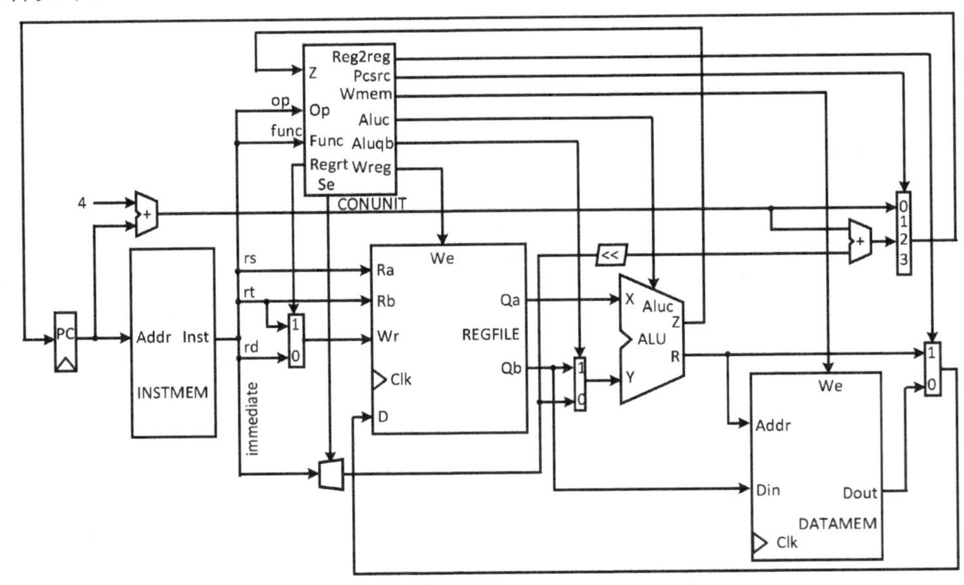

图 5-17 支持 beq 和 bne 指令的数据通路

- 扩展模块：扩展模块的输入对于 I 型运算类指令来说是立即数，但是对于条件分支类指令来说是偏移量。因此在扩展模块的输出进行左移两位之后的结果与 PC+4 的值进行相加得到跳转目标地址。（固定左移两位的移位器可在第 4 章给出的 32 位移位器基础上进行端口的删减，只保留一个 32 位的数据输入端口和一个 32 位的数据输出端口，并且将其功能设定为将 32 位输入数据进行左移两位之后的结果输出。）[快速练习：请参照 32 位移位器 SHIFTER_32 的实现，实现 32 位左移两位移位器 SHIFTER32_L2(X, Sh)的逻辑功能，其中 X 和 Sh 分别为 32 位的输入、输出数据端口。]
- 控制部件：增加一个输入端口 Z，将 ALU 的 Z 端口输出连接到控制部件的 Z 端口上，控制部件能够判断分支条件是否成立，来通过新增的输出端口 Pcsrc 控制四选一多路选择器选择 PC 寄存器的输入来源为跳转目标地址还是下一条指令的地址。这里虽然只有两个地址来源却使用四选一多路选择器的原因是，模型机还需要支持 J 型指令的跳转目标地址选择，因此有三个地址来源需要选用四选一多路选择器。

3. J 型指令的数据通路

模型机中有一条 J 型指令：j。这条 J 型指令的低 26 位全是地址字段，用于产生跳转的目标地址。跳转的目标地址采用拼接方式形成：最高 4 位为 PC+4 的最高 4 位，中间 26 位为 J 型指令的 26 位立即数字段，最低两位为 0。图 5-18 给出了这条指令的数据通路，在图 5-17 的基础上增加的部件如下。

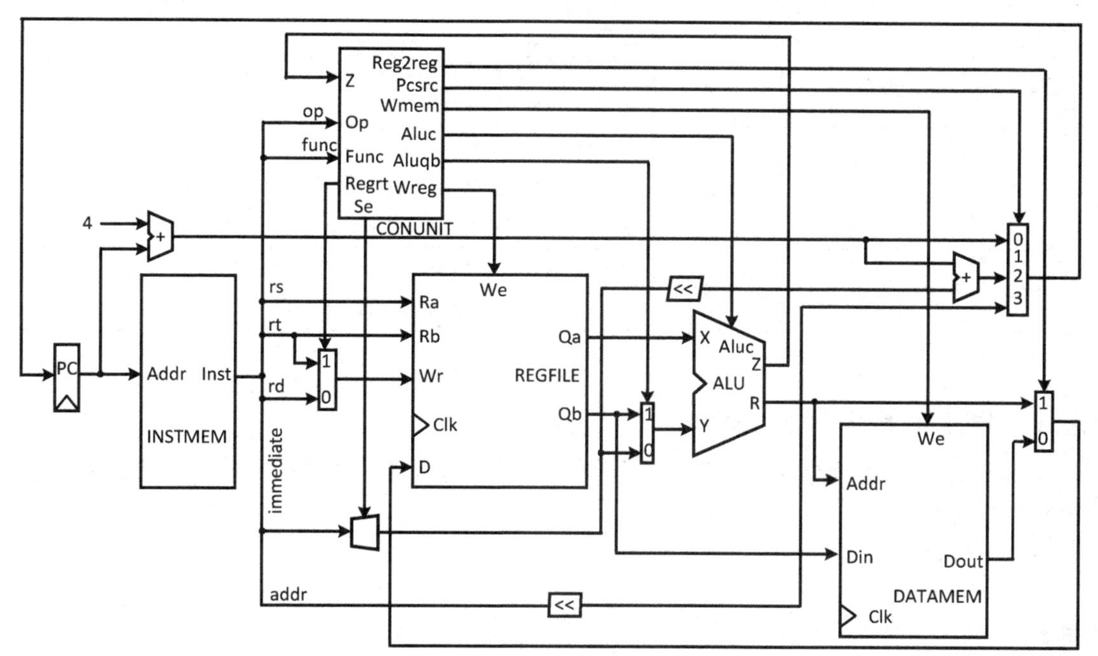

图 5-18 支持 jal 指令的数据通路

- 指令存储器：新增一个固定左移两位的移位器，其输入为指令编码的低 26 位字段，其输出与 PC+4 的最高 4 位进行拼接得到 32 位转移目标地址（图 5-18 中为了简化画图，省略了该地址拼接过程）。该转移目标地址接入四选一地址选择器的 A3 端口。通过 Pcsrc 的控制，在当前时钟周期结束时的上升沿将该地址值写入 PC 寄存器中，在下一个时钟周期开始时，在转移目标地址处读取指令编码。

表 5-9 给出了模型机控制部件各端口的位宽和取值含义。

表 5-9　控制部件的输入、输出接口

接口名	输入/输出	位宽	含义
Z	输入	1 位	值为 1：表示 ALU 的运算结果为 0； 值为 0：表示 ALU 的运算结果不为 0
Op	输入	6 位	见表 5-4
Func	输入	6 位	见表 5-4
Regrt	输出	1 位	值为 1：选择 rt 字段输入寄存器的 Wr 端口 值为 0：选择 rd 字段输入寄存器的 Wr 端口
Se	输出	1 位	值为 1：进行符号扩展 值为 0：进行零扩展
Wreg	输出	1 位	值为 1：寄存器堆的写使能信号有效 值为 0：寄存器堆的写使能信号无效
Aluqb	输出	1 位	值为 1：选择寄存器堆的 Qb 端口的值 值为 0：选择扩展后的立即数
Aluc	输出	2 位	见表 5-8
Wmem	输出	1 位	值为 1：数据存储器的写使能信号有效 值为 0：数据存储器的写使能信号无效
Pcsrc	输出	2 位	值为 0：选择下一条指令执行 值为 2：选择条件分支指令的跳转地址处的指令执行 值为 3：选择跳转指令的跳转地址处的指令执行
Reg2reg	输出	1 位	值为 1：选择 ALU 的 R 端口输出的值 值为 0：选择数据存储器的 Dout 端口输出的值

5.3.3　指令的数据通路分析

图 5-18 给出了单周期模型机的完整实现，本节结合几条具体的指令来分析指令在该模型机中的执行过程。

（1）R 型指令

例题 5.3

若当前模型机中执行的指令是“add $s1, $s2, $s3”，其存储地址为 0x000C 8000，写出当前时钟周期内控制部件输出端口 Regrt、Wreg、Aluqb、Pcsrc 和 Reg2reg 的值分别是多少？在当前时钟周期结束时，PC 寄存器的值更新为多少？

解答

若当前模型机中执行的指令是“add $s1, $s2, $s3”，则控制部件输出端口 Regrt、Wreg、

Aluqb、Pcsrc 和 Reg2reg 的值分别为：0、1、1、0 和 1。在当前时钟周期结束时，PC 寄存器的值更新为 0x000C 8004。

图 5-19 给出了 R 型指令在单周期模型机的数据通路，其中不需要的数据通路用灰色进行标记。需要注意的是，尽管灰色的数据通路没有被使用，但是其上仍然会产生信号。例如，尽管指令“add $s1, $s2, $s3”没有使用 immediate 字段，但是该指令的第 0～15 位：10001 00000 100000 仍然会先进行位数扩展，然后左移两位后与 PC+4 进行相加，其值作为四选一地址选择器的 A2 端口输入。不过由于这不是正确的下一条指令的地址，因此 Pcsrc 信号不会选择这一端的地址输入。

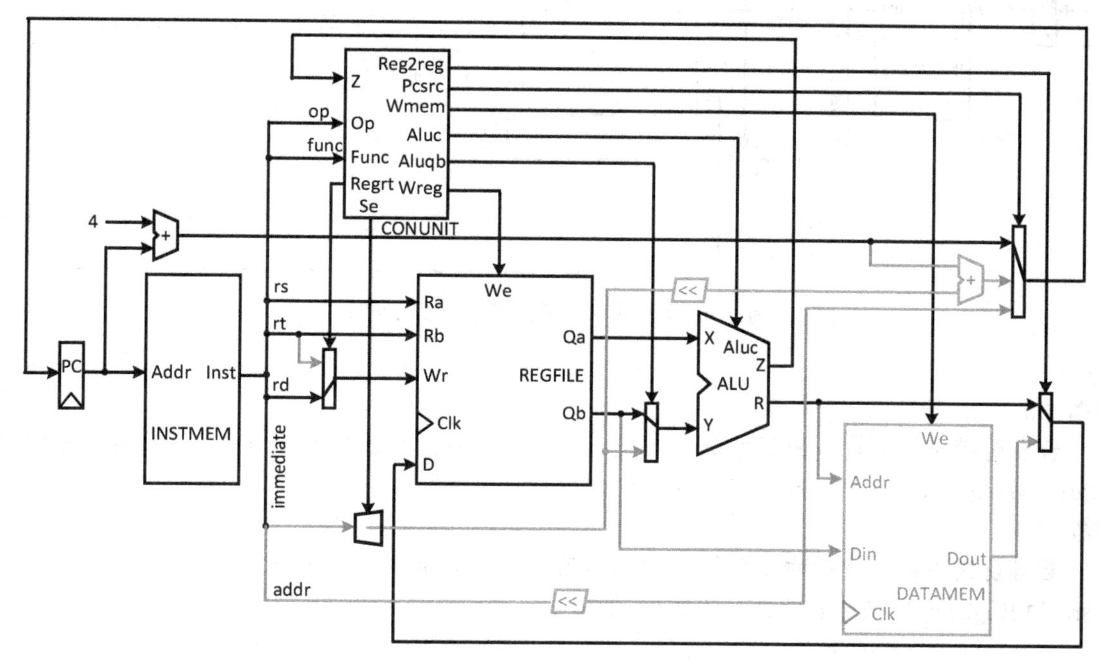

图 5-19 R 型指令的数据通路

（2）I 型指令

例题 5.4

若当前模型机中执行的指令是“addi $s1, $s2, 3”，写出当前时钟周期内控制部件输出端口 Regrt、Wreg、Aluqb、Pcsrc 和 Reg2reg 的值分别是多少？

解答

若当前模型机中执行的指令是“addi $s1, $s2, 3”，则控制部件输出端口 Regrt、Wreg、Aluqb、Pcsrc 和 Reg2reg 的值分别为：1、1、0、0 和 1。

图 5-20 给出了 I 型算术/逻辑运算类指令在单周期模型机的数据通路，其中不需要的数据通路用灰色进行标记。

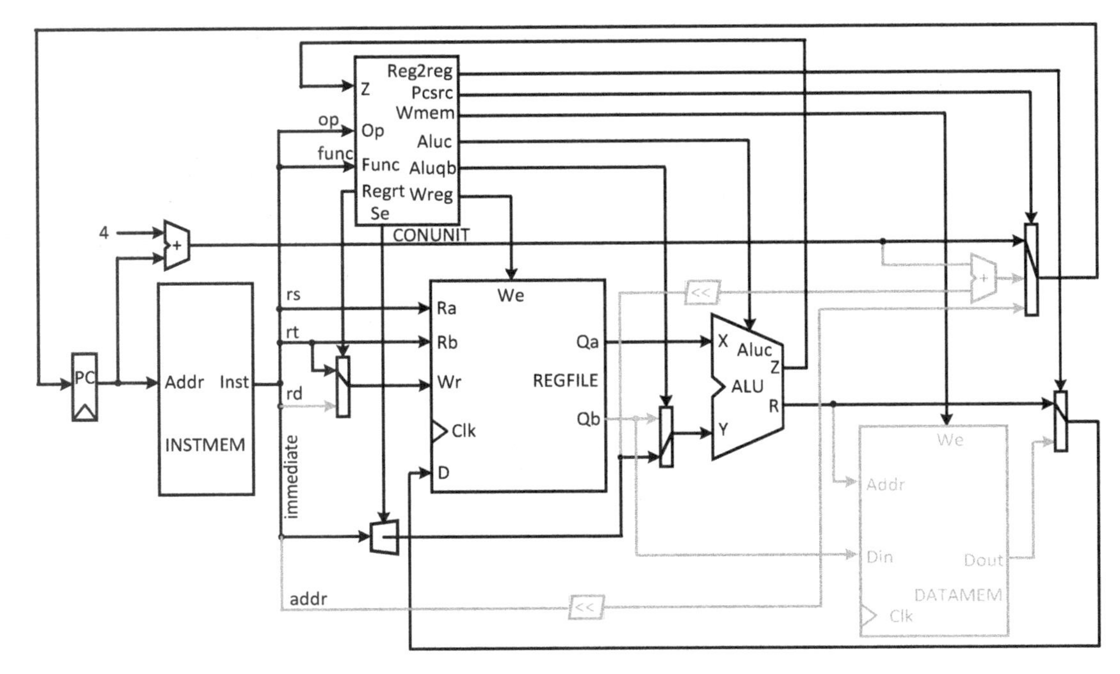

图 5-20　I 型算术运算类指令的数据通路

例题 5.5

若当前模型机中执行的指令是"lw $s1, 4($s3)"，写出当前时钟周期内控制部件输出端口 Regrt、Wreg、Aluqb、Pcsrc 和 Reg2reg 的值分别是多少？

解答

若当前模型机中执行的指令是"lw $s1, 4($s3)"，则控制部件输出端口 Regrt、Wreg、Aluqb、Pcsrc 和 Reg2reg 的值分别为：1、1、0、0 和 0。

图 5-21 给出了 I 型 lw 指令在单周期模型机的数据通路，其中不需要的数据通路用灰色进行标记。

例题 5.6

若当前模型机中执行的指令是"sw $s1, 4($s3)"，写出当前时钟周期内控制部件输出端口 Regrt、Wreg、Aluqb、Pcsrc 和 Reg2reg 的值分别是多少？

解答

若当前模型机中执行的指令是"sw $s1, 4($s3)"，则控制部件输出端口 Wreg、Aluqb 和 Pcsrc 的值分别为：0、0 和 0。由于 Regrt 和 Reg2reg 控制的多路选择器不在该指令的数据通路上，因此这两个值可为 0 或 1。

图 5-22 给出了 I 型 sw 指令在单周期模型机的数据通路，其中不需要的数据通路用灰色进行标记。

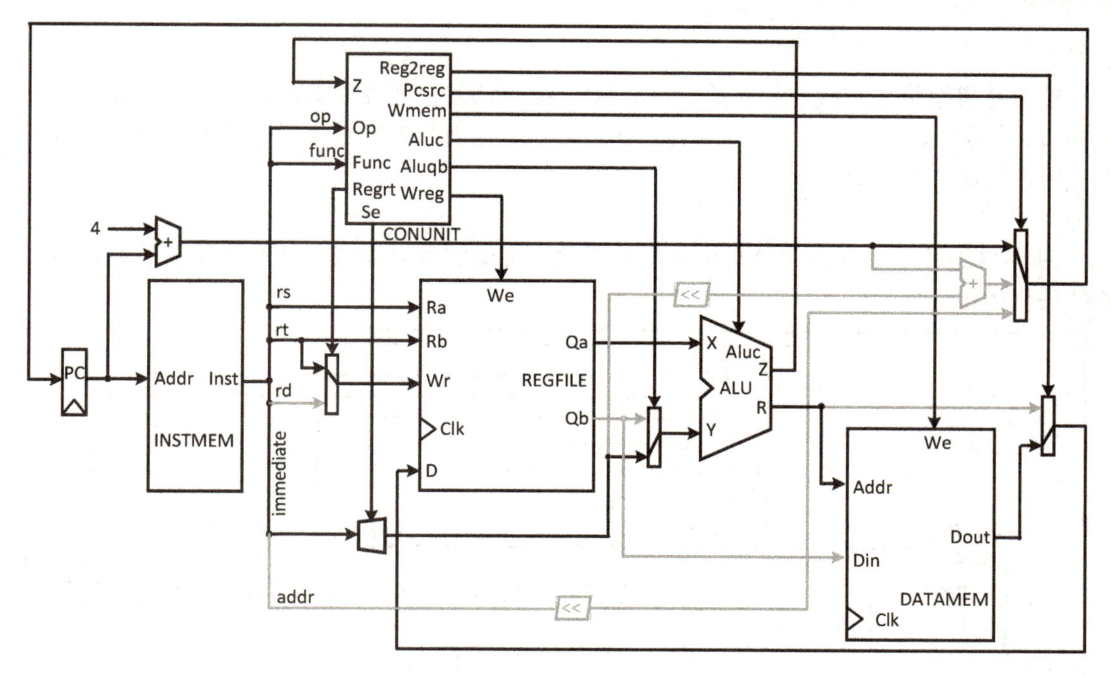

图 5-21　I 型 lw 指令的数据通路

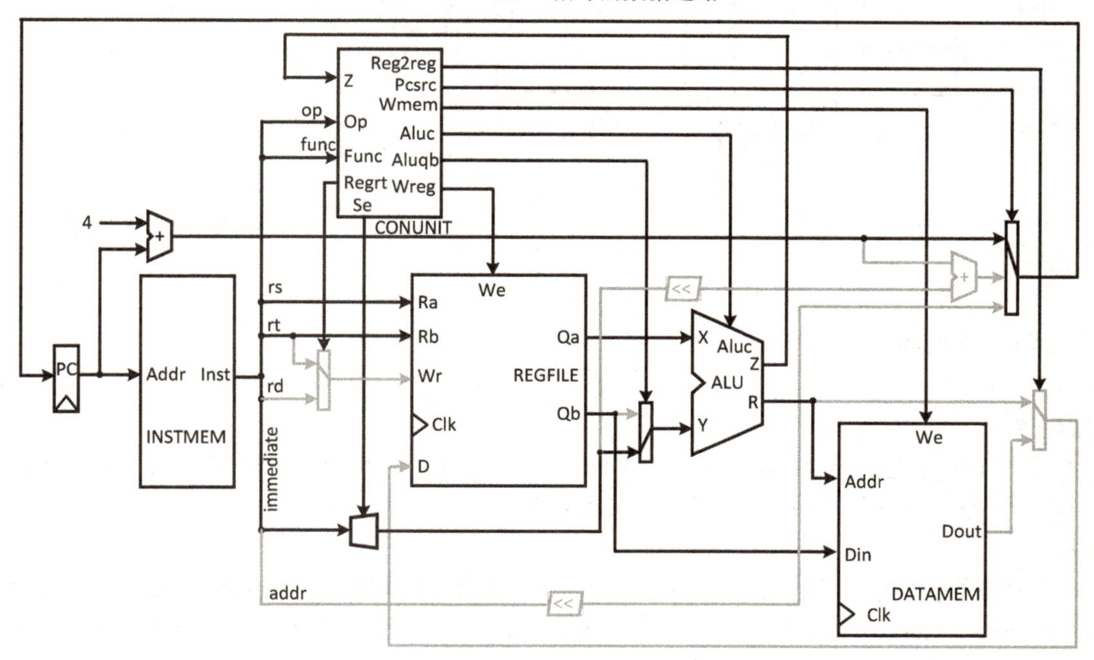

图 5-22　I 型 sw 指令的数据通路

例题 5.7

若当前模型机中执行的指令是“beq $s1, $s2, 100”（假设寄存器$s1 和$s2 的值相等），写出当前时钟周期内控制部件输出端口 Regrt、Wreg、Aluqb、Pcsrc 和 Reg2reg 的值分别是多少？

解答

若当前模型机中执行的指令是 “beq $s1, $s2, 100”，则控制部件输出端口 Wreg、Aluqb 和 Pcsrc 的值分别为：0、1 和 2。Regrt 和 Reg2reg 控制的多路选择器不在该指令的数据通路上，因此这两个值可为 0 或 1。

图 5-23 给出了 I 型条件分支指令在单周期模型机的数据通路，其中不需要的数据通路用灰色进行标记。

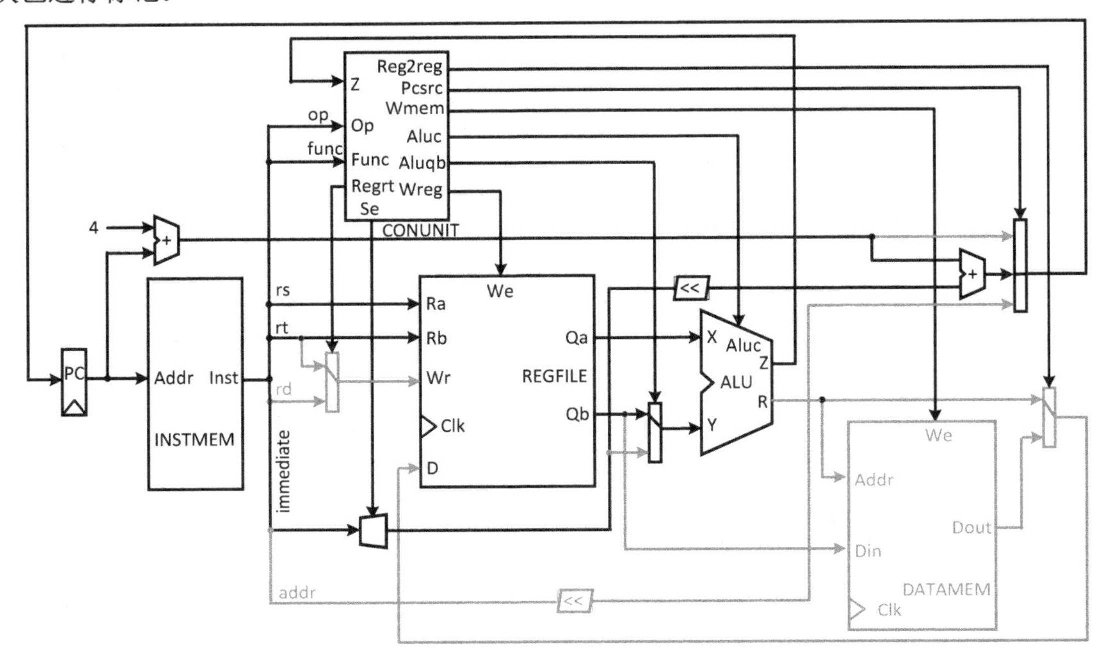

图 5-23　I 型条件分支类指令的数据通路

（3）J 型指令

例题 5.8

若当前模型机中执行的指令是 “j 10000”，写出当前时钟周期内控制部件输出端口 Regrt、Wreg、Aluqb、Pcsrc 和 Reg2reg 的值分别是多少？

解答

若当前模型机中执行的指令是 “j 10000”，则控制部件输出端口 Wreg 和 Pcsrc 的值分别为：0 和 3。Regrt、Aluqb、Reg2reg 控制的多路选择器不在该指令的数据通路上，因此这两个值可为 0 或 1。

图 5-24 给出了 J 型指令在单周期模型机的数据通路，其中不需要的数据通路用灰色进行标记。

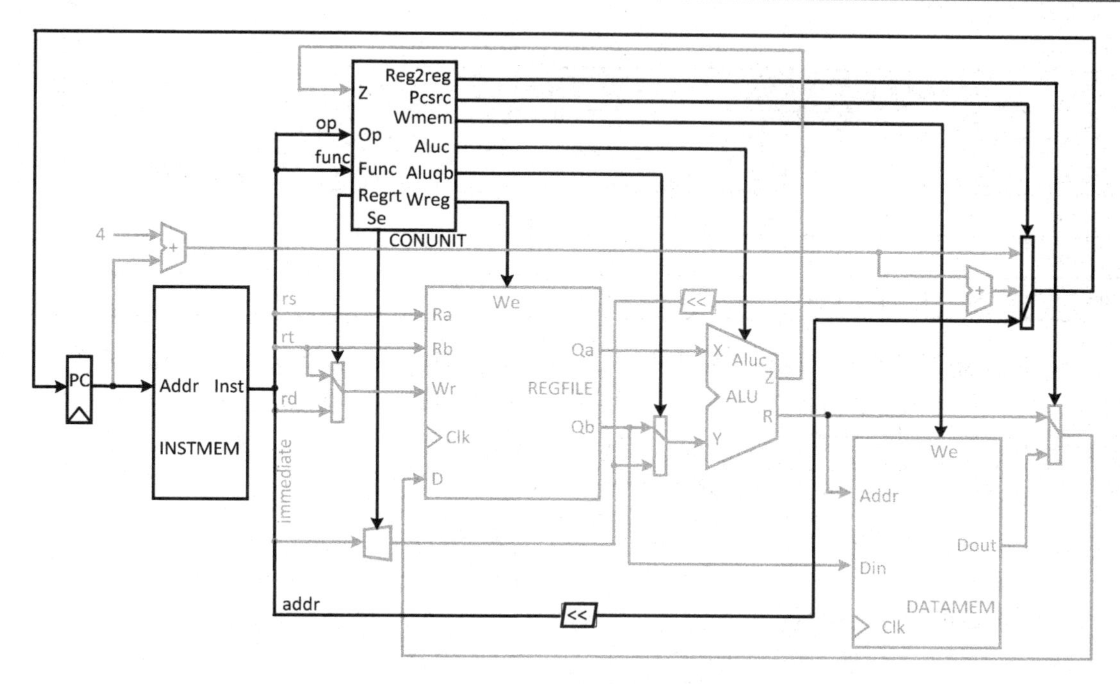

图 5-24　J 型指令的数据通路

5.3.4　控制部件设计

尽管图 5-19 至图 5-24 所示灰色部分中的多路选择器的选择端信号的值不重要，但是在设计模型机的电路图时应给定其所有部件的控制信号的值。因此，表 5-10 给出了模型机的控制部件的所有输入、输出信号的真值表。

表 5-10　控制部件的输入输出信号真值表

输入端口				输出端口							
Op [5:0]	Func [5:0]	备注	Z	Regrt	Se	Wreg	Aluqb	Aluc [1:0]	Wmem	Pcsrc [1:0]	Reg2reg
000000	100000	add	X	0	0	1	1	00	0	00	1
000000	100010	sub	X	0	0	1	1	01	0	00	1
000000	100100	and	X	0	0	1	1	10	0	00	1
000000	100101	or	X	0	0	1	1	11	0	00	1
001000	—	addi	X	1	1	1	0	00	0	00	1
001100	—	andi	X	1	0	1	0	10	0	00	1
001101	—	ori	X	1	0	1	0	11	0	00	1
100011	—	lw	X	1	1	1	0	00	0	00	0
101011	—	sw	X	1	1	0	0	00	1	00	1
000100	—	beq	0	1	1	0	1	01	0	00	1
000100	—	beq	1	1	1	0	1	01	0	10	1

续表

输入端口				输出端口							
Op [5:0]	Func [5:0]	备注	Z	Regrt	Se	Wreg	Aluqb	Aluc [1:0]	Wmem	Pcsrc [1:0]	Reg2reg
000101	—	bne	0	1	1	0	1	01	0	10	1
000101	—	bne	1	1	1	0	1	01	0	00	1
000010	—	j	X	1	0	0	1	00	0	11	1

从表 5-10 可以看出，控制部件输出端口的信号值与指令的 op 输入、func 输入和 Z 信号输入有关。因此下面给出各个输出信号的逻辑函数。首先给出一个临时信号 R_type 的定义：

$$\mathrm{R\_type} = \overline{\mathrm{Op}[5]}\cdot\overline{\mathrm{Op}[4]}\cdot\overline{\mathrm{Op}[3]}\cdot\overline{\mathrm{Op}[2]}\cdot\overline{\mathrm{Op}[1]}\cdot\overline{\mathrm{Op}[0]}$$
$$= \overline{\mathrm{Op}[5]+\mathrm{Op}[4]+\mathrm{Op}[3]+\mathrm{Op}[2]+\mathrm{Op}[1]+\mathrm{Op}[0]}$$

下面再给出指令的信号；

$$\mathrm{I\_add} = \mathrm{R\_type}\cdot\mathrm{Func}[5]\cdot\overline{\mathrm{Func}[4]}\cdot\overline{\mathrm{Func}[3]}\cdot\overline{\mathrm{Func}[2]}\cdot\overline{\mathrm{Func}[1]}\cdot\overline{\mathrm{Func}[0]}$$
$$\mathrm{I\_sub} = \mathrm{R\_type}\cdot\mathrm{Func}[5]\cdot\overline{\mathrm{Func}[4]}\cdot\overline{\mathrm{Func}[3]}\cdot\overline{\mathrm{Func}[2]}\cdot\mathrm{Func}[1]\cdot\overline{\mathrm{Func}[0]}$$
$$\mathrm{I\_and} = \mathrm{R\_type}\cdot\mathrm{Func}[5]\cdot\overline{\mathrm{Func}[4]}\cdot\overline{\mathrm{Func}[3]}\cdot\mathrm{Func}[2]\cdot\overline{\mathrm{Func}[1]}\cdot\overline{\mathrm{Func}[0]}$$
$$\mathrm{I\_or} = \mathrm{R\_type}\cdot\mathrm{Func}[5]\cdot\overline{\mathrm{Func}[4]}\cdot\overline{\mathrm{Func}[3]}\cdot\mathrm{Func}[2]\cdot\overline{\mathrm{Func}[1]}\cdot\mathrm{Func}[0]$$
$$\mathrm{I\_addi} = \overline{\mathrm{Op}[5]}\cdot\overline{\mathrm{Op}[4]}\cdot\mathrm{Op}[3]\cdot\overline{\mathrm{Op}[2]}\cdot\overline{\mathrm{Op}[1]}\cdot\overline{\mathrm{Op}[0]}$$
$$\mathrm{I\_andi} = \overline{\mathrm{Op}[5]}\cdot\overline{\mathrm{Op}[4]}\cdot\mathrm{Op}[3]\cdot\mathrm{Op}[2]\cdot\overline{\mathrm{Op}[1]}\cdot\overline{\mathrm{Op}[0]}$$
$$\mathrm{I\_ori} = \overline{\mathrm{Op}[5]}\cdot\overline{\mathrm{Op}[4]}\cdot\mathrm{Op}[3]\cdot\mathrm{Op}[2]\cdot\overline{\mathrm{Op}[1]}\cdot\mathrm{Op}[0]$$
$$\mathrm{I\_lw} = \mathrm{Op}[5]\cdot\overline{\mathrm{Op}[4]}\cdot\overline{\mathrm{Op}[3]}\cdot\overline{\mathrm{Op}[2]}\cdot\mathrm{Op}[1]\cdot\mathrm{Op}[0]$$
$$\mathrm{I\_sw} = \mathrm{Op}[5]\cdot\overline{\mathrm{Op}[4]}\cdot\mathrm{Op}[3]\cdot\overline{\mathrm{Op}[2]}\cdot\mathrm{Op}[1]\cdot\mathrm{Op}[0]$$
$$\mathrm{I\_beq} = \overline{\mathrm{Op}[5]}\cdot\overline{\mathrm{Op}[4]}\cdot\overline{\mathrm{Op}[3]}\cdot\mathrm{Op}[2]\cdot\overline{\mathrm{Op}[1]}\cdot\overline{\mathrm{Op}[0]}$$
$$\mathrm{I\_bne} = \overline{\mathrm{Op}[5]}\cdot\overline{\mathrm{Op}[4]}\cdot\overline{\mathrm{Op}[3]}\cdot\mathrm{Op}[2]\cdot\overline{\mathrm{Op}[1]}\cdot\mathrm{Op}[0]$$
$$\mathrm{I\_J} = \overline{\mathrm{Op}[5]}\cdot\overline{\mathrm{Op}[4]}\cdot\overline{\mathrm{Op}[3]}\cdot\overline{\mathrm{Op}[2]}\cdot\mathrm{Op}[1]\cdot\overline{\mathrm{Op}[0]}$$

有了指令的信号之后，就可以写出各输出信号的逻辑函数如下：

$$\mathrm{Regrt} = \mathrm{I\_addi}+\mathrm{I\_andi}+\mathrm{I\_ori}+\mathrm{I\_lw}+\mathrm{I\_sw}+\mathrm{I\_beq}+\mathrm{I\_bne}+\mathrm{I\_J}$$
$$\mathrm{Se} = \mathrm{I\_addi}+\mathrm{I\_lw}+\mathrm{I\_sw}+\mathrm{I\_beq}+\mathrm{I\_bne}$$
$$\mathrm{Wreg} = \mathrm{I\_add}+\mathrm{I\_sub}+\mathrm{I\_and}+\mathrm{I\_or}+\mathrm{I\_addi}+\mathrm{I\_andi}+\mathrm{I\_ori}+\mathrm{I\_lw}$$
$$\mathrm{Aluqb} = \mathrm{I\_add}+\mathrm{I\_sub}+\mathrm{I\_and}+\mathrm{I\_or}+\mathrm{I\_beq}+\mathrm{I\_bne}+\mathrm{I\_J}$$
$$\mathrm{Aluc}[1] = \mathrm{I\_and}+\mathrm{I\_or}+\mathrm{I\_andi}+\mathrm{I\_ori}$$
$$\mathrm{Aluc}[0] = \mathrm{I\_sub}+\mathrm{I\_or}+\mathrm{I\_ori}+\mathrm{I\_beq}+\mathrm{I\_bne}$$

Wmem = I_sw

$Pcsrc[1] = I\_beq \cdot Z + I\_bne \cdot \overline{Z} + I\_J$

Pcsrc[0] = I_J

Reg2reg = I_add + I_sub + I_and + I_or + I_addi + I_andi + I_ori + I_sw + I_beq + I_bne + I_J

写出各输出信号的逻辑函数之后，就可以按第 3 章介绍的方法编写电路图对应的代码了。具体的电路图由于篇幅限制，不再给出。下面给出模块 CONUNIT 的部分实现代码。

```
module CONUNIT (Op, Func, Z, Regrt, Se, Wreg, Aluqb, Aluc, Wmem, Pcsrc, Reg2reg);
   input [5:0] Op, Func;
   input Z;
   output Regrt, Se, Wreg, Aluqb, Wmem, Reg2reg;
   output [1:0] Pcsrc, Aluc;
   wire R_type = ~|Op;
   wire I_add = R_type & Func[5] & ~Func[4] & ~Func[3] & ~Func[2] & ~Func[1] & ~Func[0];
   …  // I_sub, I_and, I_or, I_addi, I_andi, I_ori, I_lw, I_sw, I_beq, I_bne, I_J 的定义与此类似
   assign Regrt = I_addi | I_andi | I_ori | I_lw | I_sw | I_beq | I_bne | I_J;
   …// Se, Wreg, Aluqb, Aluc[1], Aluc[0], Wmem, Pcsrc[1], Pcsrc[0], Reg2reg 的定义与此类似
endmodule
```

5.3.5　CPU 封装

当单周期模型机的所有功能部件分别设计完成后，就要将其进行封装，以构成一个完整的 CPU。从图 5-25 可以看出，除灰色标记的指令存储器模块 INSTMEN 和数据存储器 DATAMEM 外，其他组件都应封装到单周期 CPU 中。因此根据指令存储器模块 INSTMEN 和数据存储器 DATAMEM 的输入/输出端口，以及图中省略掉的寄存器堆模块 REGFILE 的时钟信号 Clk 信号和 Clrn 信号，可以整理出单周期 CPU 的输入/输出端口如下。

- Clk：输入，1 位，时钟信号端口，时钟信号由外部提供。
- Clrn：输入，1 位，清零信号端口，清零信号由外部提供。
- Inst[31:0]：输入，32 位，指令读入端口，从指令存储器读入 CPU 要执行的指令编码。
- Dread[31:0]：输入，32 位，数据读入端口，从存储器读取的数据。
- Iaddr[31:0]：输出，32 位，指令地址的输出端口，输出 CPU 要执行的指令的地址到指令存储器中。
- Daddr[31:0]：输出，32 位，数据地址的输出端口，输出 CPU 要访问的数据的地址到数据存储器中。
- Dwrite[31:0]：输出，32 位，数据输出端口，输出 CPU 要写入数据存储器中的数据。
- Wmem：输出，1 位，输出使能信号端口，输出数据存储器的写使能信号。

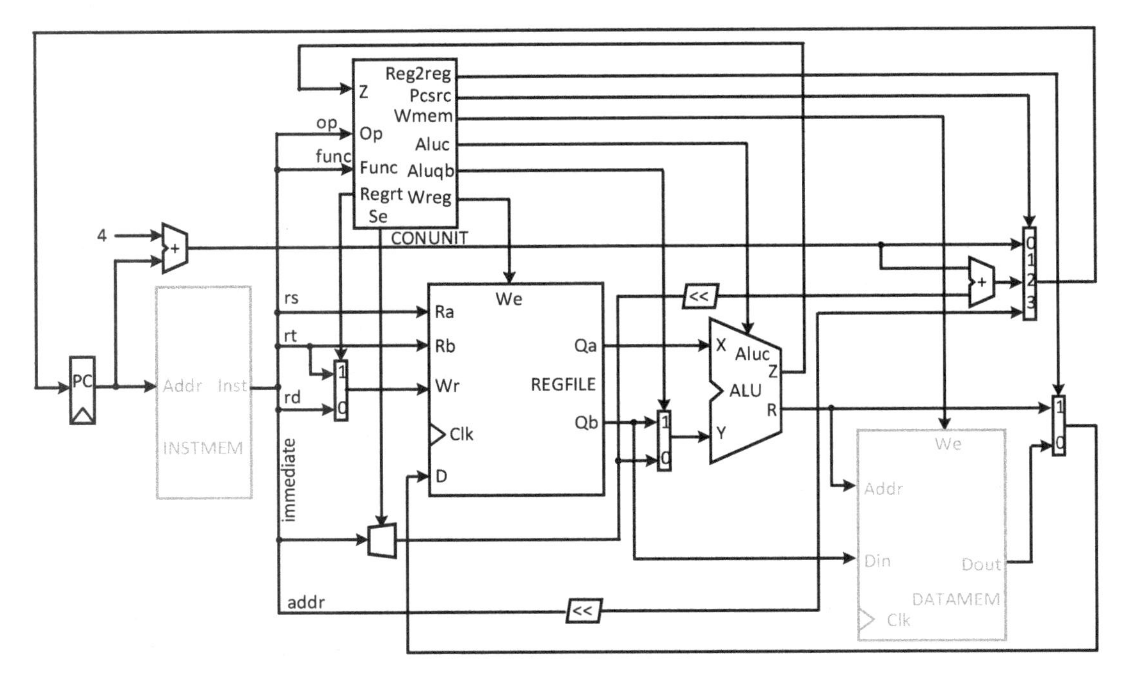

图 5-25　单周期模型机的组成部件

图 5-26 给出了单周期 CPU 的输入/输出端口，以及和指令存储器、数据存储器的连接方式。

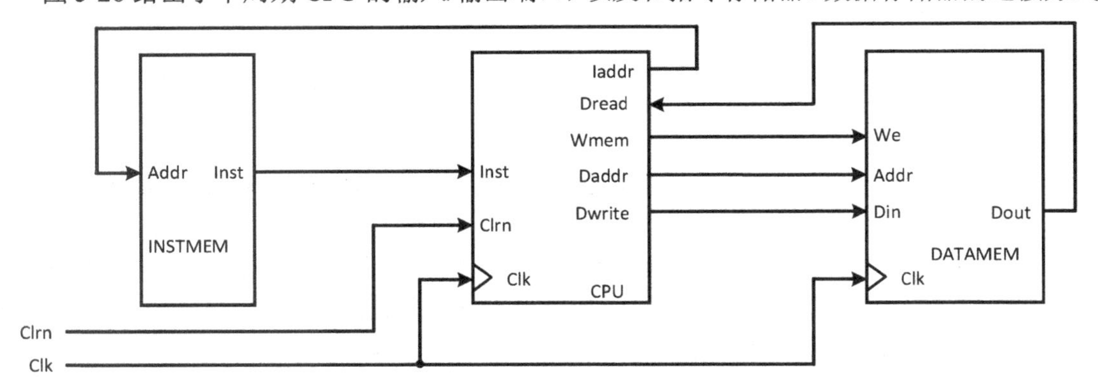

图 5-26　单周期 CPU 的封装

5.3.6　单周期方式的性能分析

回忆在第 1 章中介绍的程序的 CPU 时间的计算公式：

$$\text{程序A的CPU时间} = \text{程序A的时钟周期数} \times \text{时钟周期时间}$$
$$= \text{程序A的指令数} \times \text{程序A的CPI} \times \text{时钟周期时间}$$

在本章介绍的单周期模型机中，每个时钟周期完成一条指令，单周期模型机的 CPI 为 1。因此在单周期模型机上运行的程序的 CPU 时间为：

$$\text{程序A的CPU时间} = \text{程序A的指令数} \times \text{时钟周期时间}$$

要减少程序的 CPU 时间，对于模型机而言，只能努力减少时钟周期时间（程序的指令数由编译器决定）。既然单周期模型机需要一个时钟周期完成一条指令，那么很显然，时钟周期的时间由最费时间的指令决定。下面我们分析在单周期模型机中哪条指令最费时。

假设在单周期处理器中，各主要功能部件的操作时间如下。

- 指令存储器和数据存储器的读/写时间：200ps。
- 寄存器堆的读/写时间：100ps。
- ALU 的运算时间：80ps。
- 控制部件：60ps。
- 加法器：40ps。

同时假设多路选择器、扩展器和传输线路的传播延迟忽略不计，下面通过例题分析完整执行各指令所需的时间。

例题 5.9

试分析 R 型指令和 I 型运算类指令的执行时间。

解答

从图 5-19 和图 5-20 中可以看出，R 型指令和 I 型运算类指令有多条数据通路，例如：PC—加法器—PC，但是最长的数据通路为：PC—INSTMEM—REGFILE—ALU—REGFILE，因此 R 型指令所需的执行时间为：100+200+100+80+100=580ps。

例题 5.10

试分析 I 型 lw 指令的执行时间。

解答

从图 5-21 中可以看出，I 型 lw 指令的最长数据通路为：PC—INSTMEM—REGFILE—ALU—DATAMEM—REGFILE，因此 R 型指令所需的执行时间为：100+200+100+80+200+100=780ps。

例题 5.11

试分析 I 型 sw 指令的执行时间。

解答

从图 5-22 中可以看出，I 型 sw 指令的最长数据通路为：PC—INSTMEM—REGFILE—ALU—DATAMEM，因此 R 型指令所需的执行时间为：100+200+100+80+200=680ps。

例题 5.12

试分析 I 型条件分支指令的执行时间。

解答

从图 5-23 中可以看出，I 型条件分支指令的最长数据通路为：PC—INSTMEM—REGFILE—ALU—CONUNIT—PC，因此 R 型指令所需的执行时间为：100+200+100+80+60+

100=640ps。

例题 5.13

试分析 J 型指令的执行时间。

解答

从图 5-24 可以看出，J 型指令的最长数据通路为：PC—INSTMEM—CONUNIT—PC，因此 R 型指令所需的执行时间为：100+200+60+100=460ps。

通过上面例题的分析，我们可计算出执行 lw 指令所需的时间最长。因此，按照前面的时间假设，单周期模型机的时钟周期时间宽度应至少等于 lw 指令所需时间，即 780ps。但是从另一方面可以看出，一旦单周期模型机的时钟周期时间宽度设定为 780ps，那么每执行一条 R 型指令，会浪费掉 780-580=200ps；每执行一条条件分支指令，会浪费掉 780-640=140ps。因此，单周期模型机的时间利用效率非常低，性能差，也几乎没有处理器采用单周期方式实现。不过，单周期模型机给出了一个最简单的处理器模型，对于读者学习和了解处理器工作原理非常有帮助。在第 6 章中，我们会在单周期模型机的基础上进一步改进其工作机制，形成性能更好的流水线模型机。而流水线正是现代处理器的主要工作机制。但是在介绍流水线模型机之前，我们先要学习计算机系统中两个非常重要的概念和机制：中断和异常。

5.4 异常和中断设计

计算机系统在运行过程中，有时会出现预想不到的情况，例如突然断电，或者计算结果不正常。另外，计算机系统通常与外接设备一起协同工作，那么外部设备也可能向计算机系统发出通信信号，要求计算机系统响应它的服务请求，例如鼠标和键盘。本章介绍处理器如何处理这些事件，并给出相应的硬件设计及代码实现。

5.4.1 异常和中断的定义与类型

异常（Exception）和**中断**（Interrupt）是计算机系统中两类不可预知的事件，它们的发生可能会干扰程序的正常执行流程。异常通常来自于处理器的内部，发生的原因是处理器自己执行了某种操作，产生了不正常的结果。例如，进行除法运算时除数为 0，或者计算结果溢出。而中断通常来自于处理器的外部，发生的原因与处理器自己执行了何种操作没有直接关系。例如，键盘产生的中断。因此，我们可以更准确地把异常和中断分别称为“内部同步异常”和“外部异步中断”。

当一个异常或一个中断出现时，说明出现某种不期望发生的事件，这时处理器应该停止当前程序的执行流程，而转去处理这个异常或中断。这个过程称为异常响应或中断响应。处理异常或中断的程序被称为**异常处理程序**或**中断处理程序**，通常驻留在操作系统的内核中。

根据异常或中断的原因不同，异常或中断处理程序执行的最坏结果可能是输出一些提示信息后停机，例如 Windows 的蓝屏情况，比较理想的结果可能是，由异常/中断处理程序做一些必要的处理后，在之前被打断的地方重新恢复执行。图 5-23 给出了产生异常或中断后的程序执行流程改变的示意图，其中需注意的是，当异常发生时，返回引起异常的指令处重新执行；而当中断发生时，返回的是中断时的下一条指令处执行。

指令在执行过程中，可能会出现多种异常，例如从指令存储器中读取的指令是一条未定义指令会产生一个异常；在 ALU 计算中可能会出现计算溢出、除数为 0、对负数开方等情况，也会产生异常；在访问存储器时给出的访存地址没对齐、程序页不在存储器中（CPU 要访问的内容不在存储器中，这是虚拟存储器管理中经常出现的情况）、访存权限不够（用户程序往操作系统区域写数据）等情况，也会产生异常。除此之外，程序也可通过系统调用主动产生异常，从而引起处理器特权模式的切换，例如前面提到的 MIPS 处理器中的 syscall 指令。

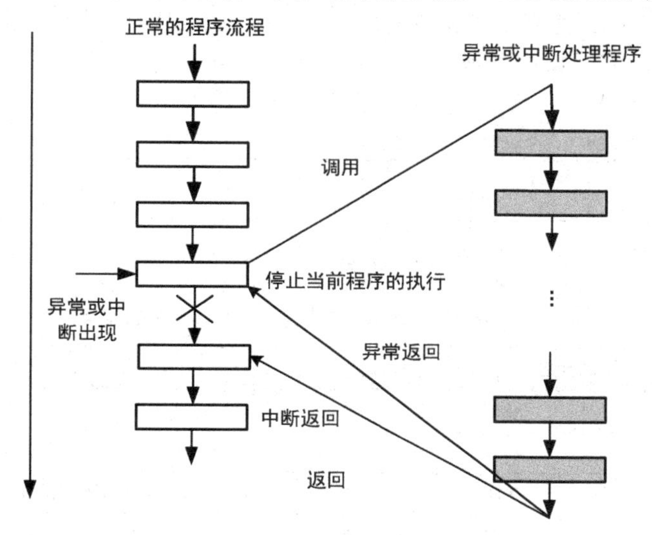

图 5-27　异常或中断的响应过程

外部中断也有多种类型，例如键盘中断、鼠标中断、打印机中断等。这些中断的共同特点是要求 CPU 响应它们的服务请求。另外还有计时器（Timer）的中断和硬件故障中断等。

5.4.2　响应异常和中断的方式

既然异常和中断都各有很多类型，那么当异常或中断产生时，处理器怎么知道具体是哪个异常或中断产生的呢？并且如何进入异常/中断处理程序？为了解决这个问题，一般有两种方法实现：**查询异常/中断**（Polled Exception/Interrupt）和**异常/中断向量**（Exception/Interrupt Vector）。

1. 查询异常/中断

当某个异常或中断发生时，处理器首先会将其工作模式切换到内核态，并且将程序执行流程跳转到一个固定的地址，从那里开始查询到底出了什么状况，再转去执行相应的异常或中断处理程序，这种方式称为查询异常/中断。这个固定的跳转地址可以用硬连线的方式实现，也可以稍微灵活一些，在处理器内部增加一个入口地址寄存器，这样当异常或中断发生时，就把这个寄存器中保存的地址打入 PC 寄存器中。CPU 可以使用指令向入口地址寄存器中写入不同的地址来修改这个异常或中断处理程序的入口地址。不过无论采用何种实现方式，查询异常/中断式的入口地址只有一个。

在查询异常/中断时，处理器如何知道发生的具体是什么异常或什么中断？并如何做出相应的处理呢？这就需要处理器有一个专门的状态寄存器：当有异常或中断发生时，硬件能自动把发生源的信息记录到这个寄存器中。处理器在异常/中断处理程序中读取这个寄存器后就可以知道异常或中断的产生原因，然后再转移到对应的程序去处理它。MIPS 处理器采用的基本上就是这种查询中断方式。MIPS 称这个寄存器为 Cause 寄存器（MIPS 把处理异常/中断的这类寄存器统称为 CP0 寄存器），如图 5-28 所示。异常/中断处理程序在内核态下可使用特权指令“mfc0 $k0, CP0_CAUSE”把 Cause 寄存器中的内容读到通用寄存器 k0 中，然后再提取 Cause 寄存器的值。Cause 寄存器中第 6～2 位的 ExcCode 字段是记录引起异常或中断事件的代码，具体代码对应的异常或中断源如表 5-11 所示。Cause 寄存器中第 15～8 位的 IP 字段指出有哪些中断在等待服务。

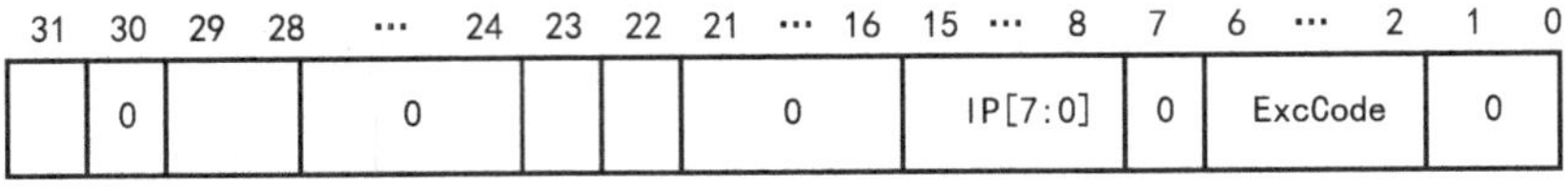

31	30	29 28	… 24	23	22	21 … 16	15 … 8	7	6 … 2	1 0
	0		0			0	IP[7:0]	0	ExcCode	0

图 5-28 Cause 寄存器结构

表 5-11 MIPS Cause 寄存器中 ExtCode 的定义

ExtCode 的值	助 记 符	种 类	描 述
0	Int	中断	中断（由 IP[7:0]字段指出中断源）
1	Mod	异常	TLB 项匹配但存储器也还没有写过（存数据时）
2	TLBL	异常	TLB 项不匹配或无效（取数据或取指令时）
3	TLBS	异常	TLB 项不匹配或无效（存数据时）
4	AdEL	异常	存储器地址错（取数据或取指令时）
5	AdES	异常	存储器地址错（存数据时）
6	IBE	异常	总线错（取指令时）
7	DBE	异常	总线错（取数据或存数据时）
8	Sys	异常	执行系统调用指令
9	Bp	异常	执行断点指令
10	RI	异常	试图执行保留的指令
11	CpU	异常	协处理机不能用
12	Ov	异常	算术操作时结果溢出
13	Tr	异常	执行陷阱指令
15	FPE	异常	浮点操作结果不正确
23	WATCH	异常	虚拟地址与 Watch 寄存器的内容一样
24	MCheck	异常	TLB 项匹配了不止一个，但不一致
30	CacheErr	异常	Cache 出错
14、16～22、25～29、31	—	—	保留

2. 异常/中断向量

异常/中断向量方式与查询异常/中断方法不同，当异常或中断产生时，处理器仍然会首先将其工作模式切换到内核态，然后根据产生异常或中断的不同类别自动将程序执行流程跳转到不同的地址入口去执行相应的异常或中断处理程序。因此也把这些入口地址称为**异常/中断向量地址**。表 5-12 给出了 ARM 处理器异常向量地址定义，通常向量地址位于 0x0000 0000 开始的低地址空间，从 ARM720T 开始，向量地址也可位于以 0xFFFF 0000 开始的高地址空间。值得注意的是，ARM 的每个异常向量中存放的是一条跳转指令，占 4 个字节。

表 5-12 ARM 处理器的向量地址

异常事件类型	低向量地址	高向量地址
Reset 异常	0x0000 0000	0xFFFF 0000
未定义指令异常	0x0000 0004	0xFFFF 0004
软中断异常	0x0000 0008	0xFFFF 0008
指令预取异常	0x0000 000C	0xFFFF 000C
数据中止异常	0x0000 0010	0xFFFF 0010
中断	0x0000 0018	0xFFFF 0018
快速中断异常	0x0000 001C	0xFFFF 001C

3. 异常/中断返回

与过程调用类似，在异常/中断产生时，进入异常/中断处理程序之前，需要将返回地址保存起来，在异常/中断处理程序执行完后返回被打断的地方继续执行。不同的处理器将异常或中断的返回地址保存在不同的地方：有些处理器将返回地址保存到一个通用寄存器中；有些处理器专门设置了一个寄存器用于保存返回地址，例如 MIPS 处理器中的 EPC 寄存器；有些处理器则把返回地址保存到存储器堆栈中。

需要注意的是，如果是产生异常，则返回地址保存的是引起异常的那条指令的地址，这是因为引起异常的指令需要重新执行；而如果是产生中断，则返回地址保存的是被中断指令的下一条指令的地址，因为中断发生时，当前处理器所执行的指令要执行完后，才会转去执行中断处理程序，因此不必重复执行被中断的指令。MIPS 处理器在异常/中断处理程序返回时，使用特权指令 eret 将正确的返回地址加载回 PC 寄存器中。

5.4.3 异常和中断管理

如果处理器在执行中断处理程序时又出现新的中断请求又该怎么处理呢？为了保证中断的快速响应，通常的设计是，在进入中断处理程序时就屏蔽外部中断，即“关中断”：来了新的中断处理器也会暂不响应。当可以响应外部中断的时候，可以“开中断”。图 5-29 给出了 MIPS 处理器的 Status 寄存器中有关中断屏蔽的控制位，其中 IM[7:0]字段中的每位控制一个中断的开闭：为 0 时禁止中断，为 1 时允许中断。IE 位是中断的总开关。

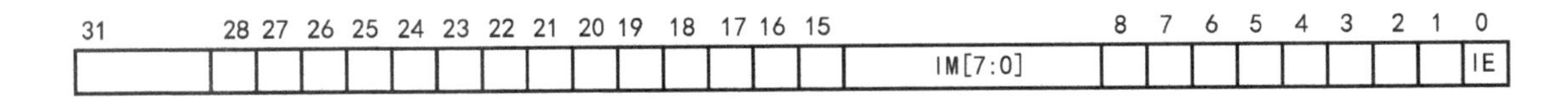

图 5-29 Status 寄存器（只给出了与中断屏蔽有关的位）

但是某些情况下在某个异常/中断处理程序执行过程中也可以开中断，如果在处理当前的中断完毕之前又响应了新的中断，则这种情况称为中断嵌套（Interrupt Nesting），如图 5-30 所示。在中断处理程序执行完毕之前开了中断才可能会出现中断嵌套。特别要注意，开中断前应把需要使用的通用寄存器和返回地址保存好，也称为**保存现场**（Context Saving），避免进入到新的异常/中断处理程序后把之前的通用寄存器的值和保存返回地址的寄存器的值冲掉，导致返回到之前的异常/中断处理程序执行时出错。

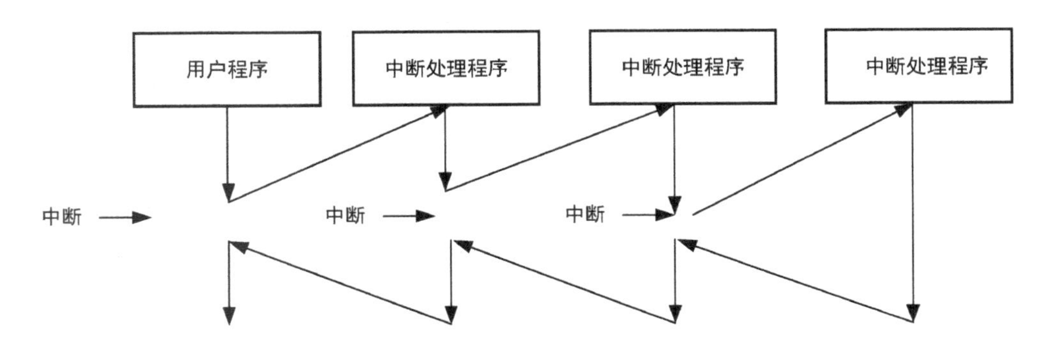

图 5-30 中断嵌套过程

另外，如果有多个外部中断同时向 CPU 发出请求，CPU 会响应哪一个呢？肯定是响应优先级高的中断请求。因此，需要有一种能对中断请求优先级进行排序的机制或部件。考虑上述诸多的中断管理需求，早在 Intel 的 8085 和 8086 微处理器时代，就出现了**可编程中断控制器**（Programmable Interrupt Controller, PIC）芯片 8259。8259 承担了上述诸多的中断管理功能，并扩展了更多的中断源，将接收到的不同中断源（输入引脚 IR0～IR7）的中断请求（引脚输入为高电平）形成一个中断请求（输出引脚 INT）输出到 CPU 中，如图 5-31（a）所示。8259 可通过其内部的控制寄存器设置各中断请求是否被屏蔽以及设定各中断请求的优先级。CPU 响应中断请求时，通过 8259 的输入引脚 INTA 与 8259 进行中断确认，并通过输入、输出引脚 D0～D7 与 CPU 进行数据交换。另外，多个 8259 芯片可以级联形成主从式级联结构，最多支持 64 级中断源的输入，即从 8259 的中断请求输出端 INT 连接至主 8259 的某个中断输入端 IR，并且此时需要将全部主、从 8259 的 CAS0～CAS2 引脚的同名端相互连接，其中主 8259 的 CAS0-CAS2 引脚输出从芯片的 3 位标志码，从 8259 的 CAS0～CAS2 引脚接收主 8259 输出的 3 位标志码。如果只用了一块 8259 芯片，则不使用 CAS0～CAS2 引脚，如图 5-31（b）所示。8259 收到中断请求后会计算出该中断请求的向量号并通过端口 D0～D7 向 CPU 输出，CPU 接收到该中断向量号之后形成向量地址，转向对应的中断处理程序执行。

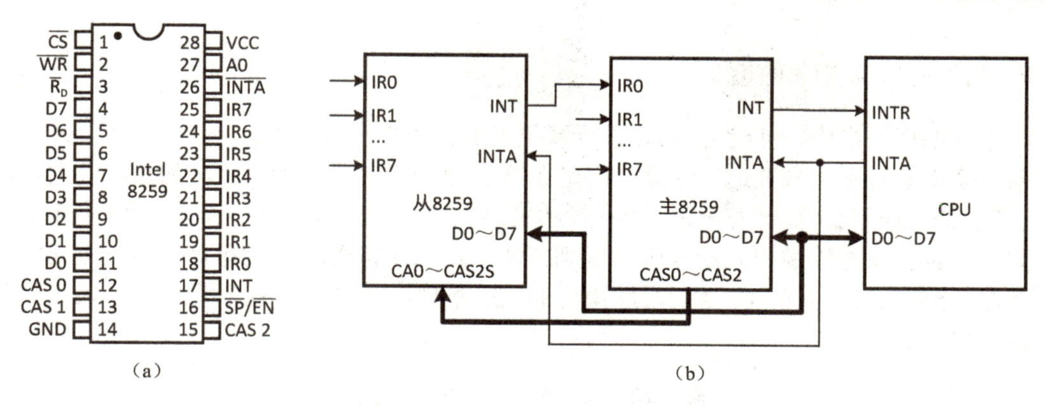

图 5-31 8259 芯片引脚及级联方式

5.4.4 带有异常和中断处理功能的单周期模型机扩展

本节学习在单周期模型机基础上进行异常和中断机制的扩展。但是请注意，本节扩展的单周期模型机并不保证与 MIPS 体系结构完全兼容。我们将按照下面几点实现单周期模型机的异常和中断处理功能：

- 只有一个外部中断请求；
- 只有一种异常情况：ALU 运算结果溢出；
- 由 Status 寄存器控制异常和中断是打开还是关闭；
- 能把引起异常或中断的原因自动记录到 Cause 寄存器中；
- 响应异常时自动保存当前指令的地址，响应中断时自动保存下一条指令的地址，并把一个固定地址（异常和中断处理程序的入口地址）写入 PC 寄存器中，然后通过指令去读取 Cause 寄存器；
- 如果是外部中断请求，而中断未关闭，则 CPU 还需发出中断确认信号。

1. 跟异常/中断相关的寄存器定义

CPU 在响应异常或中断时需要将返回地址保存在 32 位的 EPC 寄存器中，以便处理完异常或中断时正确返回；并且需要将引起异常或中断的原因自动记录到 Cause 寄存器中；还需要用 Status 寄存器标识异常或中断是否被屏蔽。图 5-32 定义了这三个寄存器的字段，其中 Cause 寄存器的 Exc 字段为第 2 位，如果为 0，则表示发生的是外部中断；如果为 1，则表示发生的是 ALU 计算溢出。Status 寄存器的 IM 字段占第 10 位和第 9 位，若为 1，则分别表示允许中断和异常；若为 0，则分别表示禁止中断和异常。

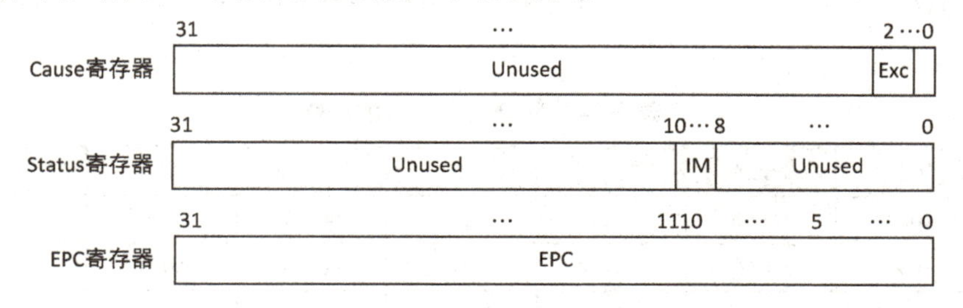

图 5-32 定义三个与异常和中断相关的寄存器及字段

2. 与异常/中断相关的指令

在单周期模型机中，可能引起 ALU 计算结果溢出的指令有三条：add、sub 和 addi，因为这三条指令都是对有符号数进行计算。回忆在第 2 章中学习过的加法溢出的判断规则：如果两个加数的符号相同，而计算出的和的符号位与两个加数的符号位不同，则此时出现加法溢出。同理，可将此加法溢出判断规则扩展到减法运算，即正数减负数和负数减正数同样可以出现减法溢出。表 5-13 给出了加、减法溢出的判断条件，如图 5-33 所示为增加了溢出信号 V 的 ALU 接口图。

表 5-13 加、减法溢出的判断条件

运 算	Aluc	X[31]	Y[31]	R[31]	V
加法	00	0	0	1	1
加法	00	1	1	0	1
减法	01	0	1	1	1
减法	01	1	0	0	1

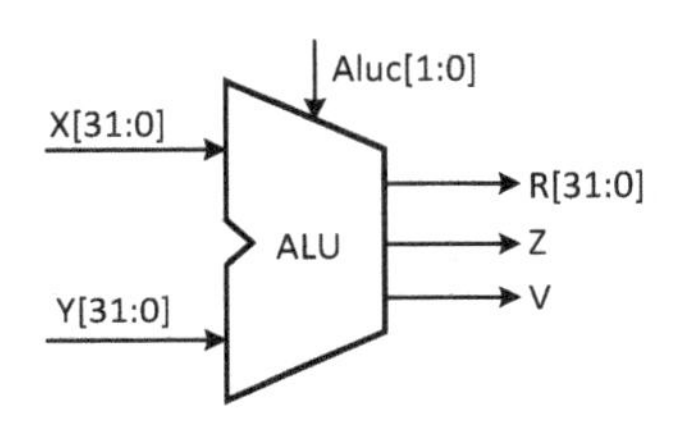

图 5-33 增加了溢出信号 V 的 ALU 接口

根据表 5-13 给出的加减法溢出判断条件，我们可以直接写出溢出信号 V 的逻辑函数：

$$V = \overline{Aluc[1]}\cdot\overline{Aluc[0]}\cdot\overline{X[31]}\cdot\overline{Y[31]}\cdot R[31] + \overline{Aluc[1]}\cdot\overline{Aluc[0]}\cdot X[31]\cdot Y[31]\cdot\overline{R[31]} + \overline{Aluc[1]}\cdot Aluc[0]\cdot\overline{X[31]}\cdot Y[31]\cdot R[31] + \overline{Aluc[1]}\cdot Aluc[0]\cdot X[31]\cdot\overline{Y[31]}\cdot\overline{R[31]}$$

CPU 使用指令“mfc0 rt, rd”（其中 rt 是通用寄存器，rd 是寄存器 Cause 或 Status 或 EPC），从寄存器 rd 中读取值到寄存器 rt 中；使用指令“mtc0 rt, rd”（其中 rt 是通用寄存器，rd 是寄存器 Cause 或 Status 或 EPC），从寄存器 rt 中读取值到寄存器 rd 中；使用指令 eret 从异常/中断服务程序返回。表 5-14 给出了这三条新增指令的指令编码，其中三条指令的 op 字段均为 010000。

表 5-14 新增三条指令的编码

指 令	[31:26]	[25:21]	[20:16]	[15:11]	[10: 6]	[5:0]	功 能
mfc0	010000	00000	rt	rd	00000	000000	mfc0 rt, rd
mtc0	010000	00100	rt	rd	00000	000000	mtc0 rt, rd
eret	010000	10000	00000	00000	00000	011000	eret

3．与异常/中断相关的数据通路

（1）指令 mfc0 的数据通路

指令“mfc0 rt, rd”把寄存器 Cause、Status 或者 EPC 中的值读取到寄存器 rt 中。如图 5-34 所示为增加了支持这条指令的数据通路，修改部分说明如下。

- 把寄存器 Cause 的输出信号 cau、Status 的输出信号 sta、EPC 的输出信号 epc 与信号 Reg2reg 控制的多路选择器的输出信号一起接入到一个四选一多路选择器中。
- 将 ALU 替换为图 5-33 中增加了溢出信号 V 的 ALU。
- 在控制部件中增加一个输入端口 V，用于接收 ALU 的溢出信号 V；增加一个输出端口 Mfc0，连接到新增四选一多路选择器的选择端。

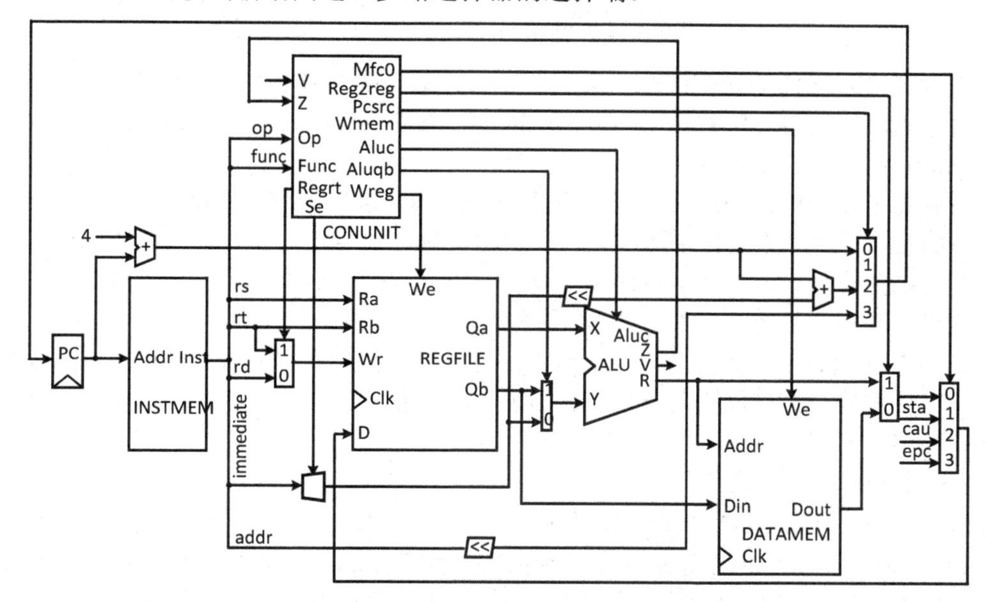

图 5-34　扩展了支持 mfc0 指令的单周期模型机

对于 mfc0 指令，需要在当前时钟周期内完成如下操作：根据其不同的 rd 字段形成控制部件端口 Mfc0 的控制信号值，选择对应的值连接到寄存器堆的 D 端口，将控制部件端口 Regrt 的输出信号值设置为逻辑 1，这样在当前时钟周期结束时将选择的值打入到通用寄存器中。

（2）指令 mtc0 的数据通路

指令“mtc0 rt, rd”把寄存器 rt 的值读取到寄存器 Cause、Status 或者 EPC 中。图 5-35 在图 5-34 基础上增加了支持这条指令的组件和数据通路，修改部分说明如下。

- 由于指令“mtc0 rt, rd”编码中 rt 字段连接到寄存器堆的 Rb 端口，因此寄存器 rt 的值实际上是由寄存器堆的 Qb 端口输出的，需要将寄存器堆的 Qb 端口作为寄存器 Cause、Status 和 EPC 的输入来源之一。
- 寄存器 Status 的更新，除了来源于寄存器堆的 Qb 端口输出之外，没有别的来源。此外，控制部件需要增加一个输入端口 Sta 用于接收寄存器 Status 的值，并判断是否响应异常或中断。

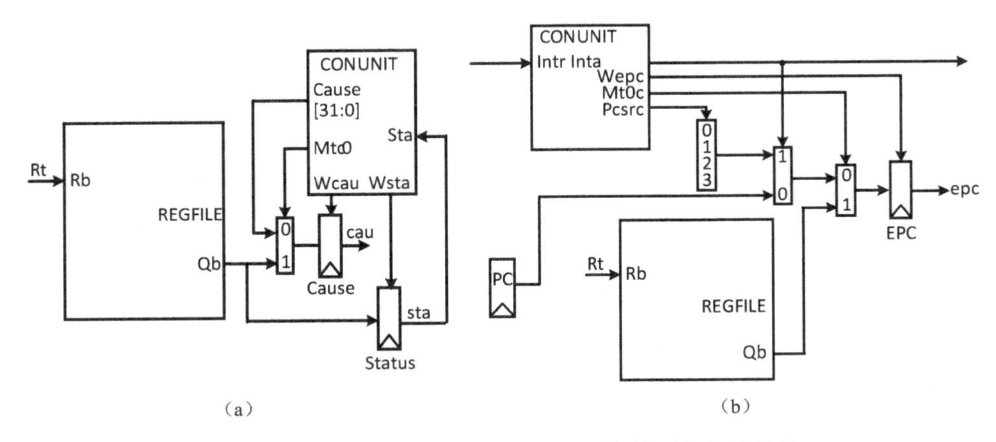

图 5-35 增加了支持 mtc0 指令的单周期模型机部分组件

- 寄存器 Cause 的输入来源有两个，其中一个来自寄存器堆 Qb 端口的输出，另一个来自控制部件新增端口 Cause 的输出，因为控制部件将异常或中断的原因记录到寄存器 Cause 中。
- 寄存器 EPC 的输入来源有三个，其中一个是当前执行指令的地址，另一个是下一条指令的指令，这两个地址信号接入一个二选一多路选择器，由控制部件的 Inta 输出信号作为选择信号。该二选一多路选择器的输出又与寄存器堆 Qb 端口的输出进行二选一选择，选择信号由控制部件的 Mtc0 端口进行控制。
- 控制部件增加三个输出端口 Wcau、Wsta 和 Wepc 分别用作寄存器 Cause、Status 和 EPC 的写使能信号，增加输入端口 Intr 用于接收外部中断请求，增加输出端口 Inta 用于确认外部中断请求。

（3）指令 eret 的数据通路

指令 eret 把寄存器 EPC 的值读取到寄存器 PC 中。图 5-36 在图 5-34 基础上增加了支持这条指令的数据通路（不包括图 5-35 中增加的组件和数据通路），其中包括：对控制部件 Pcsrc 信号控制的多路选择器进行输入扩展，将原来的四选一扩展为八选一多路选择器，将 EPC 寄存器的输出信号 epc 和异常/中断固定入口地址信号 base 分别接入其 1 号和 4 号端口，分别用于从异常/中断处理程序返回和进入异常/中断处理程序。

4．异常和中断的数据通路分析

下面分析中断发生时模型机的执行过程，异常发生时的过程与此类似。

（1）中断发生

① 控制部件的 Sta 端口读取寄存器 Status 的值，若其第 10 位为 1，则说明允许响应中断，在当前时钟周期内完成如下操作：

- 将输出端口 Inta 的输出电平设为逻辑 1，并且将下一条指令的地址作为寄存器的 EPC 的输入（控制部件输出端口 Mtc0 和 Wepc 应分别为逻辑 0 和 1），并在当前时钟周期结束时将其打入。
- 将中断的原因更新进寄存器 Cause 中，即由控制部件的 Cause 端口输出信号 0x0000 0000，并将输出端口 Mtc0 和 Wcau 分别设置为逻辑 0 和 1，在当前时钟周期结束时将寄存器 Cause 的值进行更新。

- 控制部件的 Pcsrc 端口输出 100，选择固定入口地址信号 base 作为 PC 寄存器的输入，在当前时钟周期结束时将寄存器 PC 的值更新为异常/中断处理程序入口。下一个时钟周期开始，模型机将转移到中断处理程序开始处执行。

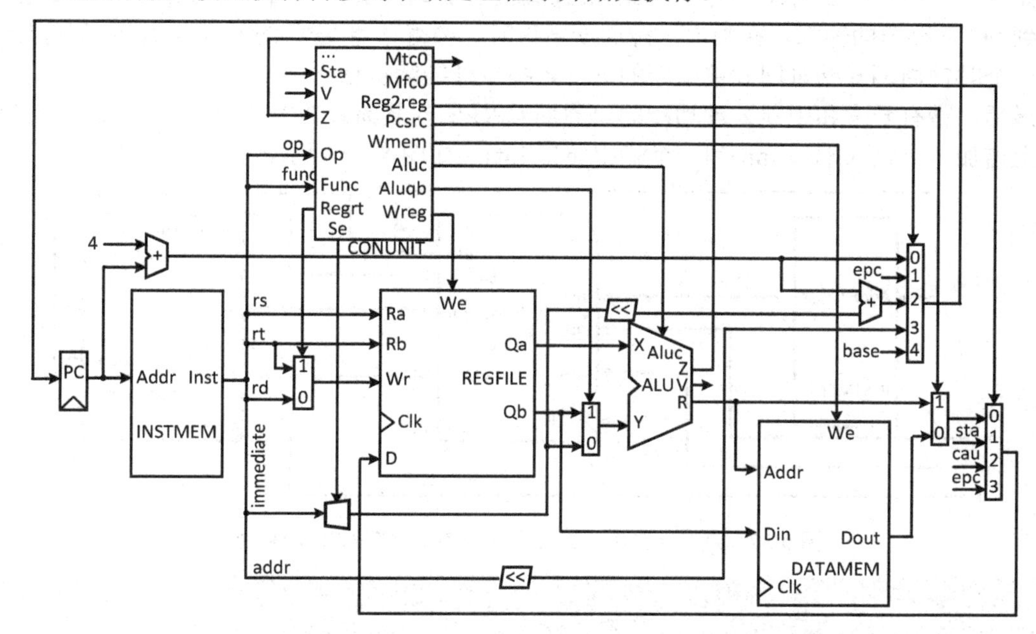

图 5-36　在图 5-34 基础上扩展了支持 eret 指令的单周期模型机

② 若控制部件的 Sta 端口读取寄存器 Status 的值，发现其第 10 位为 0，则说明屏蔽中断，则将输出端口 Inta 的输出电平设为逻辑 0，不改变寄存器 Cause、Status 和 EPC 的值，也不进入中断处理程序。

（2）中断处理程序

在本模型机的中断处理程序中可能会涉及如下两类操作。

- 开/关中断：如前所述，模型机通过寄存器 Status 来控制是否响应中断。但是模型机并没有提供直接操作寄存器 Status 的指令，因此需要使用 mfc0 指令将 Status 的值读出到一个通用寄存器中，然后对该通用寄存器的值进行相应修改后，再使用 mtc0 指令将该值写入 Status 中。下面三条指令给出了关中断的汇编指令示例，其中第一条指令“mfc0 $s1, Status”将寄存器 Status 的值读取到寄存器$s1 中，然后使用指令“andi $s1, $s1, 512”将寄存器$s1 的第 9 位保持不变，其他位清 0，最后使用指令“mtc0 $s1, Status”将寄存器$s1 更新回 Status，实现关中断。

```
mfc0 $s1, Status;
andi $s1, $s1, 512;
mtc0 $s1, Status;
```

- 查看 Cause 寄存器，计算转移地址：与开/关中断的操作类似，需要使用指令“mfc0 $s1,

Cause”读取异常或中断的原因，然后计算出转移地址，使用指令 j 进行跳转。

（3）中断返回

中断处理程序使用 eret 指令返回到被中断指令的下一条指令处执行，需要在当前时钟周期内完成如下操作：控制部件端口 Pcsrc 的控制信号值选择端口 1 的值（寄存器 EPC 的输出）作为到 PC 寄存器的输入，在当前时钟周期结束时，将寄存器 EPC 的值打入到 PC 寄存器中，在下一个时钟周期开始时回到被中断的下一条指令处继续执行。

最后，带有异常和中断处理功能的单周期 CPU 的封装需要在图 5-26 给出的 CPU 的接口基础上增加一个输入端口 Intr 和一个输出端口 Inta，如图 5-37 所示。

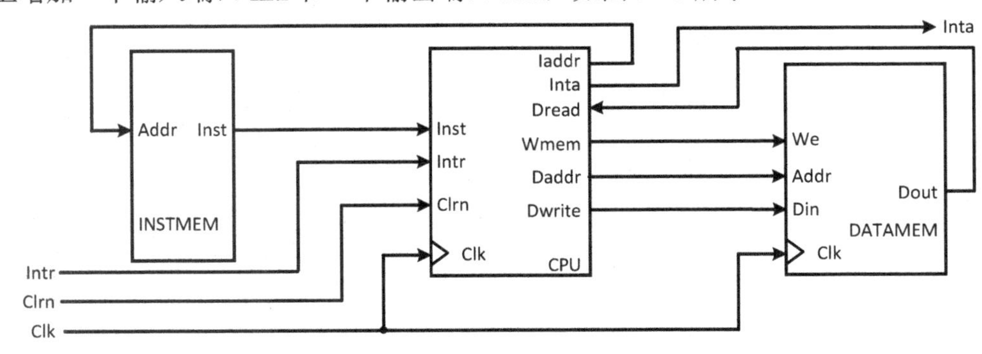

图 5-37 带有异常和中断处理功能的单周期 CPU 的封装

5.5 课后知识

如前所述，处理器是通过执行指令来完成运算操作或进行控制操作的。我们在本章中学习到，处理器在设计时就要定义好与其硬件电路相对应的指令系统，包括指令的编码格式、指令的类型、指令的数量以及各指令所涉及的具体寻址方式等。由此可见，指令集与计算机系统的硬件结构和基本的硬件功能有直接关系。

从现阶段的主流处理器的指令架构来看，可分为两类：**复杂指令集计算机**（Complex Instruction Set Computer, CISC）和**精简指令集计算机**（Reduced Instruction Set Computer, RISC）。

（1）CISC

早期的计算机部件比较昂贵，处理器的主频较低，运算速度比较慢。为了提高运算速度和扩展功能，不得不将越来越多的指令添加到指令系统中，以提高处理器的处理效率，这就逐步形成了 CISC 架构。

CISC 的特点是：指令系统庞大，指令功能复杂，指令的寻址方式类型也很多，指令格式不规则（即不同指令的长度可能不同），并且不同指令需要的时钟周期数也不同。各种指令几乎都支持存储器的数据访问，以尽量少的指令数完成尽量多的功能是其主要设计目标。

Intel 的 x86 系列（IA-32 架构）、AMD 和 VIA 等公司的 x86 兼容系列及后来的 x86-64（或 AMD64）架构系列处理器，基本上都属于 CISC 类型。

在 CISC 中，各种指令的使用频率差距很大，约有 20%的指令高频使用（约占程序的 80%），其余 80%的指令则较少使用（约占程序的 20%）。这就是著名的“指令二–八”规律（1975，JohnCocke，IBM 公司）。而且，为了实现大量的复杂指令，CPU 的控制逻辑会十分复杂且极不规整，从而限制了超大规模集成电路（VLSI）技术在处理器设计和生产中的应用。在 20 世纪 80 年代，飞速发展的半导体存储技术使很多之前需要复杂指令才能完成的功能，改用子程序来实现也能获得差不多的运算速度，促进了 RISC 架构的发展。

（2）RISC

RISC 起源于 20 世纪 80 年代的 MIPS 主机（即 RISC 机），RISC 计算机中采用的微处理器统称为 RISC 处理器。相对于 CISC，RISC 各指令的长度相等，指令格式更统一，指令的种类也更少，甚至寻址方式更简单。正是基于上述特点，RISC 比 CISC 更适合配合编译器优化性能，并且比 CISC 处理器的价格更低，功耗也更低，这也是 ARM 架构处理器能成为占领移动终端主流处理器绝对市场份额的重要原因。采用 RISC 架构的处理器有：目前各大主流手机厂商的 ARM 架构处理器、IBM 公司的 PowerPC 处理器、SUN 公司的 SPARC 处理器、HP 公司的 PA-RISC 处理器、MIPS 公司的 MIPS 处理器和 Compaq 公司的 Alpha 处理器等。

5.6　本章小结

本章以 MIPS 指令系统为基础，介绍了处理器中的若干基本概念，包括指令的格式、寻址方式、寄存器、地址空间分配和对软件三个方面的重要支持。然后介绍了 12 条指令的 MIPS 风格的单周期模型机的设计和实现过程，详细分析了各条指令的数据通路。最后讨论了处理器的异常和中断概念及其处理机制，并在之前形成的单周期模型机的基础上进行了支持异常和中断的组件扩展和数据通路扩展。

习题 5

1．对照 5.4 节讨论的单周期模型机和图 1-14（a）的冯•诺依曼结构，思考冯·诺依曼结构中 5 个工作部件分别对应单周期模型机的哪些模块？

2．在 5.3 节中给出的单周期模型机中，根据指令“add rd, rs, rt”回答如下问题：

（1）rd，rs，rt 分别代表什么意思？对应的字段位数是多少？

（2）写出该指令需要使用的组件。

3．在 5.3 节给出的单周期模型机中，请根据指令“lw rt, offset(rs)”回答如下问题：

（1）offset，rs，rt 分别代表什么意思？对应的字段位数是多少？

（2）写出该指令需要使用的组件。

4．若当前模型机中执行的指令是“addi $s1, $s2, 100”，其存储地址为 0x00FF 1000，写出当前时钟周期内控制部件输出端口 Regrt、Wreg、Aluqb、Pcsrc 和 Reg2reg 的值分别是多少？在当前时钟周期结束时，PC 寄存器的值更新为多少？

5．若当前模型机中执行的指令是“beq $s1, $s2, 100”，其存储地址为 0x020F 1000，并且假设寄存器$s1 和$s2 的值不相等，问下一个时钟周期执行的指令地址为多少？若假设寄存器$s1 和$s2 的值相等，问下一个时钟周期执行的指令地址又为多少？

6．若当前模型机中执行的指令是“j 1024”，其存储地址为 0x00FF 1000，计算其转移地址是哪里？

7．图 5-33 只给出了带有溢出信号 V 的 ALU 的接口图，试根据溢出信号的逻辑函数画出

ALU 的完整电路图。

8．在 5.4 节给出的单周期模型机中，若在当前时钟周期内执行的是指令“addi $s1, $s2, 100”（该指令的地址为 0x010F 0300），假设寄存器$s2 的值为 0x7FFF FFFF，并且寄存器 Status 的值为 0x0000 0600，固定异常/中断处理程序的入口地址为 0xFFFF 0000，试描述当前时钟周期内 CPU 的操作及 PC 寄存器、Cause 寄存器、EPC 寄存器在当前时钟周期结束时将更新的值。

9. 在 5.4 节给出的单周期模型机中，若在当前时钟周期内执行的是指令“bne $s1, $s2, 100”（该指令的地址为 0x010F 0300），假设寄存器$s1 和$s2 的值不相等，寄存器 Status 的值为 0x0000 0600，固定异常/中断处理程序的入口地址为 0xFFFF 0000，并且 CPU 的 Intr 端口的输入信号为高电平，试描述当前时钟周期内 CPU 的操作及 PC 寄存器、Cause 寄存器、EPC 寄存器在当前时钟周期结束时将更新的值。

10．写出 5.4 节给出的单周期模型机中控制部件的输出端口 Wcau、Wepc、Wsta、Cause、Mtc0、Mfc0、Pcsrc 的逻辑函数。

11．若在一条算术运算指令执行的时钟周期内，既出现了溢出异常，又出现了外部中断，对于 5.4 节给出的模型机，回答如下问题：

（1）模型机应该先响应溢出异常还是外部中断？

（2）5.4 节给出的模型机中的硬件组件和接口是否需要改动？

（3）第 9 题中的各输出端口 Wcau、Wepc、Wsta、Cause、Mtc0、Mfc0、Pcsrc 的逻辑函数是否需要改动？若需要改动，应如何改动？

12．若在 5.4 节给出的模型机基础上增加指令 lw 和 sw 的访存地址未对齐异常，回答下面的问题：

（1）需要对 Cause 寄存器和 Status 寄存器的字段定义做哪些修改？

（2）给出指令 lw 和 sw 的访存地址未对齐异常信号的逻辑函数。

（3）简述 5.4 节给出的模型机的数据通路需要做哪些调整。

第 6 章 现代处理器的高级实现技术

虽然单周期 CPU 也可以正常工作，但是由于其时钟周期长度由执行时间最长的那条指令决定，效率太低，因此现代 CPU 的设计中并不采取这种方式。在本章中我们将进一步学习如何从单周期模型的结构扩展到更复杂的流水线结构，通过多条指令的重叠执行使得计算性能得到进一步提升。

6.1 流水线的基本概念

加快程序的执行性能是处理器设计的基本目标之一。从第 1 章介绍的程序时钟周期公式我们知道，为了让程序更快地执行，一方面可以通过编译器的优化减少程序的指令数，另一方面可以提升时钟频率。但是单周期处理器的架构决定了时钟频率的瓶颈在于执行时间最长的 lw 指令，要提升单周期处理器的性能只能选用更快的部件，而部件性能的提升空间并不大，因此要提升单周期处理器的性能。可以考虑从处理器的结构上改进，例如使用流水线技术在单周期处理器的基础上进行执行部件的功能切分，使得多条指令可以同时使用处理器的不同功能部件，进一步减少时钟频率的瓶颈约束。

流水线（Pipeline）是一种通过多条指令重叠执行来实现**指令级并行**（Instruction-Level Parallelism）的技术。假设每条指令在处理器中的执行过程可分为三个阶段[①]：取指、译码和执行，并且每条指令在三个不同阶段所需的时间大致相等，那么处理器采用单周期方式顺序执行多条指令和采用流水线重叠执行多条指令的执行方式分别如图 6-1（a）和图 6-1（b）所示，其中在图 6-1（b）中，前一条指令还未结束时后一条指令就可以开始执行，因此最多可有三条不同指令同时处于三个不同的阶段。从流水线的执行特点可以看出，流水线并没有加

① 后面的章节中把流水线的阶段也称为级，例如，5 级流水线有 5 个不同阶段。

快单条指令的执行速度，而是通过重叠指令的执行过程来提升指令段的整体执行速度。

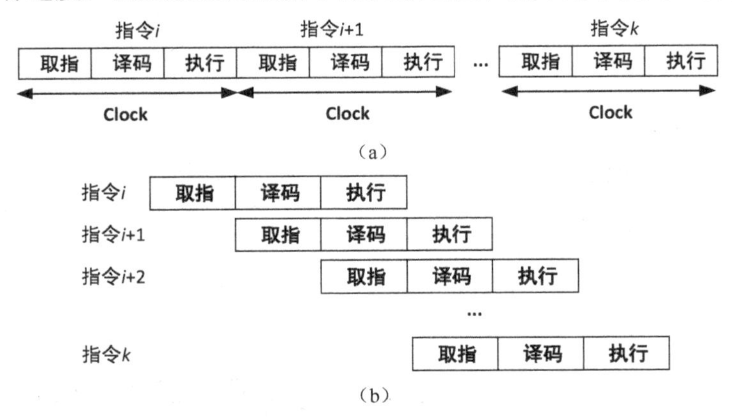

图 6-1　单周期处理器和流水线处理器的指令执行方式

那么应该如何设计流水线，使得指令段的执行速度更快？假设指令段有 N 条指令，流水线有 K 个阶段，其中每个阶段所需的时间标记为 t_i $(1 \leqslant i \leqslant K)$，计算流水线处理器相对于单周期处理器能够获得的加速比：

$$\text{加速比} = \text{性能}_{\text{流水线}} / \text{性能}_{\text{单周期}} = N\sum_{i=1}^{K} t_i \Big/ \left((N-1)\max(t_1, t_2, \cdots, t_K) + \sum_{i=1}^{K} t_i\right)$$

当指令数 N 趋于无穷大时，加速比 $= \sum_{i=1}^{K} t_i / \max(t_1, t_2, \cdots, t_K)$。令最耗时的阶段所需的时间为 Δt，加速比可改写为：加速比 $= \sum_{i=1}^{K} t_i / \max(t_1, t_2, \ldots, t_K) = \sum_{i=1}^{K} t_i / \Delta t$。因此为了让加速比的值最大，显然每个阶段所需的时间 t_i 都应等于 Δt，此时，加速比的值为 K。

通过上面的分析，我们发现，如果能使流水线的各阶段所需时间相同，那么在理想情况下（指令能够连续不断地进入流水线执行），流水线的加速比等于其级数的数值，即级数越多加速比越大。例如，一个 5 级流水线在理想情况下可获得的加速比为 5。现代处理器中的流水线级数一般不超过 20 级，例如 ARM7 的流水线是 3 级，AMD Opteron X4 有 12 级整数流水线，采用 Intel Nehalem 架构的 Intel Core i7 中的流水线可多达 20 级。既然级数越多加速比越大，那么为什么不开发 50 级的流水线呢？原因有三点：第一，有些操作不能再做进一步流水化细分；第二，我们将在后面看到，流水线级数变多会导致处理器的控制逻辑变得非常复杂，会出现很多其他的问题；第三，我们在后面将看到，流水线各级之间需要引入**流水线寄存器组**，如图 6-2 所示，而这些流水线寄存器组会占用芯片面积，会增加芯片功耗，也会有传播延迟等问题。因此将流水线无限制分级在现实中是不可行的。

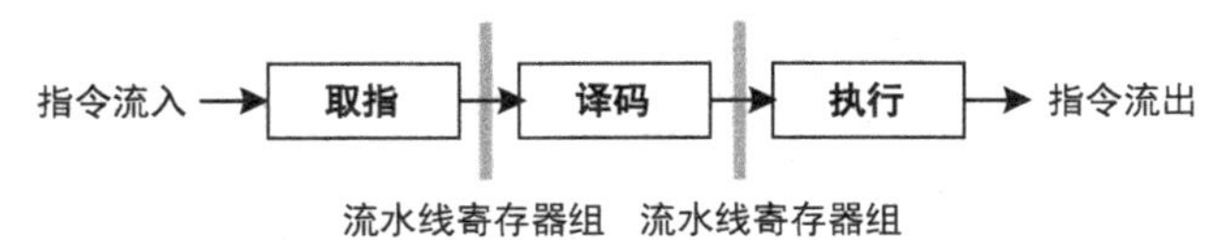

图 6-2　流水线中的流水线寄存器组

处理器如果要采用流水线架构执行指令，除了要合理划分阶段，使得各阶段所需时间大致相同外，还需考虑如下一些问题：

- 在单周期处理器执行一条指令的时钟周期内，该条指令是独占所有硬件资源的，不会出现访问资源产生冲突的情况。但是在流水线中，有多条指令同时在执行，容易出现资源访问冲突的情况。例如，前面某条指令处于访存阶段，需要访问存储器获取操作数，同时，后面某条指令正处于取指阶段，也需要访问存储器去读取指令编码，这时就产生了访存冲突①。我们把流水线中这种资源访问冲突的现象称为**结构冒险**（Structural Hazard）。流水线中的结构冒险不能完全消除，只能尽量避免，例如对于刚才提到的访存冲突，现代处理器中一般会设计指令缓存和数据缓存，如果缓存中有需要的指令/数据，就直接从缓存中读取，以减少访存出现结构冒险的概率。
- 由于流水线的每级都有一条指令在执行，因此需要在每两级之间设置一组流水线寄存器将各级指令所需的控制信号分隔开，防止互相干扰，并且能在每级执行结束时将指令的控制信号传递至下一级执行。
- 由于在单周期处理器中指令是顺序执行的，如果后一条指令需要读取前一条指令的执行结果，那么后一条指令所读取到的值一定是前一条指令已经更新过的最新值。但是在流水线中，相邻的多条指令可能同时处于不同的阶段，如何保证指令序列在流水线中的执行结果与其在相同指令集的单周期处理器中的执行结果一致，也是流水线设计中尤其需要注意的问题，将在后面详细讨论。
- 最后一个问题就是异常和中断问题。由于流水线的同一时钟周期中有多条指令在不同级，而每条指令都可能发生自己的异常，因此流水线的异常处理机制比单周期处理器要复杂得多。我们将在6.5节中简要讨论流水线的异常和中断处理机制。

6.2 流水线模型机的基本扩展

6.2.1 基本的流水线模型机

通过观察分析，我们可以把图5-18给出的单周期模型机的数据通路大致划分为5个阶段（部分），如图6-3所示。

（1）取指令部分（IF）：包括指令存储器和PC寄存器及其更新模块，负责根据PC寄存器的值从指令存储器中取出指令编码和对PC的值进行更新。

（2）指令译码部分（ID）：根据读出的指令编码形成控制信号和读寄存器堆输出寄存器的值。

（3）执行部分（EX）：根据指令的编码进行算术或逻辑运算或者计算条件分支指令的跳转目标地址。

（4）存储器访问部分（MEM）：读/写数据存储器中的数据。

（5）寄存器堆写回部分（WB）：把最后的计算结果更新回寄存器堆。

假设每个阶段所需的最大时间如表6-1所示，我们可以根据每类指令在单周期模型中的数据路径计算出每类指令所需的总时间。从表6-1可以看出，只有取数指令lw使用了全部5个部分，其他类指令都没有完全使用5个部分。另外，ID和WB所需的时间也少于其他三个

---

① 在第5章中给出的模型机中的指令存储器和数据存储器是两个独立存储器部件，但是实际的计算机大多采用将指令和数据统一存储在同一存储器中的方式。

部分。按照 6.1 节所分析的流水线设计原则，为了使流水线的加速比最大，应使各级所使用的时间相等。

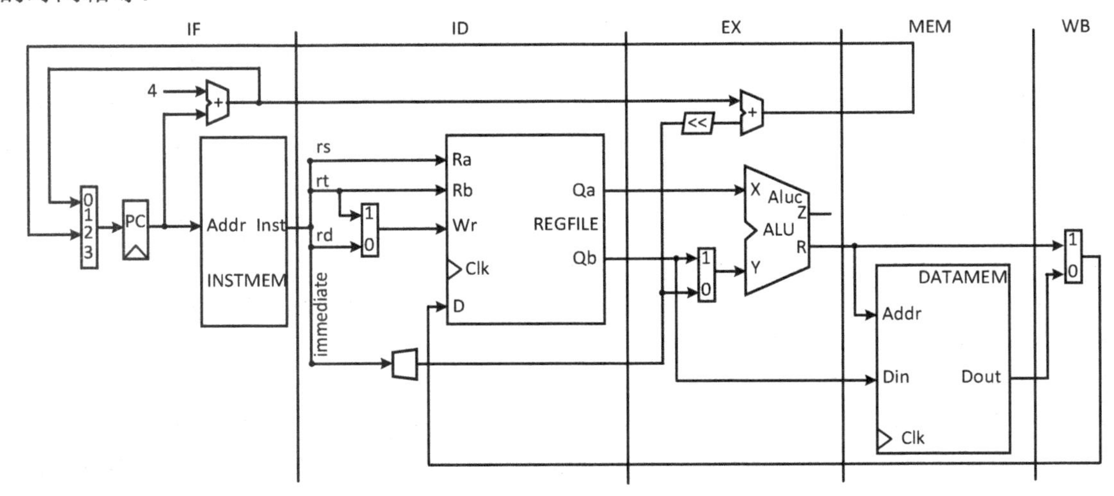

图 6-3 单周期模型的功能划分

表 6-1 各类指令在各部分所需的执行时间

指令类型	IF	ID	EX	MEM	WB	总时间
取数（lw）	200 ps	100 ps	80 ps	200 ps	100 ps	680 ps
存数（sw）	200 ps	100 ps	80 ps	200 ps	—	580 ps
R 型（add, sub, and, or, slt）	200 ps	100 ps	80 ps	—	100 ps	480 ps
分支（beq）	200 ps	100 ps	80 ps	—	—	380 ps

因此，如果按上述单周期模型机的 5 个部分来扩展形成流水线的 5 级，那么我们需要做如下设计：

- 5 级流水线的每级所需时间应按耗时最多的那部分时间来统一设定，即 200ps。因此，可把时钟周期的长度从单周期模型的 800ps 降为 200ps，即每个时钟周期（以时钟信号的上升沿作为每个时钟周期的开始）完成流水线中一级的执行；
- 尽管大部分指令不需要使用全部 5 个部分，但是按照流水线的执行原则，仍需要顺序经过每个阶段。例如，算术运算指令不需要 MEM 部分，但是在流水线中仍需要让其经过 MEM 阶段并花费 200ps，尽管它在 MEM 阶段什么都不做。

图 6-4 给出了三条指令在按上述方式形成的 5 级流水线上的执行过程（为了示例的方便，本章将寄存器的名字简写为一个数字编号，也不考虑寄存器的约定用法）。对比单周期模型，如果指令能连续不断地进入该 5 级流水线，流水线就能在每个时钟周期（200ps）完成一条指令。

从图 6-4 可以看出，尽管实际上有些指令类型不需要某些级，但是流水线让每条指令的执行规整化，使得指令的整体执行速度大大提升。因此，在理想情况下，流水线的 CPI 为 1。回忆我们在第 1 章中学习过的 CPU 时间公式：

$$\text{程序A的CPU时间} = \text{程序A的指令数} \times \text{程序A的CPI} \times \text{时钟周期时间}$$

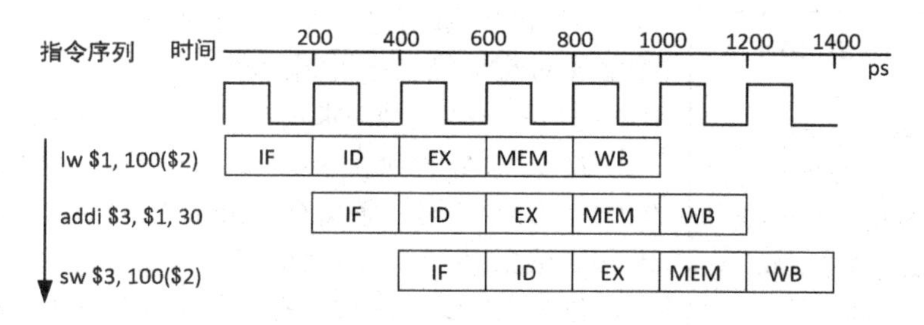

图 6-4　流水线的执行过程

又因为程序的指令数与处理器是流水线还是单周期结构无关，并且单周期的 CPI 也为 1，因此同一程序在流水线上和在单周期上的加速比公式可写为：

$$\frac{性能_{流水线}}{性能_{单周期}}=\frac{执行时间_{单周期}}{执行时间_{流水线}}=\frac{时钟周期_{单周期}}{时钟周期_{流水线}}$$

根据表 6-1 给出的时间开销，单周期模型机的时钟周期应设置为 680ps，而流水线的时钟周期应设置为 200ps，因此该加速比的值为 3.4。［快速思考：该加速比的值小于 5 的原因是什么？在什么情况下加速比的值能达到 5？］

另外，6.1 节曾提到，需在流水线的每两级之间设置一组流水线寄存器将各级指令所需的控制信号分隔开，因此可在图 6-3 的基础上，在每部分之间增设一组寄存器，使得在本级时钟周期结束的上升沿将本级的指令控制信号进行锁存，然后在下一个时钟周期开始时将锁存的控制信号提供给下一级使用，形成 5 级流水线的基本架构，如图 6-5 所示，其中灰色条状框表示流水线寄存器组并以相邻两个部分的名字来命名。例如，IF 和 ID 级之间的流水线寄存器组称为 IF/ID。由于流水线在 ID 级使用的是寄存器堆的读端口，而在 WB 级使用的是寄存器堆的写端口，两级不存在对寄存器堆的结构冒险，因此为了画图的简便，在 WB 级不再重复画寄存器堆，而是把寄存器堆的相关写信号连回 ID 级的寄存器堆。

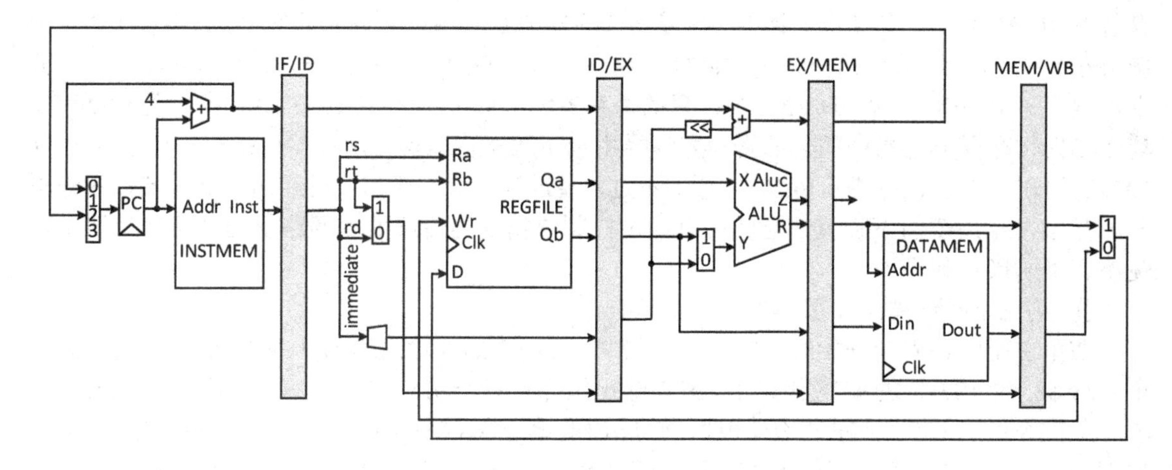

图 6-5　流水线的基本架构

```
0x00FF 0200:subi $2, $1, 100;
0x00FF 0204:and $3, $4, $2;
0x00FF 0208:lw $8, 100($7);
0x00FF 020C:beq $5, $6, L1;
#假设寄存器$5 和$6 的值相等
0x00FF 0210:addi $10, $1, 20;
0x00FF 0214:and $3, $1, $2;
0x00FF 0218:lw $2, 100($7);
…
        L1:lw $2, 50($3);
#指令的地址为:0x00FF 02E0;
```

图 6-6 指令序列 1

下面我们通过图 6-6 中给出的指令序列 1 及其指令地址来加深对流水线工作机制的理解。

① 第一个时钟周期如图 6-7（a）所示。

在第一个时钟周期开始时，PC 寄存器的值输出为 0x00FF 0200，第一条指令“subi $2, $1, 100”进入 IF 级。在 IF 级，根据 PC 输出的地址取出指令“subi $2, $1, 100”的编码，作为 IF/ID 流水线寄存器组的 IF/ID.IR 寄存器的输入。与此同时，PC 寄存器的值与一个加法器进行加 4 运算，其运算结果通过多路选择器的 0 号端口作为 PC 寄存器的输入（该多路选择器的选择信号的逻辑函数将在后面给出）。在本时钟周期结束时，IF 级指令“subi $2, $1, 100”的编码被锁存进 IF/ID 流水线寄存器组中的 IF/ID.IR，下一条指令的地址 0x00FF 0204 分别被锁存进 IF/ID.PC 和 PC 寄存器中。值得注意的是，正是由于流水线寄存器的阻隔作用，使得该条指令的信号在第一个时钟周期结束时只传播到 IF/ID，而不像图 5-18 给出的单周期模型机那样，所有的部件和数据通路由一条指令占用。

② 第二个时钟周期如图 6-7（b）所示。

在第二个时钟周期开始时，PC 寄存器和 IF/ID.PC 的值输出均为 0x00FF 0204，第二条指令“and $3, $4, $2”进入 IF 级，IF/ID.IR 向 ID 级输出指令“subi $2, $1, 100”的编码，因此第一条指令进入 ID 级；在 IF 级，根据 PC 输出的地址 0x00FF 0204 取出指令“and $3, $4, $2”的编码，并且把 PC 寄存器的值加 4 后（即 0x00FF 0208）作为 PC 寄存器的输入；在 ID 级，将指令“subi $2, $1, 100”编码中的 rs 字段和 Immediate 字段分别输出到寄存器堆的 Ra 端口和立即数的符号扩展模块，rt 字段通过多路选择器的 0 号端口输入到 ID/EX.Rd。在本时钟周期结束时，IF 级指令“and $3, $4, $2”的编码被锁存进 IF/ID.IR，0x00FF 0208 的值分别被锁存进 IF/ID.PC 和 PC 寄存器（继续选择多路选择器的 0 号端口的输入更新 PC 寄存器）中，ID 级 IF/ID.PC 输出的 0x00FF 0204 的值被锁存进 ID/EX.PC 中，寄存器$1 的值和立即数 100 分别被锁存进 ID/EX.R1 和 ID/EX.I 中，目的寄存器编号$2 被锁存进 ID/EX.Rd 中。[快速思考：流水线为什么需要把指令的目的寄存器编号用流水线寄存器保存起来？] 此外，寄存器堆 Rb 端口的输出也会被锁存进 ID/EX.R2 中。不过，通过第 5 章的学习，已经知道这个端口的输出并不是该指令需要的正确值，因此可以通过控制该指令的后续数据通路上的多路选择器来避免不正确的操作数进入。

③ 第三个时钟周期如图 6-7（c）所示。

在第三个时钟周期开始时，PC 寄存器和 IF/ID.PC 的值输出均为 0x00FF 0208，第三条指令“lw $8, 100($7)”进入 IF 级，IF/ID.IR 输出指令“and $3, $4, $2”，第二条指令进入 ID 级，第一条指令进入 EX 级：在 IF 级，根据 PC 输出的地址 0x00FF 0208 取出指令“lw $8, 100($7)”的编码，并且把 PC 寄存器的值加 4 后（即 0x00FF 020C）作为 PC 寄存器的输入；在 ID 级，将指令“and $3, $4, $2”编码中的相应字段分别输出到寄存器堆的 Ra 端口和 Rb 端口，rd 字段通过多路选择器的 0 号端口输入到 ID/EX.Rd；在 EX 级，2 选 1 多路选择器选择下端作为 ALU 的输入，并将 ID/EX.I 的值左移两位后与 ID/EX.PC 的值相加，形成目标地址 0x00FF

0394[①]。在本时钟周期结束时，IF 级指令“lw $8, 100($7)”的编码被锁存进 IF/ID.IR，0x00FF 020C 的值分别被锁存进 IF/ID.PC 和 PC 寄存器（继续选择多路选择器的 0 号端口的输入更新 PC 寄存器）中，ID 级 IF/ID.PC 输出的 0x00FF 0208 的值被锁存进 ID/EX.PC 中，寄存器$4 和$2 的值分别被锁存进 ID/EX.R1 和 ID/EX.R2 中，目的寄存器编号$3 被锁存进 ID/EX.Rd 中，EX 级 ALU 的计算结果被锁存进 EX/MEM.Z 和 EX/MEM.R 中。此外，EX 级形成的目标地址会被锁存进 EX/MEM.PC 中，ID/EX.R2 的输出会被锁存进 EX/MEM.S 中。

④ 第四个时钟周期如图 6-7（d）所示。

在第四个时钟周期开始时，PC 寄存器和 IF/ID.PC 的值输出均为 0x00FF 020C，第四条指令“beq $5, $6, L1”进入 IF 级，IF/ID.IR 输出指令“lw $8, 100($7)”，第三条指令进入 ID 级，第二条指令进入 EX 级，第一条指令进入 MEM 级：在 IF 级，根据 PC 输出的地址 0x00FF 020C 取出指令“beq $5, $6, L1”的编码，并且把 PC 寄存器的值加 4 后（即 0x00FF 0210）作为 PC 寄存器的输入；在 ID 级，将指令“lw $8, 100($7)”编码中的 rs 字段和 Immediate 字段分别输出到寄存器堆的 Ra 端口和立即数的符号扩展模块；在 EX 级，2 选 1 多路选择器选择上端作为 ALU 的输入，并形成目标地址；在 MEM 级，指令“subi $2, $1, 100”并不需要访存，不做任何操作。在本时钟周期结束时，指令“beq $5, $6, L1”的编码被锁存进 IF/ID.IR 中，0x00FF 0210 的值分别被锁存进 IF/ID.PC 和 PC 寄存器中（因为当 beq 指令处于 IF 级的时候无法判断其分支条件是否成立，也无法得知分支跳转的目标地址，只能继续选择多路选择器的 0 号端口的输入更新 PC 寄存器，即下一条进入流水线的指令是 addi $10, $1, 20。这里请注意与单周期模型机进行区别），ID 级 IF/ID.PC 输出的 0x00FF 020C 的值被锁存进 ID/EX.PC 中，寄存器$7 的值和立即数 100 分别被锁存进 ID/EX.R1 和 ID/EX.I 中，目的寄存器编号$8 被锁存进 ID/EX.Rd 中，EX 级 ALU 的计算结果被锁存进 EX/MEM.Z 和 EX/MEM.R 中，MEM 级 EX/MEM.R 的输出被锁存进 MEM/WB.D 中。

⑤ 第五个时钟周期如图 6-7（e）所示。

在第五个时钟周期开始时，PC 寄存器和 IF/ID.PC 的值输出均为 0x00FF 0210，第五条指令“addi $10, $1, 20”进入 IF 级，IF/ID.IR 输出指令“beq $5, $6, L1”，第四条指令进入 ID 级，第三条指令进入 EX 级，第二条指令进入 MEM 级，第一条指令进入 WB 级：在 IF 级，根据 PC 输出的地址 0x00FF 0210 取出指令“addi $10, $1, 20”的编码，并且把 PC 寄存器的值加 4 后（即 0x00FF 0214）作为 PC 寄存器的输入；在 ID 级，将指令“beq $5, $6, L1”编码中的 rs 字段、rt 字段和 Immediate 字段分别输出到寄存器堆的 Ra 端口、Rb 端口和立即数的符号扩展模块；在 EX 级，2 选 1 多路选择器选择下端作为 ALU 的输入，并形成目标地址；在 MEM 级，指令“and $3, $4, $2”并不需要访存，不做任何操作；在 WB 级，指令“subi $2, $1, 100”选择 2 选 1 多路选择器的上端将计算结果输出到寄存器堆的 D 端口，寄存器堆的 Wr 端口的值由 MEM/WB.Rd 输出。在本时钟周期结束时，指令“addi $10, $1, 20”的编码被锁存进 IF/ID.IR，0x00FF 0214 的值分别被锁存进 IF/ID.PC 和 PC 寄存器中（因为当前时钟周期内仍然无法判断 beq 指令的分支条件是否成立，也无法得知分支跳转的目标地址，只能继续选择多路选择器的 0 号端口的输入更新 PC 寄存器），ID 级 IF/ID.PC 输出的 0x00FF 0210 的值被锁

---

① 因为处于 EX 级的指令并不是条件分支指令，所以这条数据通路计算出来的目标地址不是正确的跳转目标地址。只需要控制 IF 级的 2 选 1 多路选择器不选择这个错误的地址值即可。

存进 ID/EX.PC 中，寄存器$5、$6 的值和立即数字段分别被锁存进 ID/EX.R1、ID/EX.R2 和 ID/EX.I 中，EX 级 ALU 的计算结果被锁存进 EX/MEM.Z 和 EX/MEM.R 中，EX/MEM.R 的输出被锁存进 MEM/WB.D 中，WB 级指令“subi $2, $1, 100”的计算结果被写回$2 寄存器中，然后执行完毕退出流水线。

⑥ 第六个时钟周期如图 6-7（f）所示。

在第六个时钟周期开始时，第六条指令“and $3, $1, $2”进入 IF 级，IF/ID.IR 输出指令“addi $10, $1, 20”，第五条指令进入 ID 级，第四条指令进入 EX 级，第三条指令进入 MEM 级，第二条指令进入 WB 级：在 IF 级，根据 PC 输出的地址 0x00FF 0214 取出指令“and $3, $1, $2”的编码，并且把 PC 寄存器的值加 4 后（即 0x00FF 0218）作为 PC 寄存器的输入；在 ID 级，将指令“addi $10, $1, 20”编码中的 rs 字段和 Immediate 字段分别输出到寄存器堆的 Ra 端口和立即数的符号扩展模块相应字段分别输出到寄存器堆的相应读端口和立即数的符号扩展模块；在 EX 级，2 选 1 多路选择器选择上端作为 ALU 的输入，并形成该条件分支指令的正确目标地址 0x00FF 02E0；在 MEM 级，指令“lw $8, 100($7)”访问数据存储器，读出数据；在 WB 级，指令“and $3, $4, $2”选择 2 选 1 多路选择器的上端将计算结果输出到寄存器堆的相关写端口。在本时钟周期结束时，指令“and $3, $1, $2”的编码被锁存进 IF/ID.IR 中，0x00FF 0218 的值分别被锁存进 IF/ID.PC 和 PC 寄存器中（尽管在当前时钟周期内形成了分支目标地址和 Z 信号，但是还不能提供给控制部件进行使用，因此继续选择多路选择器的 0 号端口的输入更新 PC 寄存器。不过我们可以看到，一旦 beq 指令进入 MEM 级，分支目标地址就可以作为 IF 级多路选择器的输入之一，并且 Z 信号的值也可以由 EX/MEM.Z 提供给控制部件进行使用），ID 级 IF/ID.PC 输出的 0x00FF 0214 的值被锁存进 ID/EX.PC 中，寄存器$1 和立即数字段分别被锁存进 ID/EX.R1 和 ID/EX.I 中，EX 级 ALU 的计算结果被锁存进 EX/MEM.Z 和 EX/MEM.R 中，正确目标地址 0x00FF 02E0 被锁存进 EX/MEM.PC 中，MEM 级 EX/MEM.R 的输出被锁存进 MEM/WB.D 中，WB 级指令“and $3, $4, $2”的计算结果被写回$3 寄存器中，然后执行完毕退出流水线。

⑦ 第七个时钟周期如图 6-7（g）所示。

在第七个时钟周期开始时，第七条指令“lw $2, 100($7)”进入 IF 级，IF/ID.IR 输出指令“and $3, $1, $2”，第六条指令进入 ID 级，第五条指令进入 EX 级，第四条指令进入 MEM 级，第三条指令进入 WB 级。注意，在此时钟周期内，正确目标地址 0x00FF 02E0 已经输出到 IF 级多路选择器的 2 号端口，并且 beq 指令的 Z 信号的值由 EX/MEM.Z 输出给控制部件使用，因此应让选择信号选择该信号作为 PC 寄存器的输入。在本时钟周期结束时，正确的目标地址（即指令“lw $2, 50($3)”的地址）被锁存进 PC 寄存器中，其他各级的操作与上述过程类似，不再赘述。

⑧ 第八个时钟周期如图 6-7（h）所示。

在第八个时钟周期开始时，地址标号为 L1 的指令进入 IF 级，其他指令依次进入后一级流水线。

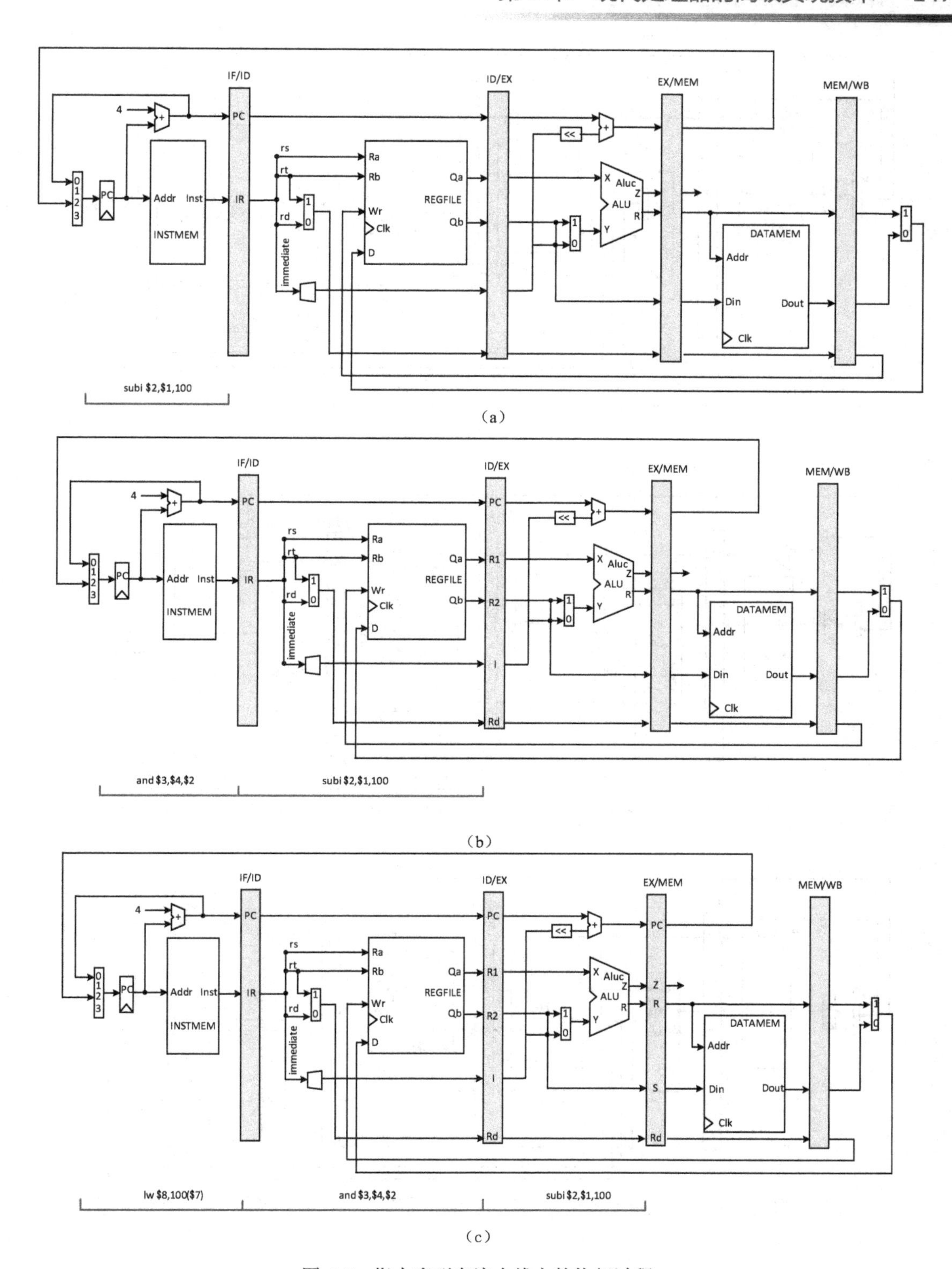

（a）

（b）

（c）

图 6-7 指令序列在流水线上的执行过程

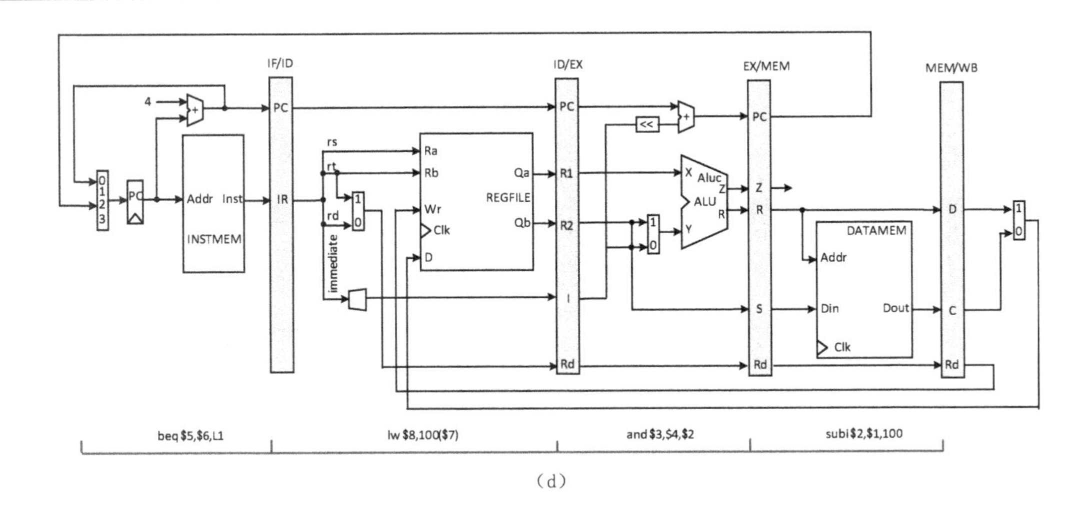

(d)

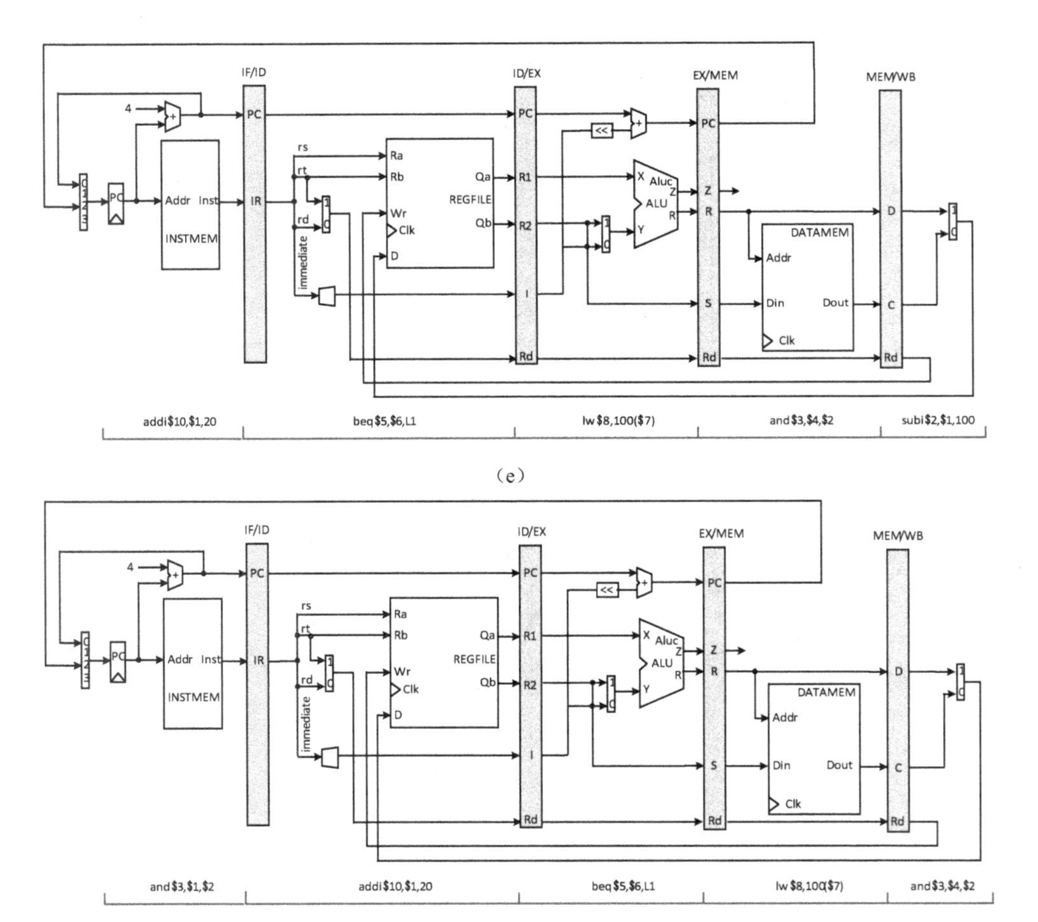

(e)

(f)

图 6-7 指令序列在流水线上的执行过程（续）

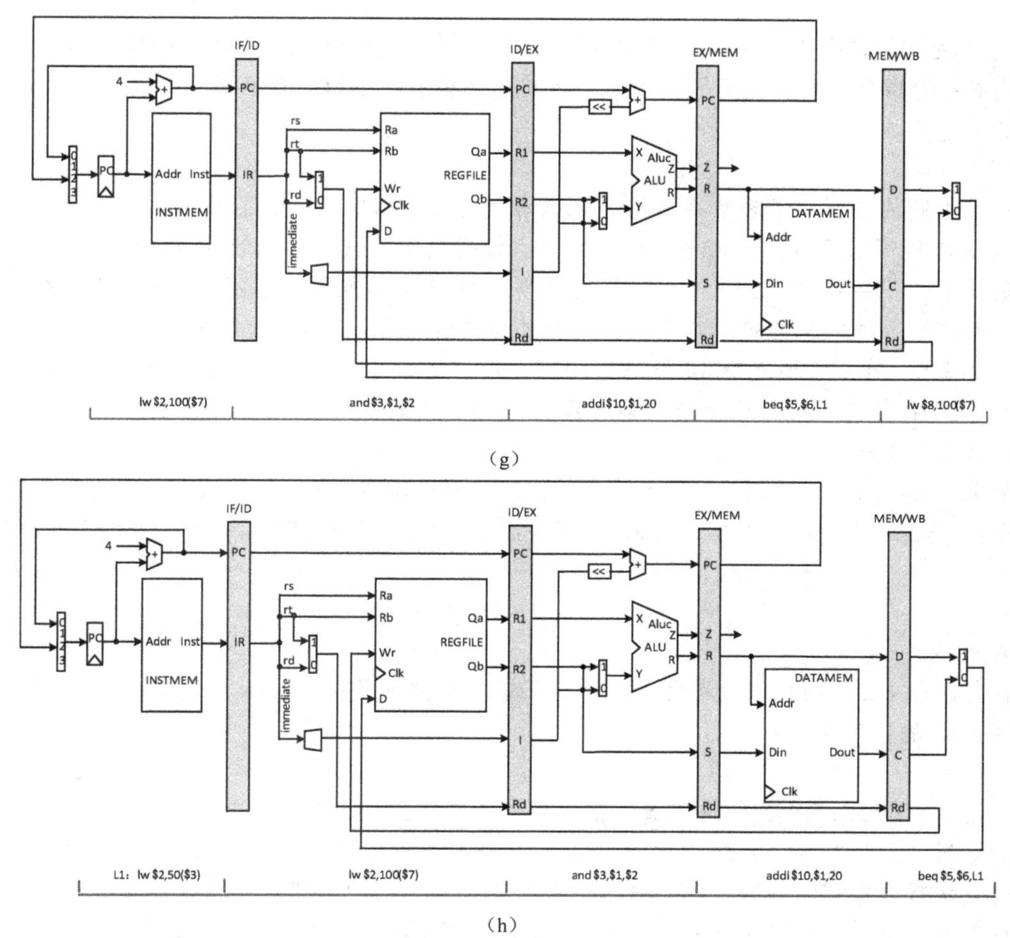

(g)

(h)

图 6-7　指令序列在流水线上的执行过程（续）

6.2.2　流水线的分析

例题 6.1

根据图 6-6 的指令序列和流水线模型，写出第二个和第三个时钟周期结束时 ID/EX.PC 的值分别是多少？

解答

解答本题的关键在于理解每条指令在 IF 级结束时将下一条指令的地址锁存进流水线寄存器中，然后传递到下一级。在第二个时钟周期，指令"subi $2, $1, 100"处于 ID 级，IF/ID.PC 提供的是其下一条指令"and $3, $4, $2"的地址 0x00FF 0204，在第二个时钟周期结束时将 0x00FF 0204 锁存进 ID/EX.PC 中。同理，第三个时钟周期结束时，ID/EX.PC 的值为 0x00FF 0208。

例题 6.2

根据图 6-6 的指令序列和流水线模型，假设在指令序列执行前，寄存器$1 的初始值是 100，

$2 寄存器的初始值是 10，$4 寄存器的值是 10，写出第二条指令在 WB 级写回$3 寄存器的值。如果图 6-6 的指令序列是在第 5 章中给出的单周期模型中执行，那么第二条指令写回$3 寄存器的值又是多少？

解答

解答本题的关键在于理解每条指令在流水线中的数据路径。我们采用追溯分析法，倒推指令在 WB 级写回寄存器的值是从哪里来的。根据前面的分析，我们可以看到，在第六个时钟周期，第二条指令"and $3, $4, $2"写回寄存器$3 的值来源于第四个周期在 EX 级的计算结果。而该计算结果又依赖于其在第三个时钟周期读取寄存器$4 和$2 的值。我们可以发现，在第三个周期，第一条指令"subi $2, $1, 100"还没有更新寄存器$2 的值，因此第二条指令"and $3, $4, $2"在第三个时钟周期读取寄存器$2 的值应为其初始值 10，因此在 WB 级写回$3 寄存器的值应为 10。

如果图 6-6 的指令序列是在第 5 章中给出的单周期模型中执行，则在第一个时钟周期结束时，寄存器$2 的值被更新为 0，在第二个时钟周期，"and $3, $4, $2"写回寄存器$3 的值为 0。

例题 6.3

在与例题 6.2 相同的假设条件下，执行正确目标地址处指令"lw $2, 50($3)"时所读取到的寄存器$3 的值是多少？

解答

在指令"lw $2, 50($3)"进入流水线之前，指令"and $3, $1, $2"也进入了流水线。根据前面的分析，指令"and $3, $4, $2"于第 2 个时钟周期开始时进入流水线，到第 6 个时钟周期结束时更新寄存器$3；指令"and $3, $1, $2"于第 6 个时钟周期开始时进入流水线，到第 10 个时钟周期结束时更新寄存器$3；而指令"lw $2, 50($3)"于第 9 个时钟周期进入 ID 级，在第 9 个时钟周期结束时将寄存器$3 读取到流水线寄存器组 ID/EX.R1 中。因此，目标地址处指令"lw $2, 50($3)"时所读取到的寄存器$3 的值是指令"and $3, $4, $2"的计算结果 10。

例题 6.4

假设在同一个时钟周期内，处于 ID 级的指令要读取寄存器$3 的值，而处于 WB 级的指令要更新寄存器$3 的值，分析处于 ID 级的指令要所读取的寄存器$3 的值是旧值还是 WB 级的指令更新后的值。

解答

根据寄存器堆的实现代码不难看出，在该时钟周期结束的上升沿，处于 WB 级的指令要更新寄存器$3 的值，与此同时处于 ID 级的指令将寄存器$3 的旧值打入 ID/EX 中。

前面通过几条指令在流水线中的执行来说明流水线的工作过程。但是在分析过程中，我们也发现了该基本流水线还存在如下问题需要解决。

问题 1：尽管我们可以采取一些措施减少访问存储器时出现结构冒险的概率，例如可以在处理器内部增加指令 Cache 和数据 Cache，但是仍然无法完全避免结构冒险的存在。因此我们应在该基本流水线中增加相应的机制，使得其可以检测到存储器访问的结构冒险，并能采取相应措施保证操作结果的正确性。

问题 2：第二条指令“and \$3, \$4, \$2”的执行结果不正确。不正确的原因在于前一条指令要更新的寄存器和后一条指令要读取的寄存器是同一个寄存器（这种现象我们称为**数据冒险**），而由于流水线的执行特点，在前一条指令还未更新目的寄存器时，后一条指令就已经先读取了该寄存器的旧值，此时数据冒险导致风险。因此我们应改进该基本流水线，使得其计算结果和相同指令集的单周期模型机的计算结果相同。

问题 3：在第五个时钟周期开始时，第四条指令“beq \$5, \$6, L1”进入 ID 级，第五条指令“addi \$10, \$1, 20”进入 IF 级，然后在下两个时钟周期，还有两条后续指令连续进入流水线。但是根据假设\$5=\$6，“beq \$5, \$6, L1”的下一条指令应为地址标号为 L1 的指令进入 IF 级，而不应是直到第八个时钟周期开始时才进入 IF 级。我们把在目标地址形成之前或分支条件形成之前，条件分支指令或跳转指令的后续指令已经进入流水线中的现象称为**控制冒险**。同样，我们应改进该基本流水线，使得与相同指令集的单周期模型的计算结果相同。

在具体介绍三类冒险的解决策略之前，我们需要一种能分析流水线执行指令的方法，在 6.2.1 节中用了很多文字来阐述流水线的功能，既不直观也不方便，因此我们可采用类似图 6-4 的方法来分析流水线的执行过程，如图 6-8 所示。我们把这种图形化分析方法称为流水线时序图。从图 6-8 中，我们可以很直观地看出来，第一条指令在第五个时钟周期结束时更新寄存器\$2 的值，而第二条指令在第三个时钟周期结束时锁存寄存器\$2 的值到 ID/EX.R2 中，因此从时序上看，第二条指令锁存在前，第一条指令更新在后。另外，从图 6-8 中，我们还可看出，跟着第四条指令进入流水线的是第五条指令，而非正确的分支指令。在正确的目标地址指令进入流水线之前，beq 指令后面有三条指令跟着进入了流水线。因此，若不加以控制，指令的执行逻辑将产生错误。

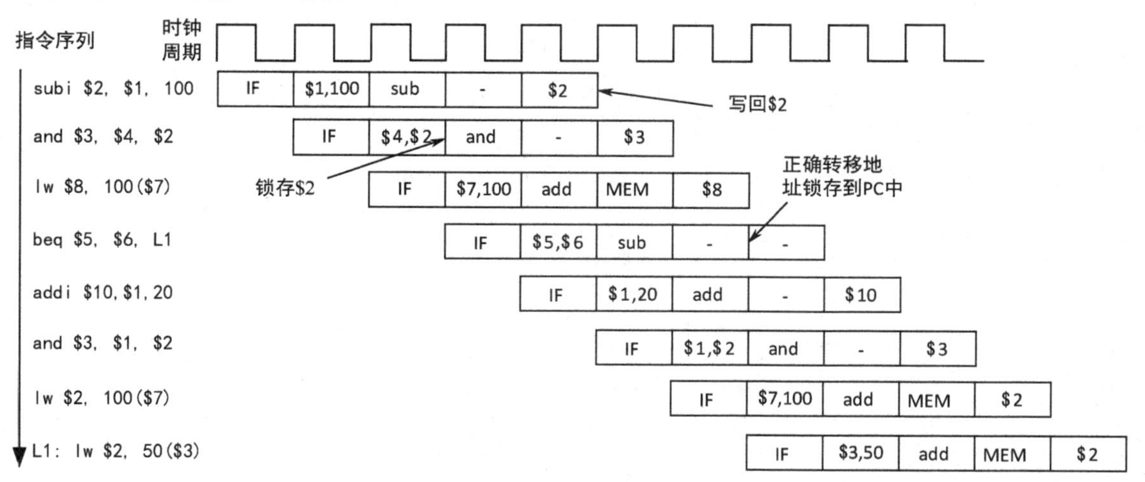

图 6-8　指令序列 1 的时序图

最简单的处理三类冒险，保证指令执行逻辑正确性的方法就是**流水线阻塞**（Pipeline Stall），也称为插入**气泡**（Bubble）或者暂停流水线。在图 6-9（a）中，指令“lw \$2, 20(\$1)”在第四个时钟周期内访问存储器读取数据，而指令 i+2 在同一个时钟周期内也需要访问存储器读取指令，因此出现了结构冒险。为了避免结构冒险，流水线应阻塞一个时钟周期，使得指令 i+2 延后一个时钟周期执行。同理，图 6-6 指令序列 1 中指令“sub $2, $1, 100”和“and $3, $4, $2”存在数据冒险，因此流水线需要阻塞三个时钟周期来保证指令“and $3, $4, $2”能获取正确的$2 的值，如图 6-9（b）所示；由于指令“beq $5, $6, L1”和其下一条指令存在控制冒险，因此同样需要让流水线阻塞三个时钟周期来保证正确分支的指令进入流水线，如图 6-9（c）所示。我们将在 6.3 节中仔细讨论暂停流水线的硬件实现方式。另外，在某些情况下，编译器优化也可以达到与硬件暂停流水线具有相同的效果。例如图 6-9（b）所给出的数据冒险例子，编译器完全可以识别出两者之间的数据冒险关系并插入三条空指令（编码为全 0）以代替硬件的暂停操作，如图 6-9（d）所示。这种通过编译器优化来插入空指令的方式也称为静态优化。但是由于静态优化技术不执行指令，因此静态优化并不能解决所有的冒险问题。

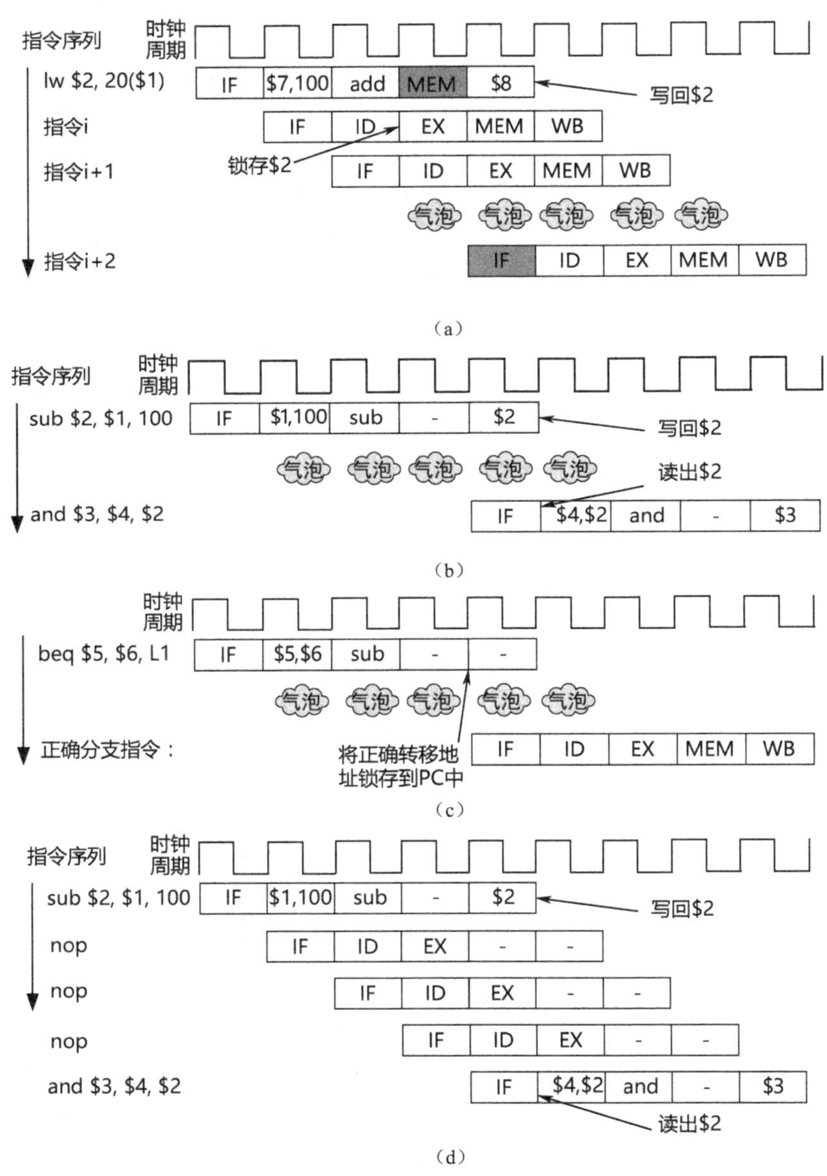

图 6-9 通过流水线阻塞解决三类冒险

不管由硬件实现流水线暂停还是插入空指令，尽管可以保证指令序列的正确性，但是流水线的性能损失太大。我们知道在理想情况下流水线的 CPI 为 1，但是流水线的实际 CPI 应写为：

流水线 CPI=流水线理想 CPI+每条指令的平均停顿时钟周期数

那么流水线的实际性能相对于理想性能的加速比可写为：

加速比=$性能_{实际}$/$性能_{理想}$=$CPI_{理想}$/$CPI_{实际}$=1/1+每条指令的平均停顿时钟周期数

例题 6.5

假设分支指令约占执行指令的 17%，存在数据冒险的指令约占执行指令的 8%，其他指令的 CPI 都为 1。试计算流水线的实际性能相对于理想性能的加速比。

解答

每条指令的平均停顿时钟周期数=3×17%+3×8%=0.75。因此流水线的实际性能相对于理想性能的加速比为：1/(1+0.75)=0.57，即此时流水线的性能降为理想性能的一半左右。

通过上面的例题我们发现，如果为了避免冒险问题而采用阻塞流水线的方法，则流水线的性能损失太大。那么有没有方法在尽量少损失性能的同时又能保证指令计算结果呢？答案是有的，我们将在 6.3 节和 6.4 节中分别详细介绍针对数据冒险和控制冒险的优化方法，下面我们继续学习基本流水线的实现。

6.2.3　基本流水线的实现

我们需要在图 6-5 给出的基本流水线基础上继续完善，形成更完整的流水线结构，如图 6-10 所示。需要注意，在下面几个方面与单周期模型机进行区分。

- 在流水线中，每条指令的所有控制信号都是在 ID 级生成的。但是当指令离开 ID 级后，下一条指令又占用了 ID 级，会生成自己的控制信号。那么之前那条指令的控制信号需要逐级暂存在相应的流水线寄存器中。图 6-10 中各个流水线寄存器组中标记的 EX、M 和 WB 部分用于分别锁存将要在 EX 级、MEM 级和 WB 级使用的所有控制信号。例如，Wreg 信号需要在 WB 级使用，那么需要在 ID/EX.WB、EX/MEM.WB 和 MEM/WB.WB 中各锁存一次。为了便于区分控制信号的来源阶段，除 ID 级之外，剩余三级的控制信号我们用阶段名的第一个字母加下画线作为前缀以示区别。
- 流水线的数据通路在单周期模型机上有些不同，例如寄存器堆 REGFILE 的 We 端口的信号来源是 W_Wreg，而非控制部件 CONUNIT 的 Wreg 端口输出信号。此外，控制部件 CONUNIT 还新增了两个输入端口 M_Z 和 M_op，分别表示 MEM 级指令的 Z 值和 Op 字段，用于控制 Pcsrc 端口的输出信号，因此，Pcsrc 端口对应的逻辑函数应改为：

$$\text{Pcsrc}[1] = \text{M\_beq}\cdot\text{M\_Z} + \text{M\_bne}\cdot\overline{\text{M\_Z}}$$

$$\text{M\_beq} = \overline{\text{M\_Op}[5]}\cdot\overline{\text{M\_Op}[4]}\cdot\overline{\text{M\_Op}[3]}\cdot\text{M\_Op}[2]\cdot\overline{\text{M\_Op}[1]}\cdot\overline{\text{M\_Op}[0]}$$

$$\text{M\_bne} = \overline{\text{M\_Op}[5]}\cdot\overline{\text{M\_Op}[4]}\cdot\overline{\text{M\_Op}[3]}\cdot\text{M\_Op}[2]\cdot\overline{\text{M\_Op}[1]}\cdot\text{M\_Op}[0]$$

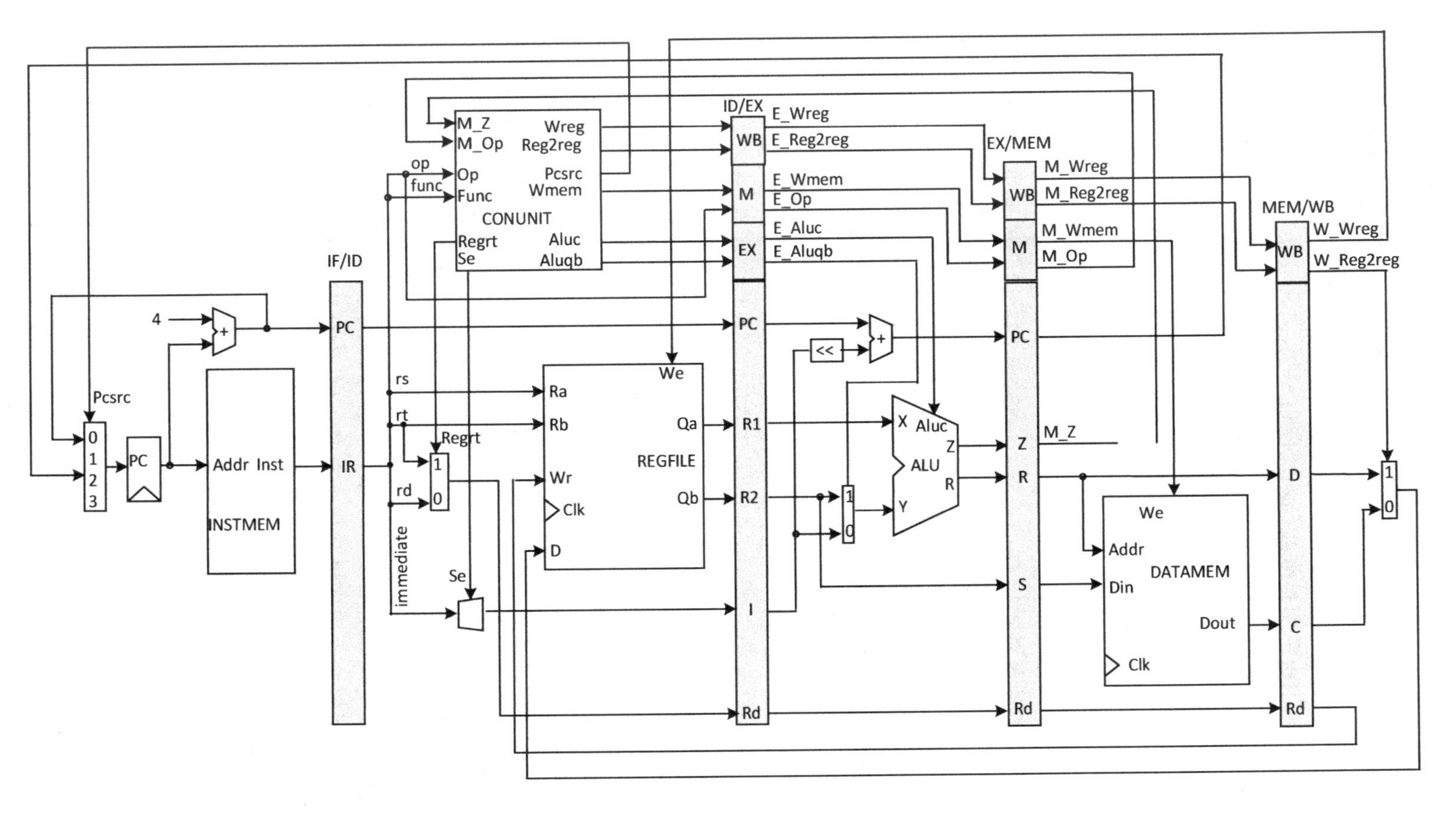

图 6-10 增加了各级锁存信号的基本流水线

从图 6-10 的结构和前面给出的 Pcsrc 逻辑函数可以看出，条件分支指令的目标地址和分支条件都是在该分支指令处于 MEM 级时输出。如果分支条件成立，则 Pcsrc 信号选择分支目标地址更新 PC 寄存器。

6.3　数据冒险的解决策略

6.3.1　寄存器堆的写操作提前半个时钟周期

在 6.2.2 节中我们已经分析过，数据冒险（Data Harzard）使得在基本流水线中相邻两条指令的前一条指令还未更新目的寄存器时，后一条指令就已经先读取了该寄存器的旧值，使得指令的计算结果出现错误。那么存在数据冒险的两条不相邻指令的计算结果是否正确呢？我们看如图 6-11 所示的指令序列，其中第一条指令需要更新$2 寄存器的值，然后下面 4 条指令都需要读取$2 寄存器的值作为源操作数。我们通过 6.2.2 节介绍过的流水线时序图来分析这四条指令的计算结果。在该指令序列对应的时序图中我们可以看到，第一条指令在第 5 个时钟周期结束时的上升沿更新$2 寄存器，那么显然在此时刻之后才能读取到$2 寄存器的正确值，因此只有第五条指令“add $5, $4, $2”取到的是第一条指令更新后的$2 的值。尽管第一条指令和第五条指令之间存在数据冒险，但是没有风险，即第五条指令计算结果正确。而第二条至第四条指令读取到的都是$2 的旧值。如图 6-12 所示，因此它们分别和第一条指令存在数据冒险的同时也存在风险。前面提到，通过暂停流水线可以解决数据冒险，但是会损失流水线的性能。是否有既不用暂停流水线又能保证指令连续执行的方法呢？下面我们来逐个分析这三条指令的数据冒险情况。

```
subi $2, $1, 100;
and $3, $4, $2;
lw $8, 100($2);
ori $6, $2, 20;
add $5, $4, $2;
```

图 6-11　指令序列 2

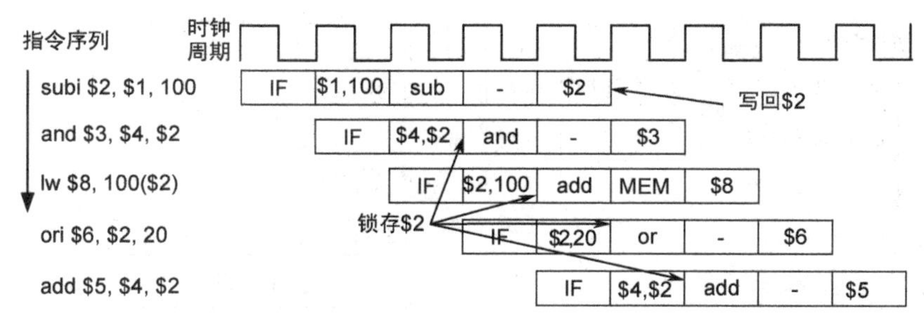

图 6-12　指令序列 2 的时序图

我们先看第一条指令和第四条指令间的数据冒险。第四条指令在第 5 个时钟周期结束时的上升沿将$2 的旧值锁存进 ID/EX.R1 中的同时将$2 的值进行更新。回忆我们在表 6-1 中给出的，寄存器读/写的操作时间实际上只有时钟周期的一半，因此我们完全可以把寄存器堆的写操作提前到时钟周期中间的下降沿实现，那么后半个时钟周期就可以将写入之后的值读出。将寄存器堆的写操作提前半个时钟周期后的时序图如图 6-13 所示，其中 WB 的前半个时钟周期的阴影部分表示寄存器堆的写操作，ID 级的后半个时钟周期的阴影部分表示寄存器堆的读操作。[快速练习：将第 5 章中给出的寄存器堆的写操作时机修改为下降沿实现。] 在本章的后续章节中，除非显式说明，流水线均采用将寄存器堆的写操作提前半个时钟周期的方法。

继续观察图 6-13，不难看出，将寄存器堆的写操作提前半个时钟周期尽管可以解决第一条指令和第四条指令间的数据冒险，但仍不能解决第一条指令分别和第二、三条指令的数据冒险。

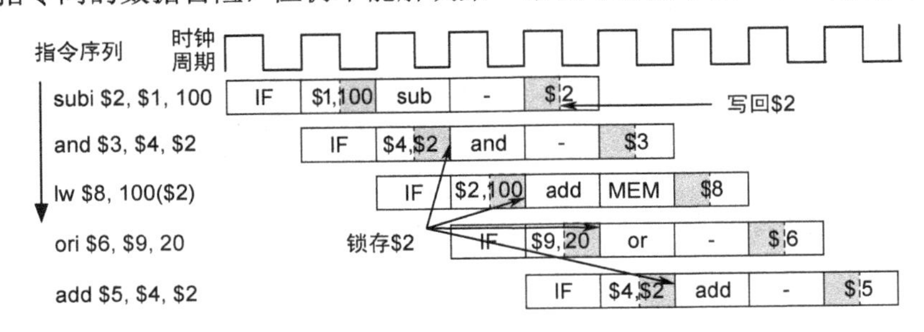

图 6-13　寄存器堆的写操作提前半个时钟周期后的时序图

6.3.2　内部前推

对于第一条指令分别和第二、三条指令间的数据冒险。尽管从图 6-13 的时序图看起来，似乎除了暂停流水线之外没有其他的办法能解决它们之间的数据冒险了，但是我们可以略做分析：第一条指令的运算结果在 EX 级结束时就已经锁存在 EX/MEM.R 中，然后在 MEM 级和 WB 级开始时，EX/MEM.R 和 MEM/WB.D 输出的都是将要写回到$2 的值；此外，第二条指令和第三条指令尽管都是在 ID 级结束时锁存$2 的值到 ID/EX 中，但都是在 EX 级才真正使用 ID/EX 中锁存的值。通过对比上述操作的时机可以发现，我们可在 MEM 级和 EX 级间、WB 级和 EX 级间分别增加数据路径，使得 EX/MEM.R 和 MEM/WB.D 的值可以在写回寄存器堆之前推到 EX 级作为 ALU 的输入进行计算，这样就能保证第二条指令和第三条指令的计算结果是正确的，如图 6-14 中箭头所标识的前推时机。我们把这样的数据路径称为**内部前推**（Internal Forwarding）。

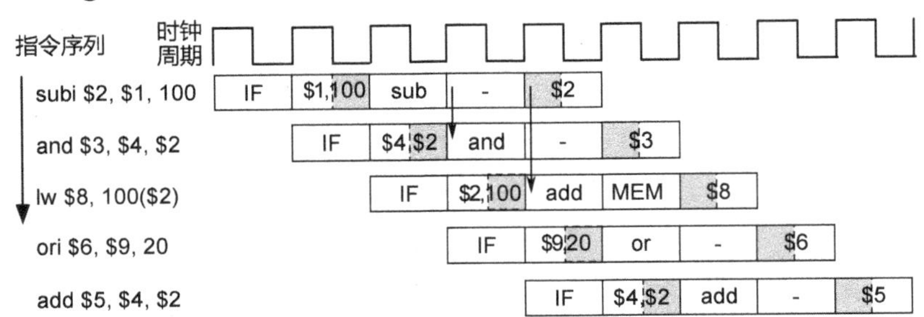

图 6-14　基本流水线增加内部前推后的时序图

为了让流水线支持内部前推机制，我们需要在 ALU 的两个输入端前分别增加一个多路选择器和相应的数据通路，使 ALU 的两个输入端都能选择来自 EX/MEM.R 和 MEM/WB.D 的输出，如图 6-15 所示。其中两个新增多路选择器的选择信号分别标记为 FwdA 和 FwdB，其值和输入端的对应关系如表 6-2 所示。现在我们来看看这些自然语言描述的生成条件如何由合适的控制信号来准确表达。

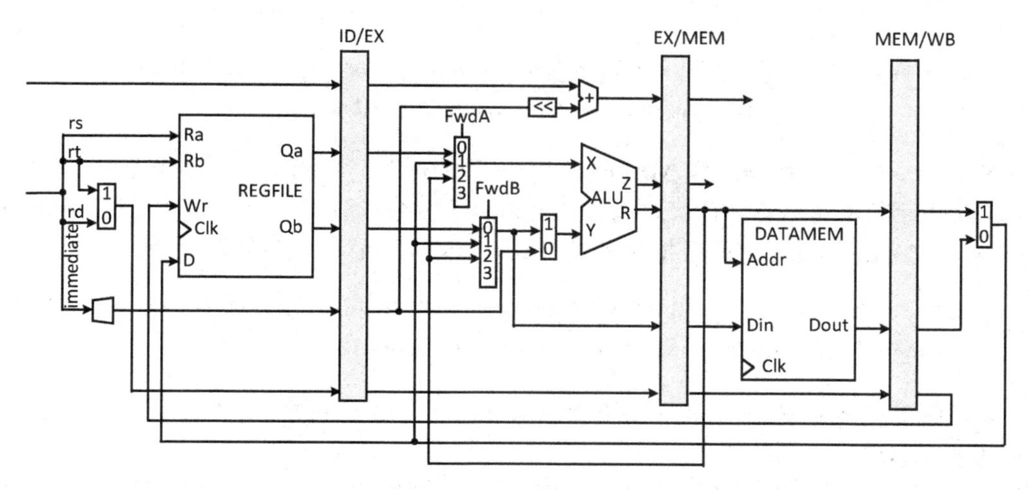

图 6-15 增加内部前推后的部分流水线架构图

表 6-2 新增多路选择器的控制信号

多路选择器选择信号	选择输入信号	解 释	生成条件
FwdA=00	ID/EX.R1	ALU 的 X 端数据来自寄存器堆，无数据冒险	当 FwdA=01 和 FwdA=10 对应的检测条件都不成立时
FwdA=01	MEM/WB.D	ALU 的 X 端数据来自 WB 级的前推，此时 EX 级和 WB 级的两条指令存在数据冒险	条件 b 且 MEM/WB.Rd≠0 且 W_Wreg = 1
FwdA=10	EX/MEM.R	ALU 的 X 端数据来自 MEM 级的前推，此时 EX 级和 MEM 级的两条指令存在数据冒险	条件 a 且 EX/MEM.Rd≠0 且 M_Wreg = 1
FwdB=00	ID/EX.R2	ALU 的 Y 端数据来自寄存器堆，无数据冒险	当 FwdB=01 和 FwdB=10 对应的检测条件都不成立时
FwdB=01	MEM/WB.D	ALU 的 Y 端数据来自 WB 级的前推，此时 EX 级和 WB 级的两条指令存在数据冒险	条件 d 且 MEM/WB.Rd≠0 且 W_Wreg = 1
FwdB=10	EX/MEM.R	ALU 的 Y 端数据来自 MEM 级的前推，此时 EX 级和 MEM 级的两条指令存在数据冒险	条件 c 且 EX/MEM.Rd≠0 且 M_Wreg = 1

首先最直观的一组检测条件是，分别判断处于 EX 级指令的两个源操作数寄存器号是否和处于 MEM 级或 WB 级指令的目的寄存器号相等。回忆 MEM 级和 WB 级指令的目的寄存器号保存在哪里？对了，分别保存在 EX/MEM.Rd 和 MEM/WB.Rd 中。但是在前面的流水线模型机结构图中，EX 级并没有保存 EX 级指令的两个源操作数寄存器号，也没有保存 EX 级指令的类型。我们假定用信号 E_Rs 和 E_Rt 分别表示 EX 级指令的 rs 和 rt 操作数，用信号 E_Inst 表示 EX 级指令的类型。我们先看看下面 4 个检测条件：

[条件 a] E_Rs == EX/MEM.Rd

判断 EX 级指令的 rs 字段是否和 MEM 级指令的目的寄存器号相同。

[条件 b] E_Rs == MEM/WB.Rd

判断 EX 级指令的 rs 字段是否和 WB 级指令的目的寄存器号相同。

[条件 c] (E_Rt == EX/MEM.Rd) & ((E_Inst == I_add) | (E_Inst == I_sub) | (E_Inst == I_and) | (E_Inst == I_or) | (E_Inst == sw) | (E_Inst == beq) | (E_Inst == bne))

判断 EX 级指令的 rt 字段是否和 MEM 级指令的目的寄存器号相同，需要排除 EX 级指令的 rt 字段用于表示目的寄存器的情况。例如，考虑两条指令，前一条为：sub $2, $1, 100，后一条为：lw $2, 20($3)，显然这两条指令都更新寄存器$2，不存在数据冒险关系。

[条件 d] (E_Rt == MEM/WB.Rd) & ((E_Inst == I_add) | (E_Inst == I_sub) | (E_Inst == I_and) | (E_Inst == I_or) | (E_Inst == sw) | (E_Inst == beq) | (E_Inst == bne))

判断 EX 级指令的 rt 字段是否和 WB 级指令的目的寄存器号相同，需要排除 EX 级指令的 rt 字段用于表示目的寄存器的情况。

例如，图 6-11 所示的指令序列 2 中，第一条指令和第二条指令满足上述的条件 c，因为当第二条指令处于 EX 级时，第一条指令就处于 MEM 级。同理，第一条指令和第三条指令满足上述的条件 b。

我们仔细思考，不难发现，只有上述 4 个检测条件还不够，还需要考虑下面三种情况：

（1）某些指令可能不写回寄存器，例如 sw 指令和 beq 指令，或者某些指令的写信号被关闭。例如，前一条指令为：sw $2, 100($1)，后一条指令为：add $3, $4, $2。显然第一条指令只读寄存器$2 的值，与后一条指令不存在数据冒险，但是它们却满足条件 c。因此还需要检测处于 MEM 级或 WB 级指令的寄存器堆写使能信号 M_Wreg 或 W_Wreg 是否有效。

（2）MIPS 要求寄存器$0 的值始终为 0，所以不必考虑指令在寄存器$0 上产生的数据冒险。

（3）如果存在下面指令序列：

```
subi $2, $1, 100;
and $2, $4, $1;
ori $8, $2, 100;
```

即第三条指令分别与第一条、第二条指令存在数据冒险，那么按照执行逻辑，当第三条指令处于 EX 级时，应选择处于 MEM 级的第二条指令的前推。因此，在判断逻辑模块的代码实现时，应先判断相邻两条指令是否存在数据冒险。

例题 6.6

试判断上述 4 个检测条件 a ~ d 能否检测出下面几种情况的数据冒险？

(a)	(b)	(c)
subi $2, $1, 100; sw $2, 20($5);	subi $2, $1, 100; beq $2, $3, L1;	lw $2, 20($5); ori $8, $2, 100;

解答

对指令序列（a），符合检测条件 c；对指令序列（b），符合检测条件 a；对指令序列（c），符合检测条件 a。

两个多路选择器选择信号 FwdA 和 FwdB 的值的生成条件如表 6-2 的第 4 列所示。结合前面的分析，不难看出，该表对应的数据冒险的检测阶段是 EX 级。为了流水线的实现规整，我们完全可以在 ID 级就生成两个多路选择器的选择信号，因此需要把表 6-2 中生成条件所涉及的阶段整体前移一个阶段，即判断处于 ID 级的指令是否和处于 EX 级或 MEM 级的指令存在数据冒险。我们需要在 ID 级控制部件 CONUNIT 的基础上增加以下端口：

- 增加输入端口 Rs 和 Rt，用于输入 ID 级指令的 rs 和 rt 字段；
- 增加输入端口 E_Rd、M_Rd、E_Wreg 和 M_Wreg，分别连接 ID/EX.Rd、EX/MEM.Rd、ID/EX.Wreg 和 EX/MEM.Wreg 的输出；
- 增加输出端口：FwdA 和 FwdB，用于输出 EX 级两个多路选择器的选择信号。

更完整的流水线结构图如图 6-16 所示。

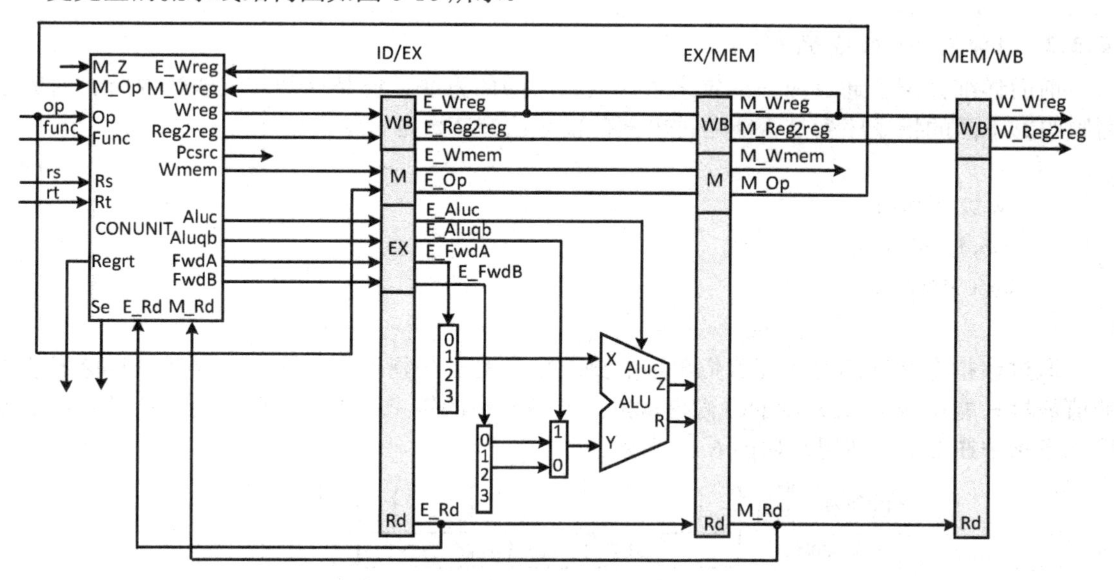

图 6-16　ID 级增加内部前推控制模块后的部分流水线架构图

CONUNIT 中增加的端口及部分代码如下所示。

```
module CONUNIT (…, E_Rd, M_Rd, E_Wreg, M_Wreg, Rs, Rt, FwdA, FwdB, … );
  …
  input E_Wreg, M_Wreg;
  input [4:0] E_Rd, M_Rd, Rs, Rt;
  output [1:0] FwdA, FwdB;
  …
  always @ (E_Rd, M_Rd, E_Wreg, M_Wreg, Rs, Rt) begin
    FwdA=2'b00; //默认的选择
    if ((Rs == E_Rd) & (E_Rd != 0) & (E_Wreg == 1)) begin
      FwdA=2'b10; //和 EX 级指令存在数据冒险
    end else begin
```

```
            if ((Rs == M_Rd) & (M_Rd!=0) & (M_Wreg == 1)) begin
              FwdA=2'b01; //和 MEM 级指令存在数据冒险
            end
          end
          FwdB=2'b00; //默认的选择
          …//同理，FwdB 的生成逻辑根据表 6-2 实现
        end
endmodule
```

6.3.3 Lw 指令的数据冒险

前面详细介绍了通过内部前推来解决数据冒险的方法，但是这种方法能解决所有的数据冒险吗？下面的指令序列是否能通过内部前推方法解决数据冒险：

```
lw $2, 30($3);
subi $1, $2, 100;
andi $4, $2, 20;
```

通过该指令序列的时序图我们可以看到，由于第一条指令需要访存，因此从存储器读出的值最早只能在 WB 级开始的时候提供给处于 EX 级的第三条指令使用，而无法及时提供给第二条指令在 EX 级使用，如图 6-17 所示。

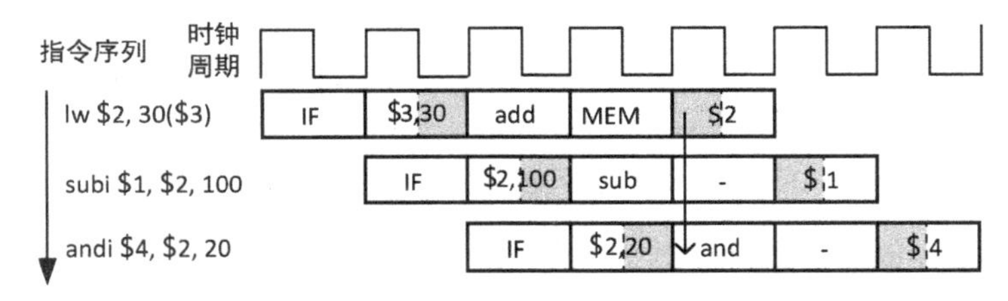

图 6-17 指令序列的时序图

因此，在该序列中，第一条指令和第二条指令仍然存在风险：尽管满足表 6-2 给出的 FwdA=10 的检测条件，但是该前推通路仍然无法使 subi 指令获得正确的$2 的值。我们把这种情况称为 lw 指令的数据冒险。对于 lw 指令的数据冒险，我们只能让 lw 指令的下一条指令阻塞一个时钟周期，这样才能保证该指令能获取正确的操作数值。因此我们还需要对图 6-16 给出的控制逻辑做进一步修改，增加对 lw 指令的数据冒险的检测和暂停流水线的实现。

（1）检测是否存在 lw 指令的数据冒险

由于检测单元仍然放置于 CONUNIT 部件内，并且 Reg2reg 信号可以唯一地区分 lw 指令和其他指令，因此检测 lw 指令的数据冒险的条件可写为：

((Rs == E_Rd) | (Rt == E_Rd)) & (E_Reg2reg == 0) & (E_Rd != 0) & (E_Wreg == 1)

（2）暂停流水线的实现

我们在 6.2.2 节中介绍过可以通过插入气泡来暂停流水线，但是在流水线中插入气泡如何实现呢？回顾图 6-17 所给出的时序图，我们希望第二条指令的 EX 级能延后一个时钟周期与第一条指令的 MEM 级对齐，这样第二条指令就能通过内部前推获得正确的操作数了。为了达到这个效果，我们可以在图 6-17 中的第二个时钟周期关闭 PC 寄存器和 IF/ID 流水线寄存器组的写使能信号，那么在第三个时钟周期开始的时候，分析流水线的行为如下：

- PC 寄存器的输出维持不变，IF 级仍为 andi 指令；
- IF/ID 流水线寄存器组的输出维持不变，ID 级仍为 subi 指令；
- 由于没有关闭 ID/EX 流水线寄存器组的写使能信号，因此在第二个时钟周期处于 ID 级的 subi 指令进入了 EX 级；
- 由于没有关闭 EX/MEM 流水线寄存器组的写使能信号，因此在第二个时钟周期处于 EX 级的 lw 指令进入了 MEM 级。

此时我们发现，在第三个时钟周期，ID 级和 EX 级都是 subi 指令，并且 ID 级的 subi 指令和 MEM 级的 lw 指令已经隔开了一个时钟周期，因此我们需要 ID 级的 subi 指令正常执行，而不需要 EX 级的 subi 指令。要消除 EX 级的 subi 指令也很简单，只需要在第二个时钟周期将 ID/EX 流水线寄存器组的 Clrn 端口信号清 0，这样在第三个时钟周期，EX 级的指令变为空指令。图 6-18（a）给出了对应上述过程的简化时序图。从图 6-18（a）还可以看出，在第五个时钟周期，写操作提前半个时钟周期已经可以保证 lw 指令和 andi 指令之间没有风险。

为了实现 lw 指令的数据冒险检测，以及关闭 PC、IF/ID 流水线寄存器组的写使能信号和将 ID/EX 流水线寄存器组的 Clrn 端口信号清 0，还需要在图 6-16 给出的 CONUNIT 基础上再增加一个输入端口 E_R2r 和一个输出端口 stall，其中 E_R2r 端口用于接收 EX 级 E_Reg2reg 的输入，stall 端口输出高电平当且仅当 lw 指令的数据冒险条件成立，修改后的流水线如图 6-18（b）所示。

基于图 6-18（b），我们再分析 lw、subi 和 andi 三条指令的执行过程：在第二个时钟周期，lw 指令处于 EX 级，subi 指令处于 ID 级，lw 指令的数据冒险条件成立，则控制部件 CONUNIT 的 stall 端口输出高电平。由于在 stall 端口接有一个非门，则 PC、IF/ID 流水线寄存器组的写使能输入信号和 ID/EX 流水线寄存器组的 Clrn 输入信号都为低电平，因此在第二个时钟周期结束的上升沿，PC、IF/ID 流水线寄存器组的内容保持不变，而 ID/EX 流水线寄存器组的所有子寄存器内容清 0。下面给出模块 CONUNIT 的部分新增代码实现。

```
module CONUNIT (…, E_R2r, stall, … );
  …
  input E_Reg2reg;
  output stall;
  …
  assign stall = ((Rs == E_Rd) | (Rt == E_Rd)) & (E_R2r == 0) & (E_Rd != 0) & (E_Wreg == 1);
  …
end
```

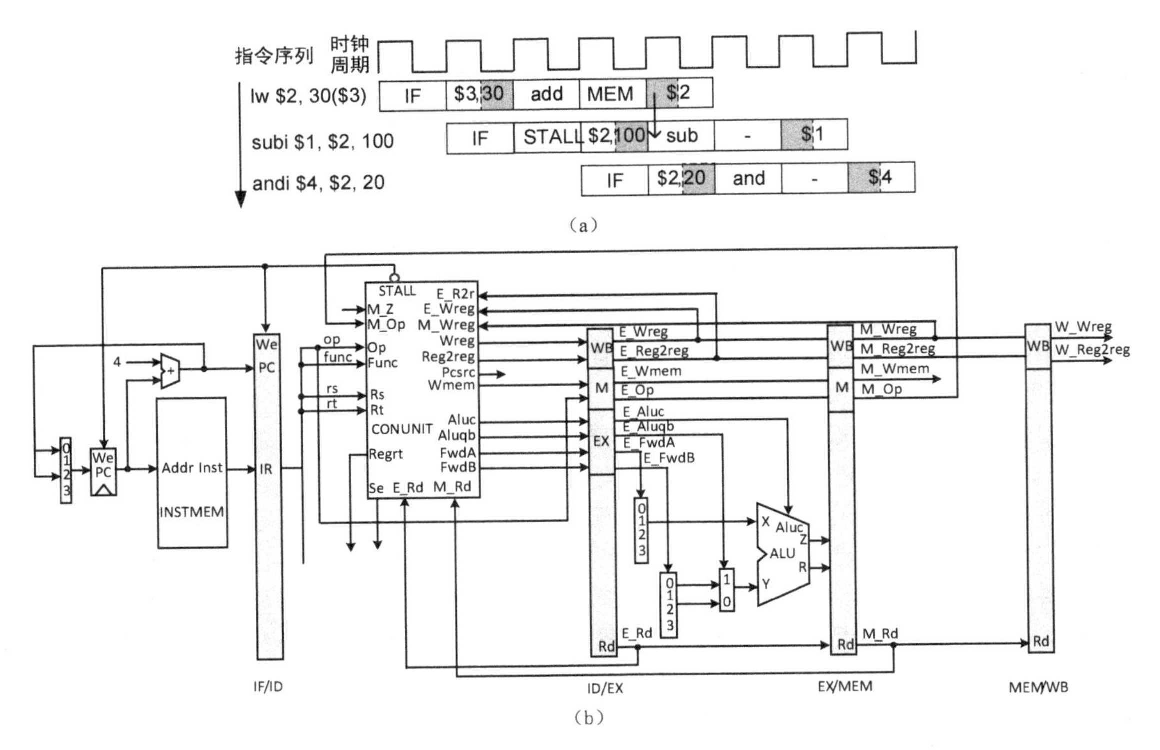

图 6-18 暂停流水线的实现方法及其时序图

6.4 控制冒险的解决策略

我们在 6.2.2 节中分析过，条件分支指令及其下一条指令存在控制冒险，因此需要让流水线阻塞三个时钟周期来保证正确分支的指令进入流水线。在本节中我们继续分析如何减少由于控制冒险引起的流水线性能损失，并给出实现的方法。

6.4.1 缩短分支的延迟

一种减少控制冒险的性能损失方法是，缩短分支的决策时间。如果假设图 6-10 中 M_Z 信号和分支目标地址的输出阶段从 MEM 级前移到 EX 级，那么图 6-9（c）中的指令序列只需要被阻塞 2 个时钟周期就能解决控制冒险了，因为正确的目标地址在 EX 级就形成了，然后在 EX 级结束时就更新了 PC 寄存器，如图 6-19 所示。因此，可以看出，如果在流水线中能尽早完成分支的决策，就可以减少性能损失。

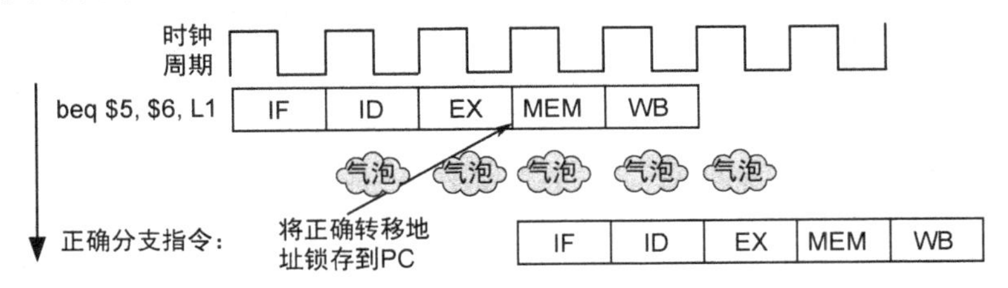

图 6-19 分支判断阶段前移到 EX 级后的时序图

分支的决策涉及两个方面：分支的目标地址和分支的判断条件。

- 图 6-10 中的 IF/ID 流水线寄存器组已经锁存了 PC+4 的值，ID 级也能获得指令的所有字段，因此可以将 EX 级的移位器和计算分支目标地址的加法器前移到 ID 级，这样在 EX 级开始时就可以向 PC 寄存器输出正确的目标地址。
- 判断分支条件是否成立要稍复杂些，因为判断两个寄存器的值是否相等可能会涉及数据冒险的情况。在图 6-18 中，由于在流水线的 EX 级增加了内部前推控制模块，因此分支条件的判断逻辑最早只能前移到 EX 级，使得流水线可以少阻塞一个时钟周期来保证正确分支的指令进入流水线。

因此，在 EX 级处理控制冒险的过程与处理 lw 指令的数据冒险过程类似，需要先判断分支指令的转移条件是否成立：若成立，则需要消除紧跟分支指令进入流水线且分别处于 IF 级和 ID 级的两条后续指令。消除的方法是，用将控制部件 CONUNIT 的输出端口 Condep 连接到流水线寄存器组的 Clrn 端口，以消除错误指令。因此需要在图 6-18 给出的流水线结构上做如下修改，如图 6-20 所示。

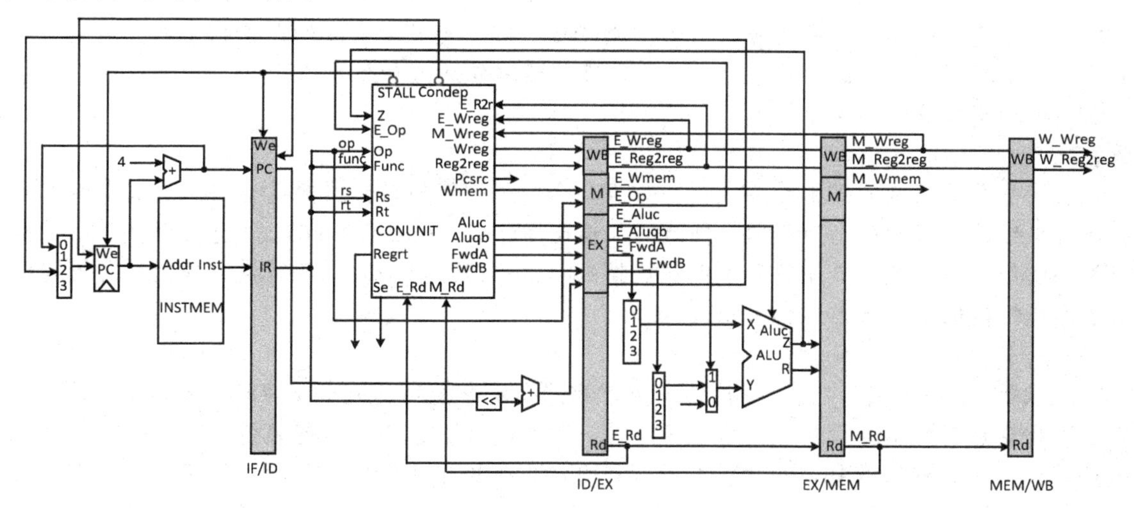

图 6-20　解决控制冒险的流水线结构

- 条件分支指令的目标地址前移到 EX 级提供给 PC 寄存器作为输入来源之一；
- ALU 的 Z 信号直接提供给控制部件 CONUNIT 使用，并将原输入端口 M_Z 改为 Z；
- EX 级的 E_Op 信号提供给控制部件 CONUNIT 使用，并将原输入端口 M_Op 改为 E_Op；
- 控制部件 CONUNIT 新增输出端口 Condep，输出值取反后连接到流水线寄存器组 IF/ID 和 PC 寄存器的 Clrn 端口，其输出逻辑函数应改为（其中 E_beq 和 E_bne 的逻辑函数分别与 M_beq 和 M_bne 的逻辑函数一致）：(E_beq & Z) | (E_bne & ~Z)。

分析修改后的流水线，在条件分支指令处于 EX 级时判断分支条件是否成立，若成立，则控制部件 CONUNIT 的 STALL 端口输出高电平，IF/ID 和 ID/EX 流水线寄存器组的 Clrn 端口输入为低电平。在该时钟周期结束时，IF/ID 和 ID/EX 流水线寄存器组的内容清 0，即变为两条空指令。这样在下一个时钟周期开始时，正确的目标指令处于 IF 级，ID 级和 EX 级都是编码为全 0 的空指令，条件分支指令进入 MEM 级。

6.4.2 减少性能损失的其他方法

前面我们对控制冒险带来的性能损失进行了一定程度的优化，但是在某些更深的流水线中，处理控制冒险的代价将增加。前面我们已经看到，越早完成分支的决策，对性能的损失越小，但是由于流水线数据路径的限制，分支决策的提前受到很大的限制。那么我们可以考虑在分支的真正决策形成前，先提前猜测分支是否发生并提前准备好目标地址，让猜测分支的指令尽早进入流水线。如果猜测正确，那么流水线需要阻塞的时钟周期可以进一步减少；如果猜测错误，那么必须能消除进入流水线的错误指令。实现猜测分支决策的一种策略是在指令执行过程中动态判断分支的转移分支，这种技术称为**动态分支预测**（Dynamic Branch Prediction）。通过下面的例题分析分支预测技术对性能的影响。

例题 6.7

假设分支指令约占执行指令的 17%，并且流水线中采用了分支预测机制。若预测正确，则分支指令之后的指令不需要停顿；若预测错误，则分支指令之后的两条指令需要清空。其他指令的 CPI 都为 1。试计算当分支预测正确的概率分别为 90%和 50%时，流水线的实际性能相对于理想性能的加速比各为多少。

解答

当分支预测正确的概率为 90%时，每条指令的平均停顿时钟周期数=10%×17%×2=0.034，因此流水线的实际性能相对于理想性能的加速比为：1/(1+0.034)=0.967。当分支预测正确的概率为 50%时，每条指令的平均停顿时钟周期数=50%×17%×2=0.17，因此流水线的实际性能相对于理想性能的加速比为：1/(1+0.17)=0.855。

从例题 6.7 的计算中可以看出，分支预测的正确率越高，流水线性能损失越小。那么如何实现分支是否发生的预测呢？这种策略的一种实现方法是**分支预测缓存**（Branch Prediction Buffer）。分支预测缓存是一小块按照分支指令的低位地址进行索引的缓存（可能会有多条分支指令的地址映射到同一缓存地址），其中每项包括 1 位或多位的预测数据位。最简单的分支预测缓存的预测位只有 1 位，若其值为 1，则预测分支发生；反之，若该位的值为 0，则预测分支不发生。如果预测结果与事实相反，则修改该位的值，其过程如图 6-21（a）所示。下面通过一个例题来分析下 1 位预测位的预测效果。

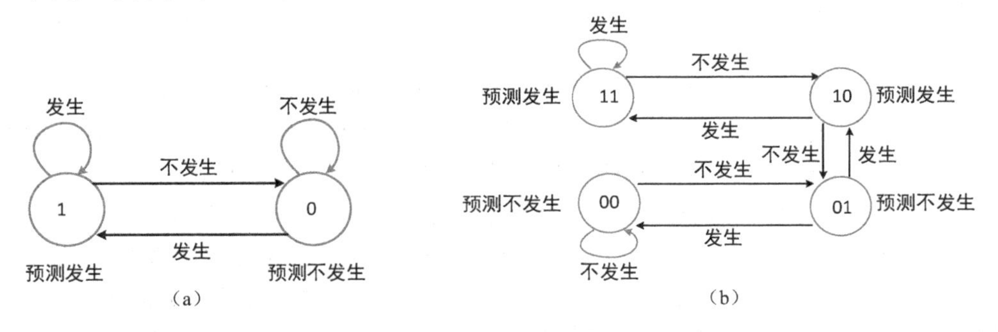

图 6-21　1 位预测位和 2 位预测位的状态图

例题 6.8

考虑一个循环分支，假设该分支连续发生了 2 次。那么采用 1 位预测位的预测正确率是多少？如果假设该分支连续发生了 10 次，那么 1 位预测位的正确率又是多少？

解答

显然该方法在该循环分支的第一次和最后一次预测时会预测出错。如果该分支连续发生了 2 次，则三次分支预测的结果分别是：不发生、发生、发生，而实际结果为：发生、发生、不发生，因此预测正确率为 1/3。如果假设该分支连续发生了 10 次，则可以计算出预测正确率为 81.8%。

从图 6-21（a）还可以看出，1 位预测位的预测结果受单次分支的实际结果干扰太大，因为一旦预测错误，就会立即修改下一次的预测结果。因此在更多的处理器上使用了两位预测位的方案，只有连续两次预测错误时才会修改预测位的值，如图 6-21（b）所示。

动态分支预测的另一种实现技术——**分支目标缓存**（Branch Target Buffer），同样是使用分支指令的低位地址进行索引的小容量缓存，但与分支预测缓存不同的是，分支目标缓存的每项存储的是预测的分支目标地址。按照分支指令的低位地址进行索引，如果对应的地址项不为空，则读取该预测目标地址，并从此处开始取指执行。

另一种避免分支预测带来的性能损失的方法是，在编译阶段保持原代码功能不变的条件下调整代码的顺序，把分支指令的后一条或多条指令调整为始终会执行的指令，这样无论分支条件是否成立，都可以不消除分支指令后的控制冒险指令。例如，图 6-6 给出的指令序列 1 中的指令“lw $8, 100($7)”肯定要执行，且放到“beq $5, $6, L1”之后不影响原指令序列功能，因此“lw $8, 100($7)”可以调整到分支指令“beq $5, $6, L1”之后，且不管分支是否发生均不用消除指令“lw $8, 100($7)”的执行，因此能减少前述流水线中一个时钟周期的损失。

6.5　流水线中的异常和中断

我们已经在 5.4 节中学习过了异常和中断的基本知识，并且知道了响应异常和中断的主要过程以及在单周期处理器中的实现方法，但是由于在流水线中同时有多条指令存在，因此异常和中断的处理机制比单周期处理器中复杂得多。本节主要介绍在流水线中处理异常的原则和方法，而不再像 5.4 节那样进行更细节的设计部分讨论。

在流水线中，由于把指令的执行过程分成了 5 个阶段，因此每个阶段可能出现的异常是不同的，如表 6-3 所示。在单周期处理器中，由于指令是顺序执行的，因此即便在某条指令执行过程中产生了多次异常，也不影响响应这些异常的顺序。但是在流水线中，两条指令可能在同一个时钟周期内都出现异常，如图 6-22（a）所示。并且另一种可能出现的情况是，后一条指令比前一条指令先产生异常，如图 6-22（b）所示。为了保证正确的异常响应顺序，即不同指令产生的异常应先响应前一条指令产生的异常，同一指令产生的多个异常应先响应前一阶段产生的异常，因此在流水线中应设置一个能按指令顺序推迟异常响应的机制，可按以下方式实现：

表 6-3 各类异常可能产生的阶段

阶　段	可能产生的异常类型
IF	取指时发生缺页 存储器访问边界未对齐 违反了存储器访问权限
ID	未定义的指令 指令中有非法操作码
EX	算术异常
MEM	存取数据时缺页 存储器访问边界未对齐 违反了存储器访问权限
WB	无

- 改进 5.4 节中的 Cause 寄存器控制信号，使得其能够记录流水线中每条指令产生的第一个异常原因。
- 由于每条指令在 IF 级结束时已经将其地址值+4 的值暂存在 IF/ID 中，因此还需要在 ID/EX 和 EX/MEM 流水线寄存器组中继续逐级暂存该值。如果某条指令在某级产生了异常，则将该值减 4 的值作为返回地址保存进寄存器 EPC 中。
- 当处于 MEM 阶段的指令即将完成 MEM 阶段的执行时，检查该条指令的 Cause 寄存器，看是否有挂起未响应的异常。如果有，Status 寄存器也没有屏蔽该异常，则消除处于 EX 级、ID 级和 IF 级的指令，把处于 MEM 阶段的指令地址保存进 EPC 寄存器中，并用异常/中断处理程序的入口地址在下一个时钟周期开始时更新 PC 寄存器的值。

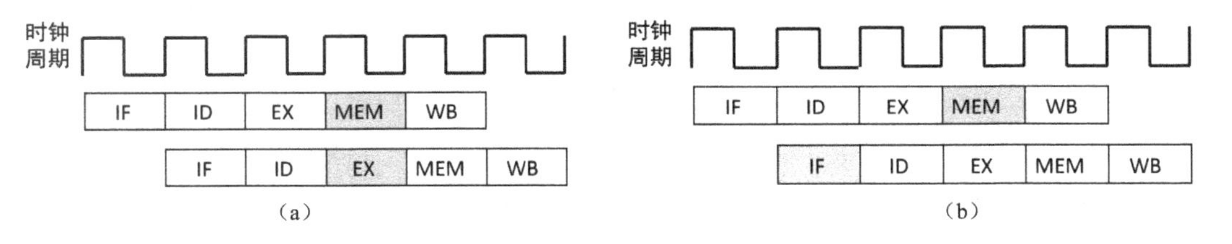

图 6-22 流水线中两种可能的出现异常情况

例题 6.9

考虑下面指令序列：

0x00C0 0200：subi \$2, \$1, 100;

0x00C0 0204：and \$3, \$1, \$4;

0x00C0 0208：lw \$8, 100(\$7);

0x00C0 020C：or \$13, \$1, \$7;

0x00C0 0210：addi \$10, \$5, 30;

0x00C0 0214：ori \$6, \$9, 20;

假定异常/中断处理程序的开始部分的指令如下：

0x80000180:mfc0 $s1, Status;

试分析当“lw $8, 100($7)”指令发生溢出异常时流水线的响应过程。

解答

尽管“lw $8, 100($7)”指令发生溢出异常时处于 EX 阶段，但是流水线在其处于 MEM 级快结束时才响应溢出异常，此时“ori $6, $9, 20”指令处于 IF 级，“addi $10, $5, 30”指令处于 ID 级，“or $13, $1, $7”指令处于 EX 级。因此该时钟周期结束时，地址 0x00C0 0208 被锁存进 EPC 寄存器中，地址 0x80000180 被锁存进 PC 寄存器中，把 IF/ID、ID/EX 和 EX/MEM 流水线寄存器组的所有内容清 0，“lw $8, 100($7)”指令的寄存器写使能信号被关闭。在下一个时钟周期开始时，“mfc0 $s1, Status”指令处于 IF 级，而 ID 级、EX 级和 MEM 级均为空指令，“lw $8, 100($7)”指令处于 WB 级。

6.6　指令集并行的高级实现技术

如前所述，流水线是一种指令级并行技术，在 6.1 节中我们分析过流水线性能提高的理论倍数等于其级数。但是流水线的级数划分受到诸多限制，因此我们还可通过复制处理器内部部件的数量，使得每个时钟周期可以启动多条指令，进一步提高指令的并行度。这种技术称为**多发射**（Multiple Issue）。多发射技术使得在一个时钟周期内可以完成多条指令，即可以达到 CPI 小于 1。例如，假设一个四路多发射处理器有 4 条 5 级流水线，那么理论上每个时钟周期可以完成 4 条指令，即 CPI=0.25。目前，高端微处理器可以在每个时钟周期内发射 3～6 条指令。但是必须要知道，能同时执行的指令肯定会存在很多约束。因为在单条流水线中所涉及的各类冒险问题在多发射技术中同样涉及，并且更为复杂。

多发射微处理器选择同时发射的指令的方法有两种，一种是在编译阶段由编译器把合适的指令进行配对，这样微处理器在每个时钟周期就按照编译器的配对方式同时发射指令，这种方式也称为静态多发射；另一种是在指令执行时由硬件动态发现能配对的指令，这种方式也称为动态多发射。很多现代微处理器都把这两种方法结合使用，没有哪一种方法是完全独立使用的。

6.6.1　静态多发射处理器

静态多发射处理器使用编译器来对每个时钟周期要发射的多条指令进行封装，形成发射包（Issue Packet）。在编译器形成每个时钟周期的发射包时，需要考虑指令间的数据冒险和控制冒险，并且可能还需要进一步考虑静态分支预测和代码调度，以减少或消除可能的冒险。下面我们通过考察一个简单的双发射 MIPS 处理器来了解静态多发射处理器的工作机制。

假设一个双发射 MIPS 处理器在每个时钟周期同时发射两条成对指令，其中前一条指令需要是整数 ALU 运算或是分支指令，后一条指令需要是取数指令或存数指令，并且两条指令需要成对顺序放在以 64 位对齐的内存区域中。如果无法找到可以配对的两条指令，则其中一条可以用空指令代替。表 6-4 给出了其在每个时钟周期的执行示例。有的双发射 MIPS 处理器依赖编译器避免所有的冒险问题，编译器通过调度指令和插入空指令使得代码在执行时完全不需要冒险检测或由硬件暂停流水线的执行；另外一些双发射 MIPS 处理器由硬件检测不同指令对之间的冒险，同一指令对中的两条指令之间的冒险由编译器处理。

表 6-4 静态双发射 MIPS 处理器在每个时钟周期的执行示例

指令类型	流水线阶段						
ALU 或分支	IF	ID	EX	MEM	WB		
load 或 store	IF	ID	EX	MEM	WB		
ALU 或分支		IF	ID	EX	MEM	WB	
load 或 store		IF	ID	EX	MEM	WB	
ALU 或分支			IF	ID	EX	MEM	WB
load 或 store			IF	ID	EX	MEM	WB

为了并行发射一个 ALU 操作和数据访问操作，除需要增加冒险检测逻辑和流水线阻塞逻辑之外，还需要再增加寄存器堆的两个读端口和一个写端口。另外，为了支持两条指令的 ALU 运算，还需要一个额外的加法器来为取/存数据指令计算有效地址，如图 6-23 所示。理论上双发射处理器可以将性能提升两倍，但是数据冒险和控制冒险也增加了性能损失。注意，图 6-23 并不是一个完整的静态双发射流水线，但我们假定它具有 6.3 节所介绍的流水线技术如下特征。

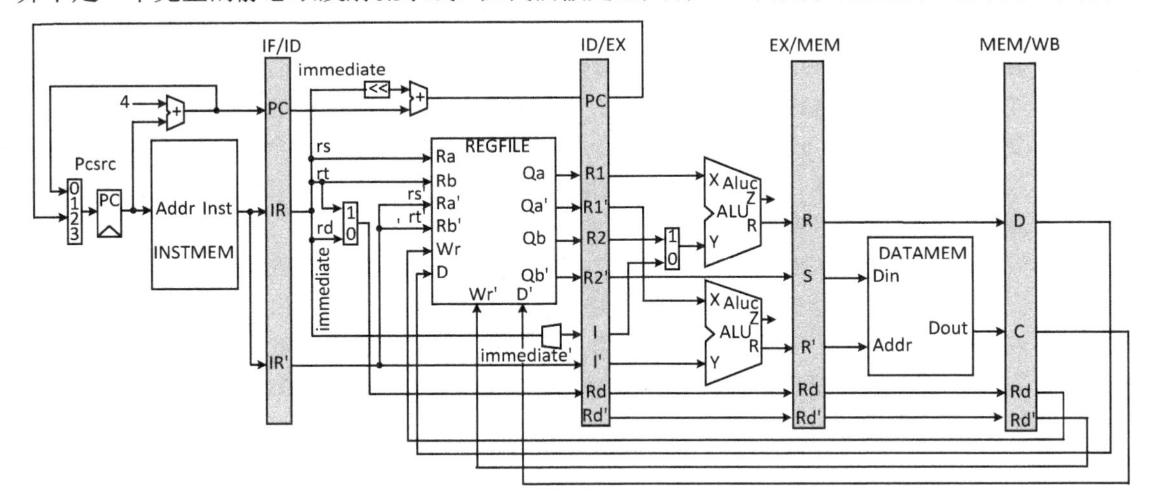

图 6-23 静态双发射流水线的基本架构

- 具有内部前推机制，使得存在数据冒险的两条 ALU 指令或者一条 ALU 指令和一条存数据指令如果被分别分配在前后两个时钟周期内，则不用暂停流水线。但是这样的两条指令是不能成为一个配对指令对运行在上述的双发射处理器中的。例如，若将指令“addi $1, $1, -4”和“lw $2, 15($1)”进行配对，则后一条指令所读取到的$1 的值并不是前一条指令减 4 后的新值，而是减 4 前的旧值。
- lw 指令的结果同样不能由其发射时钟周期的下个时钟周期所发射的两条指令使用，因此 lw 指令的后两条指令均不能无阻塞地使用 lw 指令的结果，需要再间隔一个时钟周期。

例题 6.10

在上述双发射 MIPS 处理器中，下面给出的循环代码序列该如何配对？对比其在单流水线中的最后一条指令的发射时钟周期。

```
Loop：lw $2, 15($1);
      addi $2, $2, 3;
      sw $2, 15($1);
      addi $1, $1, -4;
      bne $1, $0, Loop;
```

解答

分析指令序列，不难发现，前三条指令存在数据冒险，后两条指令也存在数据冒险。因此，按照前述的分析，凡存在数据冒险的指令是不能分配在同一个时钟周期内发射的。编译器分配的指令对如下：

	ALU 或分支指令	取/存数据指令	发射时钟周期
Loop：	空指令	lw $2, 15($1)	1
	addi $1, $1, -4	空指令	2
	addi $2, $2, 3	空指令	3
	bne $1, $0, Loop	sw $2, 19($1)	4

注意，指令“addi $1, $1, -4”提前到了指令“sw $2, 15($1)”的前面，因此指令“sw $2, 15($1)”中的访存地址要加 4。

在单流水线中，最后一条指令“bne $1, $0, Loop”的发射时钟周期是 6。

例题 6.10 中对于该循环指令的配对不是一种高效的配对，因为其中有三个指令包对都只有 1 条有效指令。那么还有没有更高效的配对方式呢？答案是有的，不过还需要编译器继续对指令序列进行优化。如果我们在编译时能知道寄存器$1 的值，编译器就能确定出这个循环需要执行的次数。假设寄存器$1 的值为 8，那么循环需要执行两次。既然确定了循环的次数，那么完全可以把循环打开，消除掉第一个分支指令“bne $1, $0, Loop”，如下面第一列代码所示。然后考虑第一次循环体中的“addi $1, $1, -4”指令，其主要作用是修改作为存储器地址索引的寄存器$1 的值，那么完全可以直接修改后面的指令的访存地址，以消除这条不必要的指令，修改后的指令序列如下面第二列代码所示。尽管已经消除了两条指令，但是剩下的指令在寄存器$2 上存在大量的数据冒险，直接影响了指令配对的选择。仔细观察后，不难发现，第二列指令中的第 3～5 条指令的目标寄存器并不是必须要用$2，而是可以选择另一个无关的寄存器（这里假设为$7）进行替换，替换后的指令间的数据冒险就减少了，如第三列代码所示。

```
Loop: lw $2, 15($1);        Loop: lw $2, 15($1);        Loop: lw $2, 15($1);
      addi $2, $2, 3;             addi $2, $2, 3;             addi $2, $2, 3;
      sw $2, 15($1);              sw $2, 15($1);              sw $2, 15($1);
      addi $1, $1, -4;            lw $2, 11($1);              lw $7, 11($1);
      lw $2, 15($1);              addi $2, $2, 3;             addi $7, $7, 3;
      addi $2, $2, 3;             sw $2, 11($1);              sw $7, 11($1);
      sw $2, 15($1);              addi $1, $1, -8;            addi $1, $1, -8;
      addi $1, $1, -4;            bne $1, $0, Loop;           bne $1, $0, Loop;
      bne $1, $0, Loop;
```

编译器按照第三列代码分配的指令对如表 6-5 所示。由于指令“addi $1, $1, -8”提前到了第二个时钟周期发射，因此后面受影响的两条 sw 指令需要修改立即数字段。通过编译器对循环的代码调整，使得在第 5 个时钟周期就发射完该指令序列的所有指令，比例题 6.10 中的代码发射性能更好。这种由编译器将循环打开后进行代码优化的技术称为**循环展开**（Loop Unrolling）。

表 6-5 静态双发射 MIPS 处理器在每个时钟周期的执行示例

	ALU 或分支指令	取/存数据指令	发射时钟周期
Loop：	空指令	lw $2, 15($1)	1
	addi $1, $1, -8;	lw $7, 11($1)	2
	addi $2, $2, 3	空指令	3
	addi $7, $7, 3;	sw $2, 23($1)	4
	bne $1, $0, Loop	sw $7, 19($1)	5

6.6.2 动态多发射处理器

动态多发射处理器也被称为**超标量**（Superscalar）处理器，在每个时钟周期由硬件决定发射指令及数量。回顾前面介绍的流水线模型机的执行方式，如果前一条指令没有进入流水线，后续指令也不能进入流水线。

以下面 4 条指令为例：

```
lw $2, 15($1);
addi $3, $2, 3;
sub $4, $1, $6;
addi $7, $8, -4;
```

第一条指令需要访存，如果访存速度较慢（将在第 7 章中介绍访存操作变慢的原因，即高速缓存缺失），则会影响第二条指令的执行速度，因为第二条指令依赖于第一条指令的访存结果。但是第三条和第四条指令跟前两条指令并没有逻辑关系，在没有结构冒险的条件下完全可以选择第三条和第四条指令先执行，避免性能损失。

因此，为了达到更高效的执行效果，动态多发射处理器需要动态选择下一个时钟周期可以发射的指令，减少等待阻塞所带来的性能损失。此外，动态多发射处理器还需要结合动态分支预测技术，使得处理器可以在预测的分支方向上进行取指和执行，并能取消预测错误的指令执行。

图 6-24 给出了一种动态流水线（即动态单发射）的设计构架。在这种架构实现中，流水线被划分为 4 级：取指与译码单元、保留站（Reservation Station）、运算部件（包括多个整数运算部件、浮点运算部件和取/存操作部件）和一个提交单元（Commit Unit）。保留站用于缓存使用该保留站的指令所需要的操作数的值。

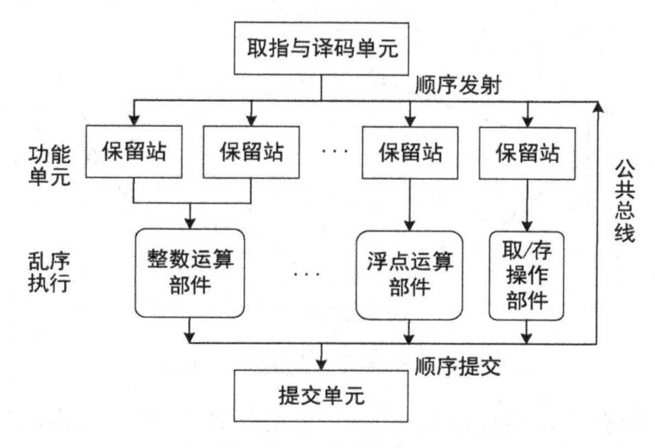

图 6-24　动态调度流水线的主要单元

每条指令先顺序进入到流水线的第一级取指与译码单元的缓存，然后如果有空闲的保留站，则进入第二级并对空闲的保留站进行占用，并不断监视公共总线，一旦该指令所需的操作数就绪，就暂存进该保留站。如果该指令所需的所有操作数都就绪，那么该指令进入到流水线的第三级进行运算部件的执行，执行完毕后将运算结果在公共总线上进行广播，以便需要该结果的保留站更新其内容。

特别注意，指令在进入第三级时并不是按顺序进入的，有可能其前面一条指令还在第二级等操作数就绪，所以指令是乱序进入第三级执行的。指令在第三级执行完毕后，进入第四级提交单元中的重排序缓冲区（Reorder Buffer），并按指令进入流水线的先后顺序进行逐条确认：若该指令没有被取消（例如分支预测错误），也没产生任何异常，则将最后的执行结果写回寄存器或存储器；如果因分支预测错误或产生了异常导致指令被取消，那么只需在重排序缓冲区中简单地丢弃该指令及后续指令即可，因为没有写回寄存器或存储器，所以不会对处理器状态造成任何影响。目前基本所有的动态流水线都采用顺序提交。

不过，动态多发射处理器还需要配合编译器的代码调整能力以达到较好的性能。但是在动态多发射处理器中不管代码是否经过调整，都由硬件来保证执行的正确性，即由硬件解决各类冒险问题。

6.6.3 浮点数流水线的扩展

本节我们简单了解如何将前面介绍的 5 级整数流水线扩展到可以支持浮点运算。在第 2 章中学习过浮点数的加、减法运算，知道浮点数的加、减法运算过程比整数更复杂，因此浮点数的加、减法运算需要花费更多的时钟周期。为了加快浮点运算指令的指令速度，同样需要将其运算过程进行流水化，如图 6-25 所示。在图 6-25 给出的流水线简单示意图中，每个部件需要一个时钟周期，因此一条浮点数加、减法指令需要 8 个时钟周期完成。需要注意的是，前面介绍的内部前推技术和暂停流水线技术仍然可以应用到该流水线中（从 MEM 级和 WB 级前推到 EX 级或 A1 级），解决整数指令之间或整数与浮点数指令之间的数据冒险。

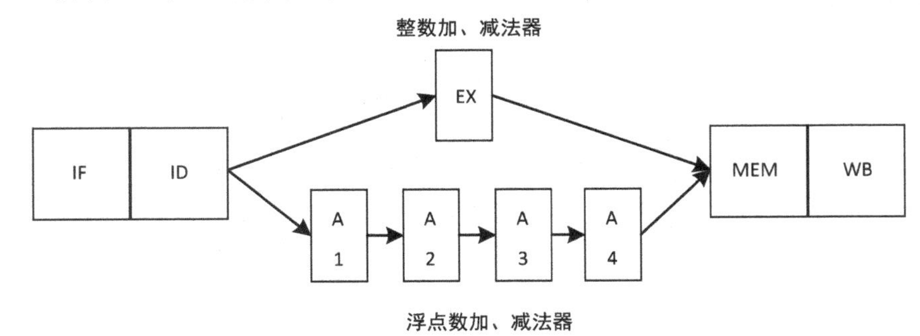

图 6-25 支持浮点运算的流水线

图 6-26 给出了三条浮点数指令的时序图，需要注意的是，浮点取数指令 l.s 计算的是访存地址，因此 EX 级仍然只需一个时钟周期。从图 6-26（a）可以看出，add.s 指令与前、后两条指令分别存在数据冒险，例如 add.s 在第四个时钟周期开始时进行计算，但是由于第一条指令在第四个时钟周期开始时还没有形成浮点寄存器 f1 的值，因此需要结合内部前推机制暂停流水线。处理后的时序图如图 6-26（b）所示。

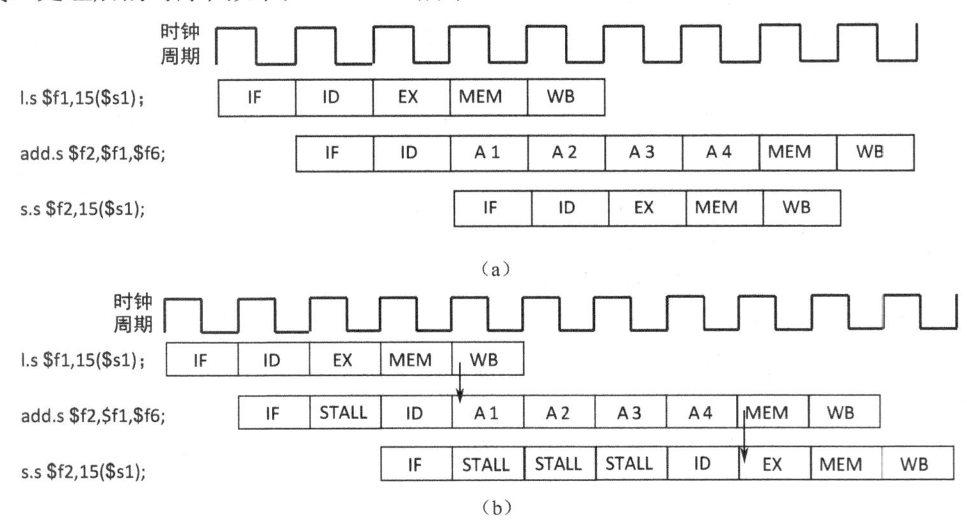

图 6-26 扩展后的流水线执行过程

除了数据冒险和控制冒险之外，该流水线还可能在写寄存器时出现结构冒险，如图 6-27 所示。

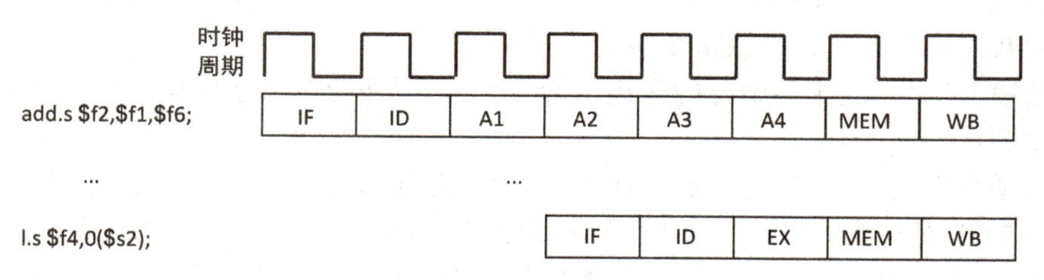

图 6-27　写寄存器的结构冒险

6.7　本章小结

本章首先介绍了流水线的基本概念，并基于第 5 章所设计的单周期模型进行了流水线扩展，给出了性能和功能分析方法。随后针对流水线中的三大冒险问题，即结构冒险、数据冒险和控制冒险分别讨论了解决办法，并进一步分析了流水线所涉及的异常和中断问题。最后介绍了两类更先进的指令级并行的流水线架构。我们将在第 9 章中进一步介绍其他更高级的处理器并行结构。

习题 6

1. 试实现 IF/ID、ID/EX、EX/MEM 和 MEM/WB 流水线寄存器组。

2. 写出图 6-20 中控制部件 CONUNIT 的实现代码。

3. 考虑三种分支预测机制：预测分支不发生、预测分支发生和动态分支预测。假定它们在预测正确时无开销，预测错误时性能损失为三个时钟周期，动态预测器的平均准确率为 90%。在此条件下，对下面的分支情况而言，哪种预测器是最好的选择？

（1）分支的发生概率为 5%，（2）分支的发生概率为 95%，（3）分支的发生概率为 70%。

4. 根据 6.3.3 节给出的解决了 lw 指令数据冒险的流水线模型机，画出下边各指令序列的时序图（标记出内部前推的时机）：

（a）指令序列 1	（b）指令序列 2	（c）指令序列 3
sub $2, $1, 100;	sub $2, $1, 100;	sub $2, $1, 100;
and $2, $4, $1;	lw $2, 20($5);	sw $2, 20($5);
or　$8, $2, 100;	or　$8, $2, 100;	or　$8, $2, 100;

5. 根据下面的指令序列，回答问题：

```
0x00C0 0200: subi $2, $1, 100;
0x00C0 0204: sw $2, 20($4);
0x00C0 0208: lw $8, 100($2);
0x00C0 020C: beq $5, $6, L1;
0x00C0 0210: ori $6, $9, 20;
```

（1）写出具有数据冒险的指令对。

（2）若采用图 6-10 的流水线模型，第二条指令“sw $2, 20($4)”应暂停几个时钟周期？试画出采用暂停流水线方式的该指令序列的时序图。

（3）若模型机为 6.3.3 节给出的解决了 lw 指令数据冒险的流水线模型机，试画出该指令序列的时序图；

（4）若模型机为 6.3.3 节给出的解决了 lw 指令数据冒险的流水线模型机，试写出当指令“sw $2, 20($4)”处于 EX 级时，两个多路选择器选择信号 FwdA 和 FwdB 分别选择哪个输入端？当指令“lw $8, 100($2)”处于 EX 级时，两个多路选择器选择信号 FwdA 和 FwdB 又应分别选择哪个输入端？

（5）假设在指令序列执行前，$1 寄存器的初始值是 100，$2 寄存器的初始值是 10，$4 寄存器的值是 10，试分别写出第二个和第三个时钟周期结束时，流水线寄存器组的 ID/EX.R1、ID/EX.R2、ID/EX.I 和 ID/EX.PC 的值。

6．根据下面的指令序列，回答问题：

```
0x00C0 0200：subi $2, $1, 100;
0x00C0 0204：beq $2, $6, L1;
0x00C0 0208：ori $6, $9, 20;
0x00C0 020C：lw $8, 100($2);
…
L1:           addi $2, $6, 100
#指令的地址为：0x00FF 02E0;
```

（1）写出具有数据冒险的指令对。

（2）若采用图 6-10 的流水线模型，第二条指令“beq $2, $6, L1”应暂停几个时钟周期？试画出采用暂停流水线方式的该指令序列的时序图。

（3）内部前推是否可以解决第一条指令和第二条指令的数据冒险？如果可以，试写出当指令“beq $2, $6, L1”处于 EX 级时，两个多路选择器选择信号 FwdA 和 FwdB 应分别选择哪个输入端？

（4）试写出指令序列中的指令 beq $2, $6, L1 的立即数字段的 16 位编码。

7．将指令 j 的数据通路增加进图 6-20 中，分析指令 j 的时序图及控制冒险问题，并给出你的解决办法。

第7章 存储系统

存储系统是计算机系统的重要组成部分，是数字计算机具备存储数据和信息能力、能够自动连续执行程序、进行信息处理的重要工作部件集合。存储系统包括不同层次的多种存储器，除了用于存放执行程序的主存储器外，还包括存放更大量数据的磁盘、光盘、磁带，以及在处理器芯片中用于提高处理器性能的高速缓存 Cache 等。

本章将介绍当前广泛应用的各类存储器的存储原理和存储系统的组织方式，并按照与 CPU 的距离远近关系，依次讨论高速缓存、主存储器、虚拟存储器和外存设备。

7.1 引言

前面说过，存储器是冯·诺依曼结构的核心部件之一，用于存储指令和数据。对于计算机来说，有了存储器，才有记忆功能，从而确保系统的正常工作。存储系统包括多种类型的存储器，可以从不同的方面进行分类。

1. 物理存储介质

从物理机制上看，凡是明显具有并能保持两种稳定状态的物质和器件，如果能够方便地与电信号进行转换，就可以作为存储介质。常用的不同物理存储介质的存储器有下面三类。

（1）半导体存储器

现在的主存储器普遍为半导体存储器：利用大规模、超大规模集成电路工艺制成各种存储芯片，每个存储芯片包含多个晶体管，具有一定存储容量；再用若干块存储芯片组织成主存储器。主存储器需要电源持续供电，如果断开电源，电路所存储的信息就会丢失，因此也称为易失性存储器。半导体存储器按结构又可分为静态存储器和动态存储器两种。

- 静态存储器，依靠双稳态触发器的两个稳定状态保存信息。只要电源正常，就能长期稳定地保存信息。

- 动态存储器，依靠电路中电容存储的电荷来暂存信息，并通过控制电容的放电或充电来实现读/写。由于制造工艺上无法完全避免电容的电荷泄漏，因此必须定时刷新每个存储单元的内容，否则存储的信息将会丢失。

图 7-1（a）是半导体存储器的通用电路符号：存储器通常需要一条 N 位位宽的地址总线用于接收 CPU 给出的地址信息，还需要一条 M 位位宽的数据总线用于接收或发出存储器的数据。因此从逻辑上可将存储器看作一个二维 $2^N \times M$ 的存储单元阵列：有 2^N 行，每行是一个 M 位字。存储器的容量可由 $2^N \times M$ 位来计算。例如，某个存储器的地址总线宽度为 8 位，数据总线宽度为 8 位，那么其存储能力为 2Kb。图 7-1（b）给出了地址分别为 0x4F 和 0x50 的 8 位字的内容示例，其中每行有 8 个位单元（Bit Cell）。每个位单元的结构如图 7-1（c）所示，其中**字线**（Wordline）为高电平输入时用于选中该位单元，**位线**用于传入或传出该位的数据；若字线为低电平，则该位单元所存储的数据保持不变。

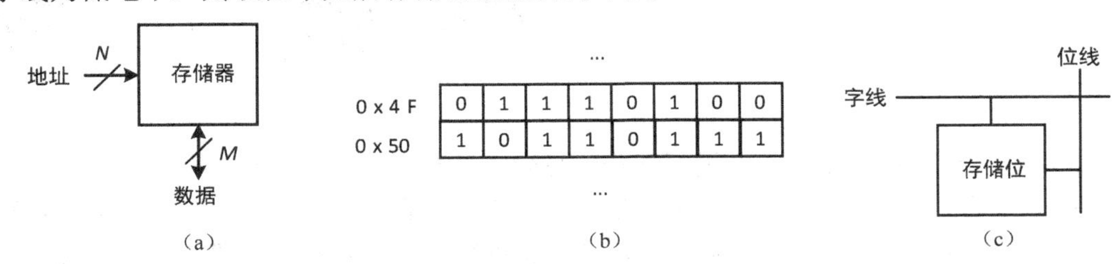

图 7-1　存储器的抽象表示

图 7-2 给出了半导体存储器的内部结构原理图，其中地址总线通过译码器能单独选中存储器的每行位单元，然后数据总线连接相应的位线来传入或传出数据。例如，为了读取地址 $(11)_2$ 的 8 个位数据，位线先处于高阻态，译码器设置字线 3 为高电平，将存储的值驱动位线，那么字线 3 对应的 8 个位单元的值被输出到位线；如果需要写入地址 $(11)_2$ 的数据，那么，位线根据数据总线的数据进行强制驱动，然后译码器设置字线 3 为高电平，将位线的值改写进对应位单元的值。注意，虽然实际的存储器容量会更大，结构也更复杂，但是其结构原理是类似的。

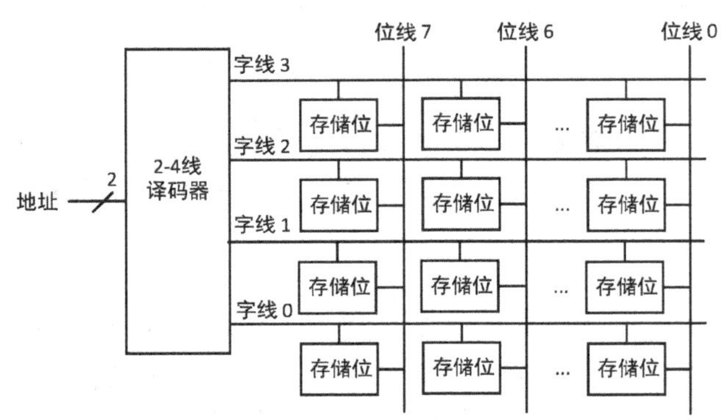

图 7-2　半导体存储器的内部结构原理

（2）磁表面存储器

磁表面存储器利用磁层上不同方向的磁化区域存储信息。磁表面存储器采用矩磁材料的磁膜，构成连续的磁记录载体，在磁头作用下，使记录介质的各局部区域产生相应的磁化状态，或形成相应的磁化状态变化规律，用以记录信息0或1。由于磁记录介质是连续的磁层，在磁头的作用下才划分为若干磁化区，因此称为磁表面存储器。

（3）光盘存储器

利用光来存储的装置，其基本原理是用激光束对记录膜进行扫描，让介质材料产生相应的光效应或热效应，例如使被照射部分的光反射率发生变化，或出现烧孔（融坑），或使结晶状态变化，或使磁化方向反转（如磁光盘存储器）等，用以记录信息 0 或 1。常用的光盘存储器分为**只读型光盘**（Compact Disk, Read Only Memory，CD-ROM），**写入式**（写一次性, Write Once Read Many，WORM）光盘，**可擦除/重写型**（可逆式）光盘。

2. 存取方式

按照信息的访问方式，存储器可分为下面三个类型。

（1）**随机访问存储器**（Random Access Memory，RAM）

主存和高速缓存 Cache 是 CPU 可以按地址直接访问的存储器。随机存取访问有两点含义：第一，可按地址对齐方式访问存储器的任一存储单元存取数据；第二，访问各存储单元所需的读/写时间相同，与被访问单元的地址无关，一般可用读/写周期（存取周期）来表明 RAM 的工作速度。

（2）**顺序访问存储器**（Sequential Access Memory，SAM）

顺序访问存储器的信息是按记录块组织且顺序存放在介质上的，访问数据所需的时间与数据存放的位置密切相关。例如磁带就是一种采取顺序存取方式的典型存储器。

（3）**直接访问存储器**（Direct Access Memory，DAM）

直接访问存储器在访问信息时，先将读/写部件直接指向某一小区域，然后在该区域中进行顺序查找，数据的访问时间与其所在的位置也有关系。磁盘是一种典型的直接访问方式的存储器，其存取方式介于纯随机存取方式与纯顺序存取方式之间，我们将在 7.5 节中对磁盘的工作方式进行详细介绍。

3. 读/写特性

按照读/写特性，存储器可以划分为**可读可写型存储器**（Read-Write Memory, RWM）和**只读型存储器**（Read-Only Memory, ROM）。常见的可读可写型存储器有 RAM、磁盘等。只读存储器在正常工作中只能读出数据，不能写入数据。计算机系统中常使用 ROM 来固化系统的核心软件和重要信息。

4. 存储器在系统中的位置

按存储器在计算机系统中所处的位置（或所起的作用），存储器又可分为高速缓存、主存储器、外存储器等，如图 7-3 所示。最靠近 CPU 的高速缓存 Cache 的访问速度最快，但是每位的价格也最贵；外存的访问速度最慢，但每位的价格也最便宜。表 7-1 给出了各层存储器的典型存取时间

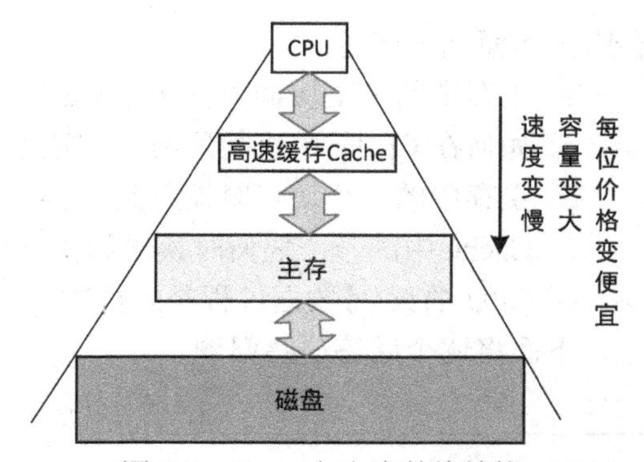

图 7-3 Cache 与主存的块结构

和价格。由于计算机的**局部性原理**[①]，使得经常需要的数据存放在离 CPU 更近的存储层次中，以提升访问数据的性能。因此采用层次化的存储系统可以使得其整体访存性能接近最快的那层存储器的性能，并且平均每位的价格也接近最便宜的那层存储器的价格。本书将在 7.2 节至 7.5 节中分别介绍各层存储器的工作原理和性能指标。

表 7-1 不同存储器的存取时间和价格

存储器技术	典型存取时间/ns	2008 年每 GB 的价格
Cache	0.5～2.5	\$2000～\$5000
主存	50～70	\$25～\$75
磁盘	5 000 000～20 000 000	\$0.02～\$2

如果处理器需要的数据在某层存储器中，则称为该层的一次**访问命中**。如果在高层存储器中没有找到所需的数据，则称为该层的一次**访问缺失**，然后在相邻的低一层存储器中继续查找。**命中率**（Hit Rate），是指在某层存储器中找到数据的次数比例。反之，**缺失率**（Miss Rate），是指在某层存储器中没有找到数据的次数比例，缺失率=1−命中率。

7.2 Cache

Cache 在存储系统中是最靠近 CPU 的存储层次，一般与 CPU 一起集成在芯片内。按其存储的数据内容，Cache 可分为三类：数据 Cache、指令 Cache 和混合 Cache。其中数据 Cache 只存储 CPU 需要访问的数据；指令 Cache 只存储 CPU 需要访问的指令；混合 Cache 中既存放数据也存放指令。Cache 与主存储器进行数据交换的最小单位称为 **Cache 块**（Cache Line），简称为块，其大小可以为数个至数十个字节不等。如前所述，由于 Cache 的容量远远小于主存，因此 Cache 的块数远小于主存的块数。图 7-4 给出了 Cache 和主存的块结构的一个简单示例，其中 Cache 分为 4 个块，主存分为 16 个块。那么从图 7-4 的示例中，我们自然会产生下面几个问题：

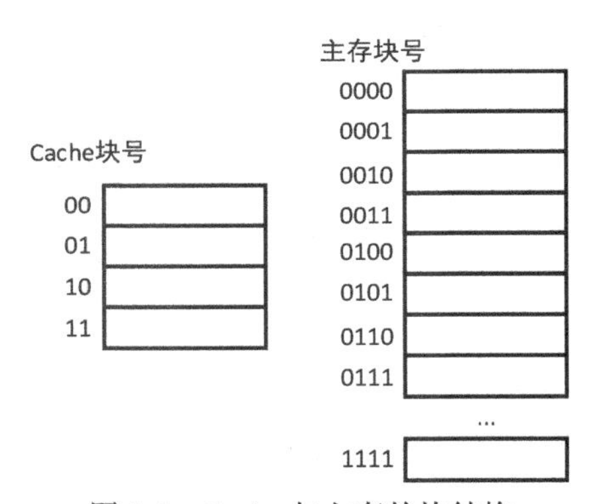

图 7-4 Cache 与主存的块结构

- 主存中的一个块调入到哪个 Cache 块中？
- 如何在 Cache 中查找所需要的数据？
- 主存中的一个块何时调入到 Cache 中？
- Cache 中的一个块何时换出到主存中？
- CPU 的读/写数据过程是怎样的？

下面将逐个回答这些问题。

---

① 时间局部性原理：如果某个数据项被访问，那么在不久的将来它可能再次被访问。空间局部性原理：如果某个数据项被访问，则与其地址相邻的数据项很快可能也将被访问。

7.2.1 Cache 的块映射

假设主存的地址位数为 N，其中用于表示块内偏移的地址位数为 M，那么主存的地址字段可以分为两个字段：块号和块内偏移，如图 7-5 所示。例如，主存的地址位数为 32 位，一个主存块中有 16 字节，那么地址的第 0～3 位是块内偏移，第 4～31 位是块号。因此主存块调入到哪一个 Cache 块取决于 Cache 块号和主存块号的映射关系。常用的 Cache 块号和主存块号的映射方式有三种：**直接映射、全相联映射和 *N* 路组相联映射**。

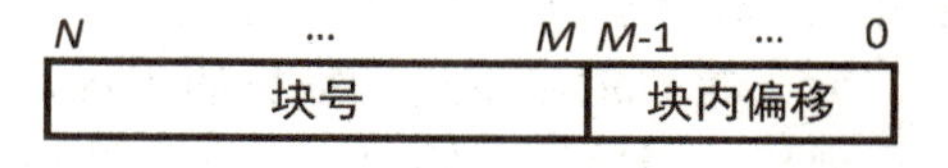

图 7-5 主存的地址字段

1. 直接映射

Cache 块号和主存块号之间最简单的映射方式是直接映射，即主存的每个块都有唯一的 Cache 块与之对应。直接映射的计算方式是：

（主存块号）mod（Cache 的块数）

由于主存块号和 Cache 块数都是用二进制数表示的，因此取模计算很简单，只需要取主存块号地址的低 $\log_2$(Cache 的块数)位。以图 7-4 为例，Cache 有 4 个块，因此主存块映射到哪个 Cache 块取决于主存块号的最低两位的值。例如，主存的 0010 号块映射到 Cache 的 10 号块，如图 7-6 所示。

2. 全相联映射

与直接映射相反的另一种映射方式为全相联映射：任一主存块能映射到任一 Cache 块。这种映射方式最为灵活，但是实现起来也最为复杂，并且会影响处理器时钟频率的提升，因此 Cache 和主存之间一般不使用这种映射方式。

3. *N* 路组相联映射

介于上面两种映射方式的折中方式是 N 路组相联映射，其映射方式是：先将 Cache 分为（Cache 块数/N）组，主存块号地址的低 $\log_2$(Cache 的组数)位的值为其所映射到的 Cache 组，然后在组内的 N 块中采用全相联的映射方式。继续以图 7-4 为例，假设采用 2 路组相联方式，即 Cache 的每个组中有 2 个块，因此 Cache 有 2 个组。主存块映射到哪个 Cache 组取决于主存块号的最低一位的值，例如，主存的 0011 号块映射到 Cache 的第 1 组，即主存的 0011 号块可映射到 Cache 的 10 号块或 11 号块，如图 7-7 所示。

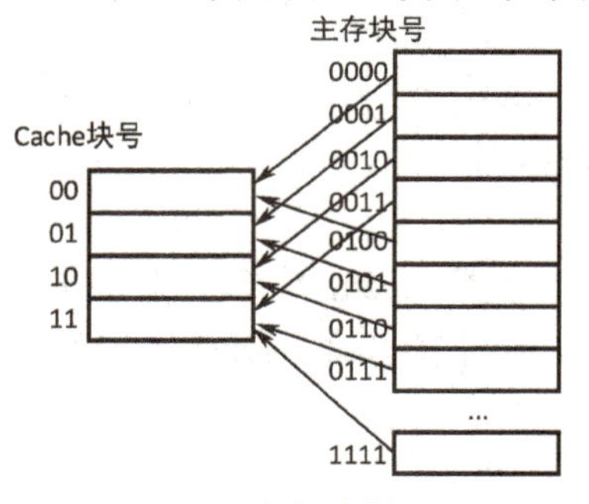

图 7-6 直接映射示例

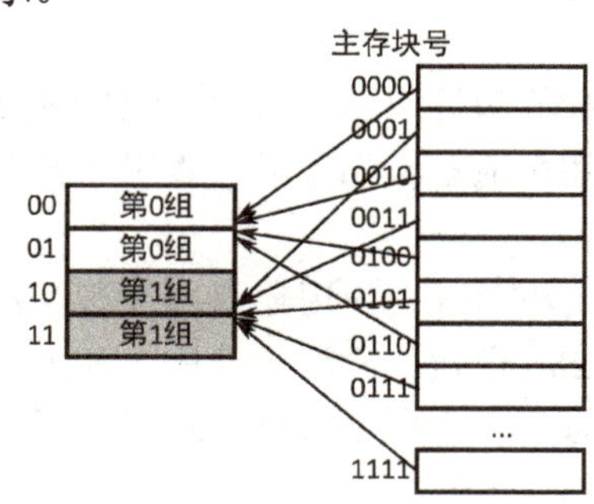

图 7-7 2 路组相联示例

Cache 中常用组相联方式有 2 路组相联、4 路组相联和 8 路组相联。同样，N 路组相联的 N 值越大，其实现电路的复杂性越高。

7.2.2 Cache 的块查找

如果存储系统中没有 Cache，那么从 CPU 发出的访存地址将通过地址总线直接发送给主存，主存准备好数据后再通过数据总线发送回 CPU。由于 Cache 存储的内容是主存的子集，因此在有 Cache 的存储系统中，在 CPU 发出访存请求后应先在 Cache 中进行数据的查找，如果在 Cache 中命中，就由 Cache 给 CPU 返回数据；如果不命中，再访问主存读取数据。

为了在 Cache 中进行数据的查找，显然 Cache 中只存储主存的数据是不够的，还需增加一个地址字段用于存储对应主存块的地址，如图 7-8 所示。图 7-9 给出了图 7-7 中 2 路组相联的内容示例（假设每个块的大小为 4 个字节）。为了进一步节约 Cache 的容量，主存块号中用于映射对应 Cache 组号的字段可以不用存储[①]，因为其用于计算所映射的 Cache 组号之后就不再起作用了，如图 7-9 的虚线框内的数字，因此 Cache 块内的地址字段只需存储对应主存块的标识字段。此外，还要增加相应的字段用于标识该 Cache 块内的数据是否为有效数据。例如，在系统启动时，Cache 内的数据是无效的，因此需要增加一个**有效位 V**（Valid Bit）用于表示该块数据是否有效：若该位的值为 1，则该块数据有效，可以使用；若该位的值为 0，则需要访问存储器，从中读取最新的数据。

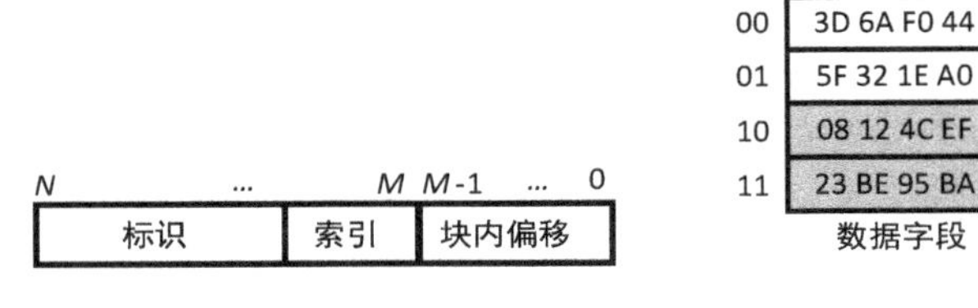

图 7-8 主存的地址字段进一步拆分

Cache 块号	数据字段	地址字段	属性字段（V）
00	3D 6A F0 44	0110	1
01	5F 32 1E A0	0000	1
10	08 12 4C EF	0001	1
11	23 BE 95 BA	0101	1

主存块号	
0000	5F 32 1E A0
0001	08 12 4C EF
…	
0101	23 BE 95 BA
0110	3D 6A F0 44
…	

图 7-9 2 路组相联内容示例

下面我们看看在一个 4 路组相联 Cache 中查找 CPU 所需数据的过程，如图 7-10 所示。根据 CPU 给出的地址中的索引字段计算出 Cache 的组号，然后同时读出该组中 4 个块的地址字段与主存地址中的标识字段进行对比。若其中某一个块命中且其有效位为 1，那么根据主存地址中的块内偏移字段，在该 Cache 块中找到相应的数据并读出，最后通过多路选择器选择对应的输入端将其传送给 CPU。

例题 7.1

假设主存的地址为 34 位，数据 Cache 的容量为 8KB，块大小为 32B，采用 2 路组相联方式，试给出主存地址标识字段、索引字段和块内偏移字段的分布。

解答

因为块大小为 32B，因此块内偏移字段为 5 位。数据 Cache 的容量为 8KB，可以计算出该 Cache 有 256 个块。又由于采用 2 路组相联方式，可计算出该 Cache 有 128（2^7）个组，因此索引字段为 7 位，剩余 22 位为标识字段。

① 主存块号中用于计算对应的 Cache 组号的字段称为索引（Index）字段。主存块号中除了索引字段以外的字段都称为标识（Tag）字段，如图 7-8 所示。

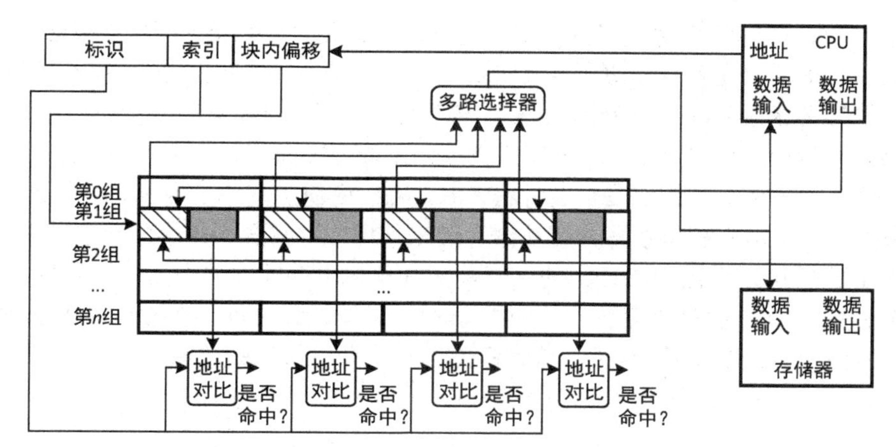

图 7-10　在 4 路组相联 Cache 中查找 CPU 所需数据

7.2.3　Cache 块的访问

前面介绍了 Cache 的基础知识，本节先讨论 Cache 的读操作，然后再讨论 Cache 的写操作，最后给出常用的 Cache 块的替换策略。

1. Cache 的读操作

当 CPU 需要读取数据时，对于 Cache 来说有两种可能性：Cache 命中（Hit）和 Cache 缺失（Miss）。如果该数据在 Cache 的某个块中，即 Cache 命中，那么根据 7.2.2 节给出的查找方式可以在 Cache 中找到数据，然后将该数据发送给 CPU。如果该数据不在 Cache 的任何块中，即 Cache 缺失，则硬件会将该数据在主存中的对应块放置进 Cache 中（如果此时对应的 Cache 组中还有空闲块，则直接填充一个空闲块；如果没有空闲块，则需要选择一个块进行替换，具体的替换策略将在本节的后续部分进行详细介绍），并设置有效位为 1，再尝试对 Cache 进行读操作，此时 Cache 命中，在 Cache 中找到该数据后发送给 CPU。

2. Cache 的写操作

Cache 的写操作比读操作更复杂。考虑 sw 指令，如果执行该指令时只将数据写入 Cache 而不写入主存，那么主存与 Cache 对应块中的数据是不一致的。保持主存和 Cache 内容一致的最简单的策略是，写数据时既写入 Cache 也写入主存，这种策略称为**写直达法**（Write-through）。尽管写直达法策略实现起来较简单，但是其性能较差，因为每次写主存操作会花费数百个时钟周期，大大降低了流水线的性能和机器的速度。

除了写直达法之外，还有一种策略称为**写回法**（Write-back）。如果采用写回法，当对 Cache 块中的数据进行写操作时，仅仅更新 Cache 的内容，不会立即更新主存中对应的块内容。只有当被修改过的块被替换出 Cache 时才需要写回主存中。写回策略可以提升系统的性能，但是需要在 Cache 块的属性字段中增加一个标识位：**脏位**（Dirty Bit）。其值为 1，表示该 Cache 块中有最新的数据，与主存中内容不一致，若要换出 Cache 块，则需要将该块的内容写回主存；其值为 0，表示该 Cache 块的内容与主存中对应块的内容一致，若要换出 Cache 块，则可以直接丢弃，不必写回主存。

注意上面两种情况的描述，写直达法和写回法的前提都是将要更新的数据正好在 Cache 中，即写命中。如果要更新的数据不在 Cache 中（写缺失）又该怎么处理呢？常用的两种写缺失策略是**按写分配法**（Write Allocate）和**不按写分配法**（No Write Allocate）。按写分配法是，当写缺失时，先将主存中的数据所在的块读取到 Cache 中，然后再写，此时就变成写命中的情况进行处理了。不按写分配法是，当写缺失时，直接更新主存中的数据，不用读取到 Cache 中。一般来说，写直达法和不按写分配法结合起来使用，写回法和按写分配法结合起来使用。

从上述的分析可以看出，Cache 的存储单元并不像主存的存储单元一样顺序编址并可由 CPU 按地址进行访问，而是“截获”CPU 的访存请求及访存地址并在 Cache 内部进行查找，如果命中，就进行相应的读/写操作，从而避免访问主存所带来的性能损失。

例题 7.2

假设有一个全相联映射的 Cache，采用写回法，刚开始时 Cache 为空，主存地址为 110 的存储单元与地址为 455 的存储单元对应不同的 Cache 块。试分析分别使用按写分配法和不按写分配法，下面 5 个存储器操作的 Cache 命中次数和缺失次数:

（1）写主存地址为 110 的单元;（2）写主存地址为 110 的单元;（3）读主存地址为 455 的单元;（4）写主存地址为 455 的单元;（5）写主存地址为 110 的单元。

解答

	写地址 110 操作	写地址 110 操作	读地址 455 操作	写地址 455 操作	写地址 110 操作
按写分配法	缺失	命中	缺失	命中	命中
不按写分配法	缺失	缺失	缺失	命中	缺失

3. Cache 块的替换策略

前面说过，Cache 的块数远远小于主存的，那么在 Cache 块被用完后，如果还需要读入新的主存块，就需要选择一个“合适”的 Cache 块进行替换。对于直接映射方式来说，选择方式最为简单，因为每个主存块只能映射到唯一的 Cache 块，因此只能将其直接替换。而对 N 路组相联和全相联，每个主存块可映射到多个 Cache 块，因此替换策略应尽量避免替换掉马上就要用到的 Cache 块。最常用的 Cache 替换策略是最近最少使用替换策略（Least Recently Used，LRU），其选择策略是选择近期最少被访问的 Cache 块作为被替换的块。由于近期最少被访问的判断逻辑实现起来比较复杂，因此一些计算机提供了一个使用位，当该 Cache 块被访问时该位被置位；系统将定期将所有 Cache 块的使用位清零，然后再重新记录，这样就可以判断哪些 Cache 块近期没有被访问过，由此可以选择使用位为 0 的 Cache 块进行替换。LRU 策略的依据是程序的局部性原理：最近刚访问过的 Cache 块很可能即将被再次访问，而最久没访问过的块就是最合适的被替换者。下面通过一个例题来学习 LRU 策略的具体替换过程。

例题 7.3

假设主存有 8 个块，Cache 有 4 个块（C0～C3），采用 2 路组相联映射方式。初始时 Cache 为空，在程序执行过程中访问主存块的块号序列为：1、2、4、1、3、7、0、1、4，试写出使用 LRU 替换策略时的替换过程，并标记出命中处。

解答

具体的替换过程如下，其中*号标记出了最久未访问的 Cache 块：

Cache 块	主存块的块号序列								
	1	2	4	1	3	7	0	1	4
C0		2*	2*	2*	2*	2*	0	0	0*
C1			4	4	4	4	4*	4*	4
C2	1*	1*	1*	1*	1*	7	7	7*	7*
C3					3	3*	3*	1	1
命中/缺失				命中					命中

7.2.4 Cache 的性能分析

有了前面的知识储备，本节简单探讨 Cache 的性能分析方法。回忆第 1 章学习过的程序的 CPU 时间的计算公式：

$$程序A的CPU时间 = 指令数 \times CPI \times 时钟周期时间$$

我们可将 CPI 进一步分解为：

$$CPI_{实际} = CPI_{理想} + 平均每条指令受访存阻塞的时钟周期数$$

式中，$CPI_{理想}$的意思是在所有访存操作都在 Cache 中命中的理想情况下的 CPI。平均每条指令受访存阻塞的时钟周期数可由下式计算：

$$平均每条指令受访存阻塞的时钟周期数 = 访存次数 / 指令数 \times 缺失率 \times 缺失开销$$

注意该公式中的缺失开销为从下一级存储器中取回数据的全部时间开销。下面通过一个例子来理解 Cache 对处理器性能的影响。

例题 7.4

假设指令 Cache 的缺失率为 2%，数据 Cache 的缺失率为 4%，处理器的理想 CPI 为 2，指令 Cache 和数据 Cache 的缺失开销均为 100 个时钟周期，试计算理想性能和实际性能之比（假定 lw 指令和 sw 指令的频率为 36%）。

解答

由于访存操作可能是取指，也可能是读/写数据，因此平均每条指令受访存阻塞的时钟周期数公式需要改写为：

$$\begin{aligned}
平均每条指令受访存阻塞的时钟周期数 &= 访存次数 / 指令数 \times 缺失率 \times 缺失开销 \\
&= (指令访存次数 + 数据访存次数) / 指令数 \times 缺失率 \times 缺失开销 \\
&= 指令访存次数 / 指令数 \times 缺失率 \times 缺失开销 + 数据访存次数 / 指令数 \times 缺失率 \times 缺失开销 \\
&= 100\% \times 2\% \times 100 + 36\% \times 4\% \times 100 \\
&= 3.44
\end{aligned}$$

因此 $CPI_{实际}$的值为 5.44。那么可以计算出理想性能和实际性能之比为：

$$\frac{\text{实际CPU时间}}{\text{理想CPU时间}}=\frac{\text{指令数}\times \text{CPI}_{\text{实际}}\times\text{时钟周期}}{\text{指令数}\times \text{CPI}_{\text{理想}}\times\text{时钟周期}}=\frac{5.44}{2}=2.72$$

注意，现代处理器内一般使用两级 Cache 结构，而不是只有一级 Cache，如果一级 Cache 缺失就查找二级 Cache，如果二级 Cache 命中，则把该数据调入到一级 Cache 后再重新索引一级 Cache 命中；如果二级 Cache 也缺失，则访问主存，这样就要产生更大的缺失开销。与单级 Cache 相比，两级 Cache 的第一级 Cache 的容量相对较小，Cache 块大小也较小；第二级 Cache 的容量相对较大，Cache 块大小也较大且相联度更高。下面通过一个例子看看使用两级 Cache 后的性能改进比例。

例题 7.5

假设处理器的理想 CPI 为 1.0，时钟频率为 4GHz，Cache 的缺失开销为 100ns。设一级 Cache 中每条指令缺失率为 2%，增加一个二级 Cache 后，一级 Cache 的缺失开销为 5ns，并使得主存的缺失率减少到 0.5%，这时处理器的速率能提高多少？

解答

不难算出 Cache 的缺失开销为 400 个时钟周期，因此，只有一级 Cache 时：

$$\text{CPI}_{\text{一级}}=\text{CPI}_{\text{理想}}+\text{访存次数/指令数}\times\text{缺失率}\times\text{缺失开销}=1.0+100\%\times2\%\times400=9$$

不难算出一级 Cache 的缺失开销为 20 个时钟周期。当有两级 Cache 时，$\text{CPI}_{\text{实际}}$的计算公式可扩展为：

$$\begin{aligned}\text{CPI}_{\text{二级}}=&\text{CPI}_{\text{理想}}+\text{访存次数/指令数}\times\text{一级 Cache 缺失率}\times\text{缺失开销}+\text{访存次数/指令数}\times\\&\text{二级 Cache 缺失率}\times\text{缺失开销}\\=&1.0+100\%\times2\%\times20+100\%\times0.5\%\times400=3.4\end{aligned}$$

因此：

$$\frac{\text{一级Cache的CPU时间}}{\text{二级Cache的CPU时间}}=\frac{\text{指令数}\times \text{CPI}_{\text{一级}}\times\text{时钟周期}}{\text{指令数}\times \text{CPI}_{\text{二级}}\times\text{时钟周期}}=\frac{9}{3.4}=2.6$$

7.2.5　Cache 的实现原理

Cache 一般由静态随机存取存储器（Static RAM，SRAM）来实现。图 7-11 给出了一个 SRAM 位单元的简单原理图，它由 6 个晶体管构成，其中两个反相器用于稳定存储 1 位的信息。当字线为低电平时，两个 NMOS 晶体管断开，两个反相器维持存储的信息[①]；当字线为高电平时，两个 NMOS 管打开，可从两条位线上传入数据或传出数据。

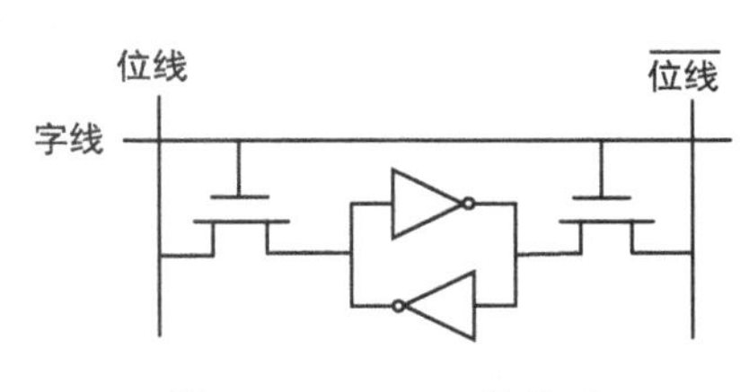

图 7-11　SRAM 位单元

① 如果噪声减弱了存储的值，该反相器可以自稳定该存储值。

7.3　主存储器

主存储器（简称主存）通常被称为内存，是计算机中重要的部件之一。从物理存储介质上来看，主存储器用动态随机访问存储器（Dynamic RAM，DRAM）实现。计算机中所有程序的运行都需要被加载到主存中，其性能对计算机的影响非常大。如果主存的容量过小，那么换页操作将十分频繁，增加系统开销。随着制造工艺的提高，在过去半个世纪中，主存的容量从最初的 KB 级提高到现在的 GB 级。另一方面，尽管主存的性能越来越快，但是和 CPU 的性能差距却越来越大（据业界统计，主存与 CPU 的性能差距以每年 50%的速度增长），因此主存的速度成为计算机系统性能进一步提升的瓶颈。存储器的性能发展如图 7-12 所示。

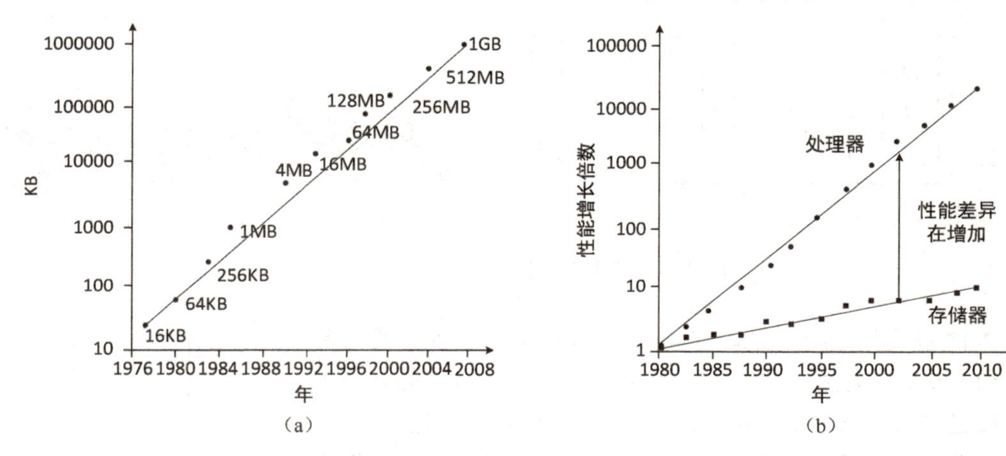

图 7-12　存储器的性能发展

7.3.1　主存的结构

DRAM 通过电容的充电和放电来存储数据，其存储结构比 SRAM 简单。图 7-13 给出了一个 DRAM 位单元的简单原理图。位值存储在电容中，当电容充电到高电平时，存储位的值为 1；当电容放电到低电平时，存储位的值为 0。NMOS 晶体管作为开关，决定位线和电容的连接或断开。当字线有效时，NMOS 晶体管打开，存储位的值就可以通过位线进行写入和读出：

- 当读出时，数值从电容传送到位线。注意，读操作会破坏存储在电容中的存储值，所以在每次读出之后，需要恢复（重写）存储位。
- 当写入时，数值从位线传送到电容。

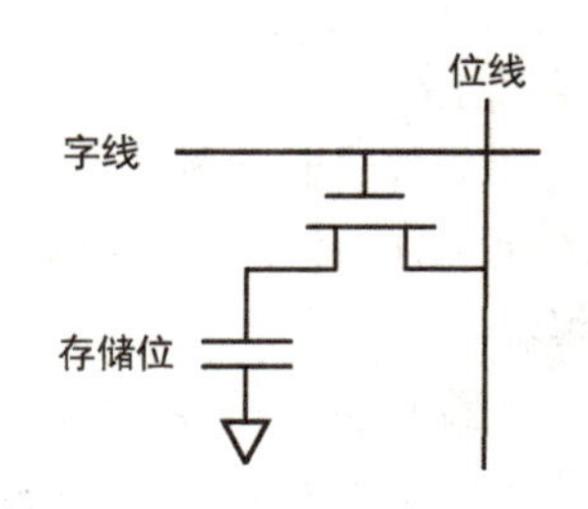

图 7-13　DRAM 位单元

与 SRAM 不同的是，即使 DRAM 没有执行读/写操作，其每个存储位中的电容电荷也会慢慢泄漏，其内容必须在一定周期内（一般为毫秒级）进行刷新，即补充电荷。为了使电容电荷泄漏尽可能慢，DRAM 多选用 MOS 晶体管工艺，因为 MOS 晶体管的栅极是通过具有非常高电阻的绝缘材料与其他两端隔开的，因此电容上电荷的保存时间较长。

图 7-14（a）给出了一个 DRAM 存储芯片的结构原理图，其中对外的信号线有地址线、数据线、片选线和读/写控制线 4 类；内部由地址的译码电路、读/写电路和存储矩阵组成。主存就是由一个或多个这样的 DRAM 存储芯片放置在**双列直插存储模块**（DIMM）的电路板上实现的，如图 7-14（b）所示。在设计主存时，需先明确**主存容量**这一指标，即主存容量=编址单元数×位数。位数指每个编址单元的数据宽度。如果主存按字节编址，那么每个编址单元的宽度为 8 位。大多数计算机都允许按字节访问，有的主存也允许按半字或字进行编址，因此在设计主存时，需要明确使用什么型号规格的存储芯片，以便进行位扩展或者编址空间扩展。

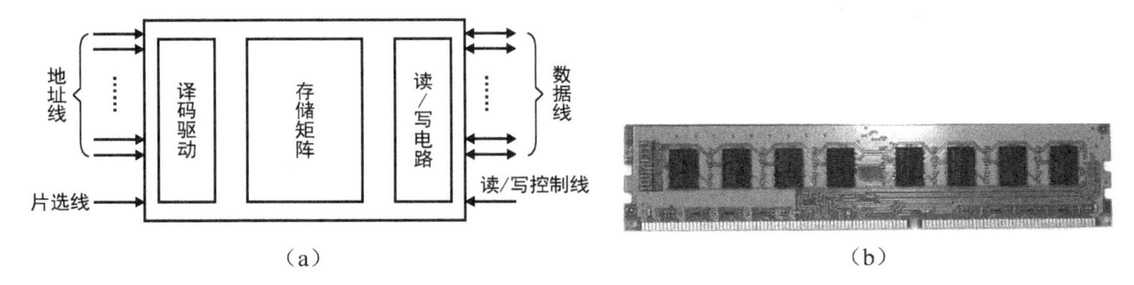

图 7-14　存储芯片的结构原理及内存条

图 7-15 给出了 Intel 2114 存储芯片（1K×4 位）的引脚，其中 V_{CC} 和 GND 是电源和地引脚；A_0～A_9 为地址总线；I/O_1～I/O_4 为双向数据总线；$\overline{WE}$ 为写信号线，其值为 0 时为写入操作，其值为 1 时为读取操作；$\overline{CS}$ 为芯片片选信号（使能）线，其值为 0 时芯片被选中，其值为 1 时芯片未被使能，对外部信号不做任何响应。下面我们通过例题来学习使用存储芯片实现位扩展和编址空间扩展。

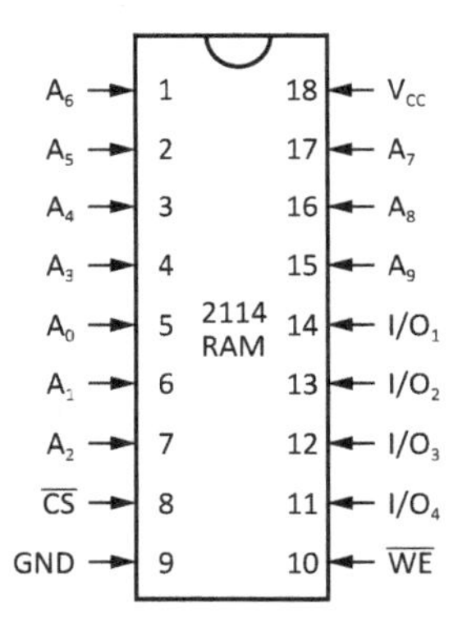

图 7-15　Intel 2114 芯片引脚

例题 7.6

若需设计容量为 4K×8 位的主存，试使用合适数量的 2114 芯片（1K×4 位），给出详细设计方案并画出逻辑结构图。

解答

第一步，确定芯片数量。本例中 2114 芯片规格是 1K×4 位，而设计容量为 4K×8 位，可见寻址空间和单个存储单元的位数都需要扩展，即需要进行编址扩展和位扩展。2 片 2114 可以组成 1K×8 位的存储单元。然后进行编址扩展，4K×8 位设计容量总共需要 4 组 1K×8 位的存储单元。因此需要的芯片总数为 8 片。

第二步，设计地址分配与片选逻辑。4K 的主存地址空间为 2^{12}，即需要 A_{11}～A_0 共 12 根地址线。同一组的 2 片 2114 的数据总线输出分别作为一个字节的高 4 位和低 4 位，需要同时被选中进行读或写操作，因此其片选信号值相同。2114 芯片有 10 根地址线 A_9～A_0，剩余 A_{11} 和 A_{10} 两根信号线用于片选信号的生成。地址及片选逻辑分配如下:

组号	芯片组合		地址分配 A_{11} A_{10} A_9 A_8… A_1 A_0	片选逻辑
0	1K × 4	1K × 4	0 0 0 0… 0 0 0 0 1 1… 1 1	$\overline{A_{11}}\,\overline{A_{10}}$
1	1K × 4	1K × 4	0 1 0 0… 0 0 0 1 1 1… 1 1	$A_{11}\overline{A_{10}}$
2	1K × 4	1K × 4	1 0 0 0… 0 0 1 0 1 1… 1 1	$\overline{A_{11}}\,A_{10}$
3	1K × 4	1K × 4	1 1 0 0… 0 0 1 1 1 1… 1 1	$A_{11}\,A_{10}$

第三步，根据第二步的设计，结合芯片引脚，画出逻辑结构如图 7-16 所示。

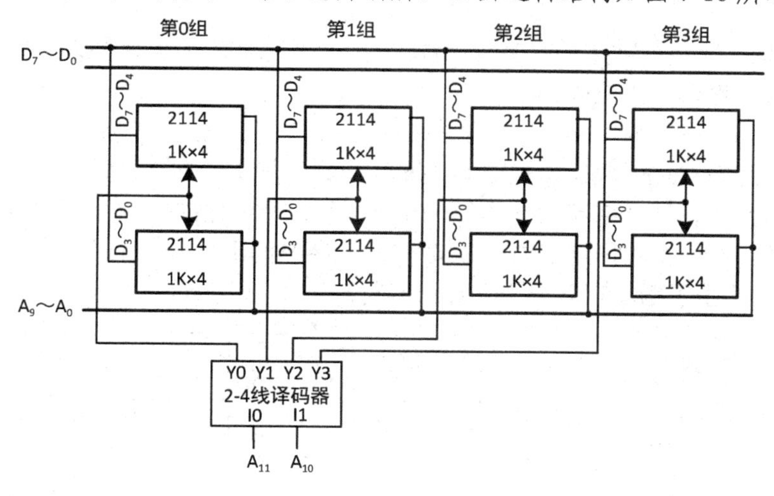

图 7-16 逻辑结构

7.3.2 主存性能指标

存储器是 Cache 的下一级存储器，其存取时延直接影响 Cache 的缺失开销，因此存取时延和存储器带宽是存储器的主要性能指标之一。从 Cache 的角度，当然希望存储器越快越好，不过降低存储器时延不是一件容易的事情，因此需要采用新的存储芯片架构来进行时延优化。

1. 存储器时延

存储器时延通常使用两个参数来描述**访问时间**和**存储周期**。访问时间（Access Time），也称为**存取时间**，是指从发出读请求（写请求）到读出（写入）请求数据之间的时间。**存储周期**（Cycle Time）是指连续两次存储器请求所需的最小时间间隔，即从本次存取的开始时间到下一次存取的开始时间之间的最短时间。因为某些存储器的读出操作是破坏性的，当读取信息后原信息即被破坏，所以需要在读出信息的同时将其重新写回原来的存储单元中，然后才能进行下次读/写操作。即使是非破坏性读出的存储器，读出后也不能立即进行下一次读/写操作，因为存储介质与相关的控制线路都需要有一段稳定恢复的时间。因此存储器的存取周期大于访问时间。典型的主存存储周期为数十纳秒。DRAM 芯片的发展情况如表 7-2 所示。

表 7-2　DRAM 芯片的发展

年份	芯片大小	存储时间
1980	64Kb	250ns
1992	16Mb	120ns
2000	256Mb	90ns
2006	2Gb	60ns

例题 7.7

假设主存的容量为 4K×8 位，存储周期为 50ns。又假设 Cache 块大小为 4 个字节，不考虑处理器与主存之间的传输时延，试计算从主存中读取出缺失 Cache 块的内容需要多长时间。

解答

主存的位宽为 1 个字节，每个存储周期能读取 1 个字节，因此为了装载一个 4 字节的 Cache 块，需要 4 个存储周期，即 200ns。

为了进一步缩短 Cache 块的装载时间（属于 Cache 失效开销的一部分），主存可以使用数量合适的存储芯片进行合理搭配，使得在不改变主存 IO 接口的前提下，每次访问主存时可选中多个存储芯片，在一个存储周期内可以读/写多个字节而不只是一个字节，这种技术称为**交叉存取**。图 7-17 给出了顺序存取与交叉存取的对比示意图。

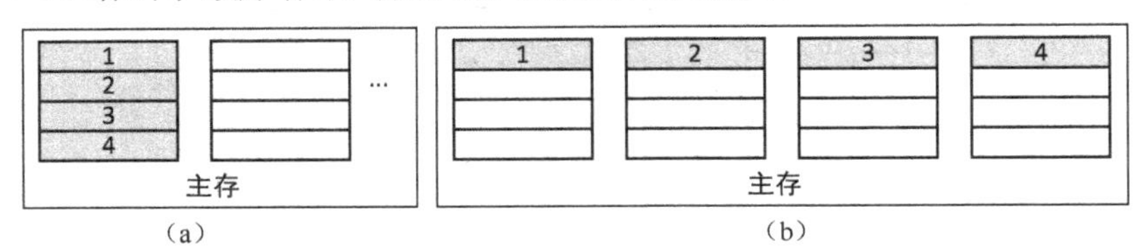

图 7-17　顺序存取和交叉存取对比示意图

2. 传输带宽

存储器的**传输带宽**（Data Transfer Rate, DTR），通常简称为**带宽**，是指在单位时间内可向存储器中写入或从存储器中读出数据的数量。带宽的数值等于存储器一次读/写数据的位数除以存储周期，单位通常为 KB/s 或 MB/s。

例题 7.8

假设存储周期为 500ns,每个存储周期可以访问 16 位数据，求存储器带宽。

解答

存储器带宽为：$(16/8)/500\times10^{-9}$=4MB/s

DRAM常用增加带宽的方式是在其内部时钟脉冲的上升沿和下降沿都传送数据，这种方式称为**双倍数据传输**（Double Data Rate, DDR），其工作原理是在DRAM内部激活多个存储体。

7.4 虚拟存储器

在前面的章节中，我们知道了Cache为其下一级存储器主存提供了快速访问的机制。同样，主存也可以对其下一级存储器磁盘充当“缓存”，这个技术称为**虚拟存储器**（Virtual Memory）。虚拟存储器产生的初衷是为了让程序设计者不受主存容量的限制，后来演变为能安全保护不同程序之间共享存储器。

由于处理器需要支持多个进程的并发或并行执行，因此有多个进程需要同时存在于主存中，由硬件确保每个进程只能对分配给它的那部分主存进行读/写操作。因此主存中只存放活跃的那部分程序及其所需的数据，就像Cache只存放最近最活跃的部分一样。如果处理器需要的代码或者数据不在主存中，那么需要将在磁盘中的代码或数据替换进主存中。此外，虚拟存储器能从逻辑上为用户提供一个比物理存储容量大得多且可寻址的主存空间，可以为更大或更多的程序所使用。注意，虚拟存储器的容量与物理主存大小无关，而受限于下一级存储器的容量大小。例如，某个处理器的虚拟地址空间为4GB，但其真实主存大小可能只有1GB。

正是由于程序的虚拟地址空间和真实物理地址空间的不一致性，需要硬件提供将程序的虚拟地址映射到物理地址的机制。这种映射关系与Cache和主存的固定映射关系不同，虚拟地址所映射到的物理地址是动态变化的。因此虚拟存储器应至少具备虚拟地址到物理地址的转换机制、虚拟地址所对应的代码或数据不在主存中的处理机制、不同程序之间的地址空间的保护机制，并配合操作系统的地址管理实现对程序员的透明（即编程人员不需要知道他所编写的程序何时和哪部分换进主存或换出主存，对编程人员来说，他的程序就好像一直驻留在主存中一样）。

7.4.1 分页机制

尽管虚拟存储器与Cache的工作原理类似，但是它们进行数据交换的单位是不一样的，在Cache中是块，而在虚拟存储器中被称为**页**（Page）[①]，访问缺失也被称为**缺页**。在虚拟存储器中，处理器发出的地址是虚拟地址，需转换成物理地址后才能访问主存。虚拟地址包括两个部分：**虚页号和页内偏移**，同样，物理地址也包括两个部分：**物理页号**和**页内偏移**。在地址转换过程中，页内偏移是保持不变的，即地址的低12位保持不变，因此虚拟地址到物理地址的转换实际上是虚页号到物理页号的映射，如图7-18（a）所示。显然虚拟地址的页数多于主存的页数，这点与Cache块数少于主存块数相反，例如，图7-18（a）中虚拟地址为48位，有64G个虚拟页，而实际物理地址只有32位，只有1G个物理页。虚拟存储器中的页都存储在磁盘中，如果需要访问不在主存中的页，则会被换入到主存中，由此导致的缺页处理将花费数百万个时钟周期。图7-18（b）给出了页的映射关系示例，其中虚拟存储器中的灰色页表示还未被换入到主存中。

---

① 页的大小一般为4KB，其他典型页大小为4KB～16KB。

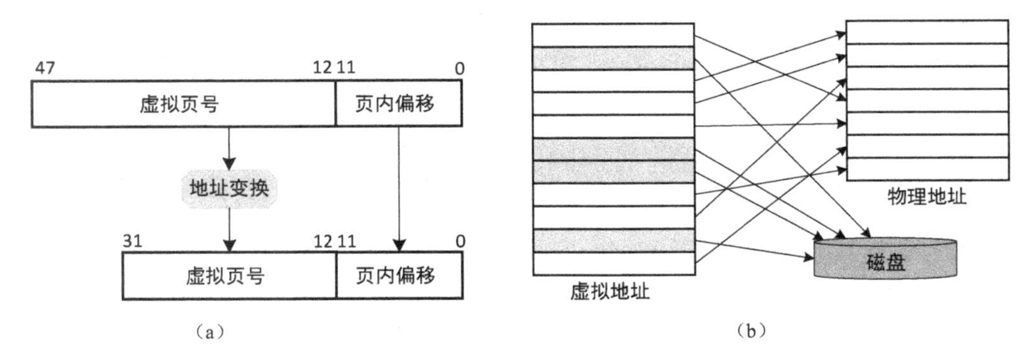

图 7-18 虚拟页的映射

1. 页的存放和查找

前面说过，虚拟页在主存中的地址并不是固定不变的，并且虚拟页和物理页之间没有像 Cache 块那样有固定映射关系，那么操作系统怎么知道每个虚拟页被放置在了哪个物理页中呢？对主存的页进行全部检索是不可行的，因此在虚拟存储系统中，一般使用一个索引表来定位页，这个索引表称为**页表**（Page Table）。页表被存放在主存中的一个连续区域中，页表的起始地址一般保存在处理器的**页表寄存器**（Page Table Register）中。虚拟页号作为页表的索引以找到对应的页表项，每个页表项中存储该虚拟页对应的物理页号或者磁盘地址。系统中的每个进程都有自己的页表，并且页表所在的物理页应常驻主存。

图 7-19 给出了虚拟地址转换到物理地址更详细的过程：页表寄存器给出了页表在主存中的起始地址，显然由于虚页号位数为 20 位，因此该页表有 2^{20} 个页表项。又由于每个页表项包括 12 位的标识位和 20 位的物理页号，即占 4 个字节，因此该页表共占 2^{22} 个字节（即 4MB，需占用 1K 个主存页）。根据虚拟地址中的虚拟页号字段从页表的起始地址开始索引，找到对应的页表项。在页表项的状态字段中有 1 位有效位，若其值为 1，则表明该页在主存中，并且后面的物理页号字段给出了其在主存中对应的物理页号，因此将该字段读出并与页内偏移字段进行拼接，形成真实的主存物理地址；若其值为 0，则表明该页不在主存中，后面的物理页号字段保存的是该虚拟页在磁盘上的存放位置。页表项中的状态字段除了有效位之外，还有其他的标记信息，如脏位、保护信息等。

从图 7-19 给出的例子也可以看出，一个进程的页表就需要占用 4MB 的主存空间。而在计算机中通常会运行上百个进程，因此仅各进程的页表项就会占用数百 MB 的主存空间。为了节约页表对主存空间的占用，现代计算机一般对各进程使用多级页表的管理方式，以释放出更多的主存空间。多级页表的相关知识已经超过本书的范围，请参阅操作系统相关书籍。

2. 缺页的处理

当处理器发出访存的虚拟地址后，若查页表发现对应的页表项中的有效位为 0，则发生缺页异常。与 Cache 块缺失的处理不同，Cache 块的缺失处理是硬件自动完成的，而缺页异常的发生会使操作系统接管系统的控制权，然后由操作系统在磁盘中找到该页并且决定将其换进主存中的合适位置。因此缺页异常并不区分是读缺失还是写缺失。

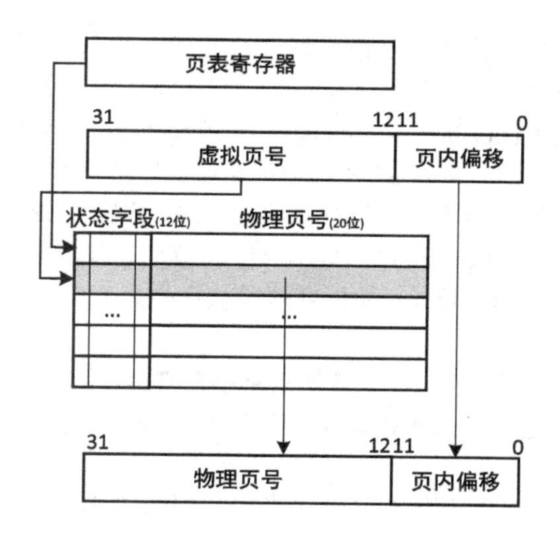

图 7-19　虚拟地址到物理地址的具体转换过程

操作系统还会使用一个数据结构来记录使用每个物理页的是哪些进程和哪些虚拟地址。当缺页发生时，如果主存中没有空闲页，操作系统就会选择一个物理页进行替换。为了最小化缺页的次数，操作系统通常采用 LRU 替换策略。此外，访问 Cache 和访问主存在时间上只相差几百个时钟周期，因此可以采用写直达法同时更新 Cache 和主存，但需要增加一个写缓冲区去隐藏主存的写延迟。而在虚拟存储器中，由于访问主存和访问磁盘在时间上相差数百万个时钟周期，因此只能采用写回法，只对主存中的页进行更新。当某物理页须被替换出主存时，若其脏位为 1，则须写回磁盘，否则直接丢弃该页内容即可。

最后我们来整理下 Cache 缓存和虚拟存储器的异同，进一步帮助大家对比两个不同存储层次的相同点和不同点，如表 7-3 所示。

表 7-3　Cache 和虚拟存储器的指标对比

	Cache	虚拟存储器
数据交换单位	块	页
地址是否编址	否	是
块数	Cache 块数少于主存块数	虚页数多于物理页数
查找方法	根据所访问的主存地址中的索引字段查找 Cache 块	根据页表进行查找
缺失的处理方式	硬件自动处理	触发缺页异常，操作系统接管系统的控制权
写策略	按写分配法和写回法或不按写分配法和写直达法	按写分配法和写回法
替换策略	LRU	LRU

3．地址转换的优化

从图 7-19 给出的虚拟地址到物理地址的具体转换过程还可以看出，从处理器给出访存的地址到获取数据至少需要访问两次主存：第一次访存是查找页表，读取对应的物理页号，形成真正的主存物理地址；第二次访存是根据真正的主存物理地址读取数据。由于访存速度较慢，因此现代处理器都包含一个特殊的 Cache 以记录最近使用过的地址变换，这个特殊的地址转换 Cache 被称为**快表**（Translation-Lookaside Buffer，TLB），也被称为地址变换高速缓存。

快表采用全相联索引方式，每个 TLB 表项都存储了虚拟页号以及对应的物理页号，还有该页表项的状态字段，如图 7-20 所示。每次访问主存时，先在 TLB 表中同时比对所有表项的虚拟页号字段，如果有一个 TLB 表项命中且其有效位为 1，则从该表项中取出物理页号形成物理地址，并且将相应的使用位置 1。如果处理器执行的是写操作，还要将该 TLB 表项的脏位置 1。

如果 TLB 发生缺失，有可能只是该转换关系不在 TLB 中，也有可能是需要访问的页不在主存中，因此必须进行进一步判断和处理。当 TLB 缺失时，需要查找页表项并判断其有效位的值：

- 如果有效位的值为 1，则说明该页在主存中，那么 TLB 缺失只是一次地址转换缺失。在这种情况下，只需读取页表后把缺失的地址转换装载进 TLB 表项（即替换一个 TLB 表项）并进行重新访问，即可变为 TLB 命中。注意，由于 TLB 表项中也有状态信息，因此在替换某个表项时，需要把这些位写回页表项中。
- 如果有效位的值为 0，则说明该页不在主存中，那么触发缺页异常，然后操作系统负责选页和换页。

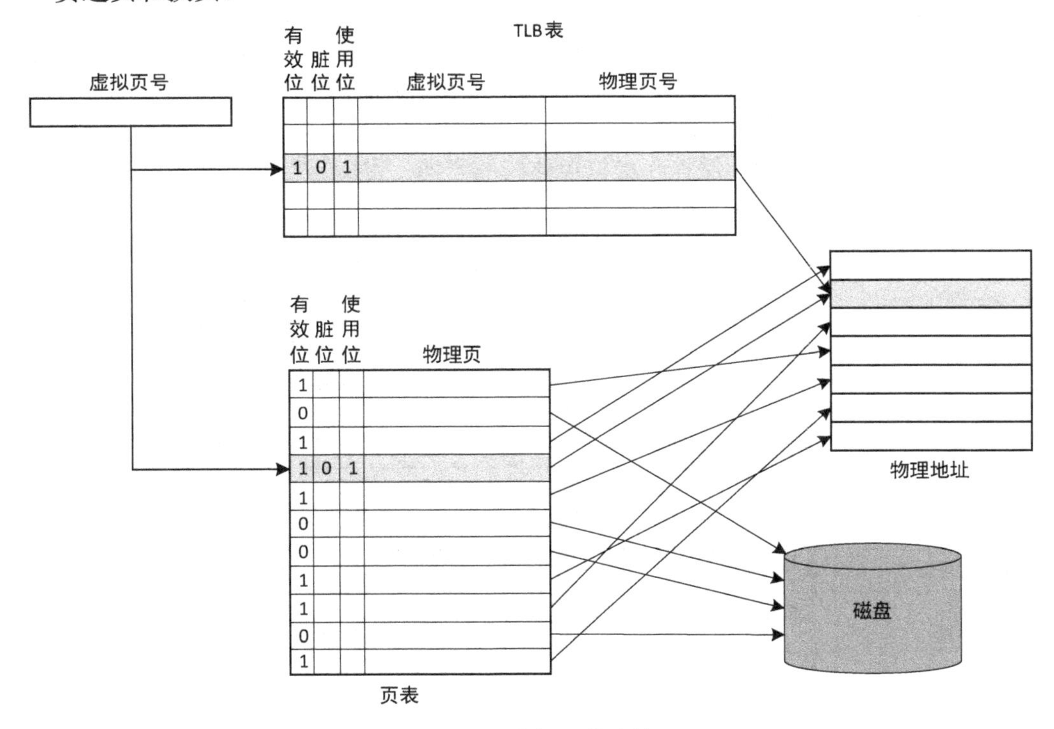

图 7-20　虚拟页的映射

注意，TLB 缺失既可以通过硬件处理，也可以通过软件处理，这是因为只需几步操作就能将一个有效的页表项装载进 TLB 表项，硬件处理和软件处理的时间开销相差不大。MIPS 采用软件方式处理 TLB 缺失：从主存中取出页表项装进 TLB，然后重新执行引起 TLB 缺失的那条指令，这样就可以 TLB 命中。正如在第 6 章中对冒险和异常的描述一样，TLB 缺失和缺页异常应在访存过程中尽早被判定，并封锁异常指令及流水线中后续指令的相关写使能信号。

在现代处理器中，TLB 的典型大小为 16～512 个表项。另外，设计者对 TLB 的关联度有多样化的设计。有些系统使用小的全相联 TLB，这是由于全相联有较低的缺失率，并且由于 TLB 较小，全相联的实现成本也不会太高。不过，在全相联映射方式下，用硬件实现 LRU 策略的代价较大，很多系统还支持随机替换 TLB 表项。

最后我们整理下 Cache 缓存和 TLB 的异同，进一步帮助大家对比两个不同存储层次的相同点和不同点，如表 7-4 所示。

表 7-4　Cache 和虚拟存储器的指标对比

	Cache	TLB
用途	暂存数据	暂存地址转换关系
地址是否编址	否	否
容量	16KB～64KB（一级 Cache） 500KB～4MB（二级 Cache）	0.25KB～16KB
块的字节数	16～64 （一级 Cache） 64～128 （二级 Cache）	4～32
缺失率	2%～5% （一级 Cache） 0.1%～2% （二级 Cache）	0.01%～2%
查找方法	根据所访问的主存地址中的索引字段查找 Cache 块	全相联同时查找
缺失的处理方式	硬件自动处理	可硬件实现也可软件实现均需判断 TLB 缺失的原因
写策略	按写分配法和写回法或不按写分配法和写直达法	只需更新 TLB 表项中的状态信息，TLB 表项采用写回法换出到页表中
替换策略	LRU	LRU 或随机法

7.4.2　与 Cache 的关系

我们已经学习过了 Cache 缓存和虚拟存储器两个存储子系统，并对它们的异同点做了充分的对比。不过，在 7.2 节中介绍 Cache 的机制时，并没有区分用于映射 Cache 块的主存地址是虚拟地址还是物理地址。事实上，用于映射 Cache 块的主存地址可以是虚拟地址，也可以是物理地址，两种方式各有优劣。为了弄清楚这些机制在处理器中是如何结合使用的，下面我们用一个例子对上述的知识点进行梳理。

假设在某一处理器中，虚拟地址和物理地址长度相等，均为 32 位，页大小为 4KB，TLB 表采用全相联映射方式，有 16 个表项，每个表项为 64 位宽，其中包括 20 位虚页号、20 位物理页号、有效位、脏位等其他状态位。Cache 采用直接映射方式，图 7-21 给出了其 TLB 表和 Cache 的映射过程：当处理器给出访存地址（虚拟地址）时，使用其高 20 位（虚页号）对 TLB 的所有表项同时进行索引，如果命中，则从 TLB 表中读出物理页号和页内偏移地址拼接成新的 32 位物理地址，然后根据物理地址中的索引字段计算映射到的 Cache 块，如果命中，就使用块内偏移在该 Cache 块中找到对应的数据并读出返回给处理器。

从上面的描述可以看出，这个处理器在访问 Cache 之前就将访存地址转换为物理地址。在这种的结构中，Cache 是物理寻址并且物理标识的（所有的 Cache 索引和标识都是用的物理地址，而不是虚拟地址）。因此即便 Cache 块命中，数据的访问时间仍然是 TLB 访问时间和 Cache 命中时间之和。当然，也有的处理器使用虚拟地址来索引 Cache 块和进行标识字段的对比，因此这种 Cache 是虚拟寻址且虚拟标识的。在这种 Cache 中，TLB 在正常的 Cache 访问过程中没有被使用到，减少了数据的访问时间。当 Cache 块缺失时，处理器需要将该地址转换成物理地址后从主存中取出 Cache 块替换进 Cache 中。

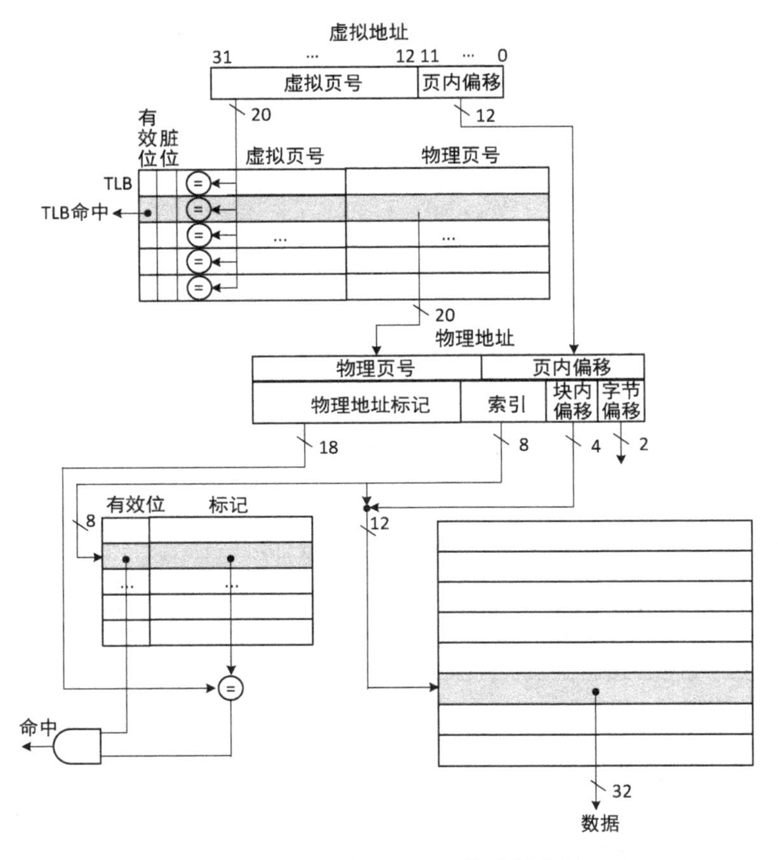

图 7-21 TLB 表和 Cache 的映射流程

当使用虚拟地址访问 Cache，并且不同程序间存在共享的主存地址范围时，可能出现**别名**（Aliasing）现象，即两个不同虚拟地址对应到同一个物理地址上。这种多义性将产生一个问题，由于同一个物理主存单元的内容存在于两个不同 Cache 块，因此当一个程序对其中一个 Cache 块进行内容更新时，另一个程序并不知道数据已经被更新。因此，完全虚拟寻址的 Cache 需要对 Cache 和 TLB 的设计进行限制，或者需要操作系统进行配合来保证别名现象不会发生。

还有一种折中的设计方法，仔细观察图7-21可以发现，虚拟地址和物理地址的页内偏移字段是不变的，并且在Cache访问时需要先给出索引字段，再将对应的Cache组进行标识字段的对比。因此，可以将图7-20中的字段对齐方式改为图7-22中的方式，这样就可以直接使用虚拟地址的索引字段进行Cache索引，然后再使用从TLB表中读取的物理页号与选中的Cache组进行标识对比，这样的方式也称为“虚拟寻址，物理标识”。这种方式既能避免别名的出现，还使得TLB的查找和Cache的索引可以并行执行，缩短了数据的访问时间。

<table>
<tr><td>物理页号</td><td colspan="2">页内偏移</td></tr>
<tr><td>物理地址标记</td><td>索引</td><td>块内偏移</td></tr>
</table>

图7-22 TLB、虚拟存储器和Cache的可能情况组合

7.4.3 对进程的保护

在现代计算机系统中，每个进程有自己的虚拟地址空间。虚拟存储器使得多个进程可以共享主存，不知道彼此的存在，并能提供存储保护机制，避免恶意进程访问另一个进程的地址空间。即便允许共享主存，也必须赋予进程保护数据防止被其他进程读或写的能力。

除了5.2.3节中提到的保护功能，虚拟存储器还需要把页表保存在操作系统的地址空间中，只有操作系统才可以管理和修改页表，使不同进程的虚拟页映射到不同的主存物理页上，一个进程无法访问另一个进程的数据，从而实现进程间信息隔离。因此，用户进程不能自己修改页表，确保用户进程只能使用由操作系统分配给它的主存空间。

当然，硬件和操作系统也应该提供某种机制，使得某个进程能够以受限方式与另一个进程共享信息。例如，进程P2想要把自己的数据共享给进程P1，那么操作系统可以修改进程P1的页表，将其一个虚拟页映射到进程P2想要共享的数据所在的物理页，并且限制进程P1对该页的访问权限为只读。

当进行进程间切换操作时，例如从进程P1切换到进程P2，需要将处理器的页表寄存器指向进程P2的页表起始地址，另外还需要清除进程P1在TLB表中的表项（因为进程P1和P2的虚拟地址空间的起始地址是完全相同的，无法从虚拟地址本身来区分），使得TLB重新装入进程P2的表项。在执行过程中，如果进程间切换的频率很高，则反复冲掉TLB的数据会影响处理器的性能。一种常见的解决办法是增加进程标识符来扩展虚拟地址空间，因此TLB表项的虚拟页号字段也应扩展进程标识符位，只有在页号和进程标识符同时匹配时，TLB才会命中。这样的话，在进程切换时就不用清除TLB的表项。

Cache系统和虚拟存储器形成一个层次结构一起协同工作，其内容之间存在关联。例如，若操作系统对主存的物理页进行换页操作，则需要将Cache中该页对应的Cache块内容标记为无效，并且还需要修改页表和TLB表。在最理想的情况下，在处理器给出访存地址后，在TLB表中命中得到物理地址，然后在Cache块中命中，得到相应数据送回给处理器；在最坏情况下，可能先后出现访问TLB表不命中、访问页表发现缺页和Cache缺失。表7-4给出了7种情况，我们逐个分析每种情况是否可能发生：

情况1：可能发生，所需的数据的页在主存中，但是不在Cache中，地址转换映射在TLB中。

情况 2：可能发生，所需的数据的页在主存中，该数据也在 Cache 中，但是地址转换映射不在 TLB 中。

情况 3：可能发生，所需的数据的页在主存中，但是该数据不在 Cache 中且地址转换映射也不在 TLB 中。

情况 4：可能发生，属于最坏情况。

情况 5：不可能发生，因为虚拟页对应的物理页不在主存中，则 TLB 不可能有此地址转换。

情况 6：不可能发生，原因同上。

情况 7：不可能发生，因为数据对应的物理页不在主存中，则 Cache 块不可能有此数据。

表 7-4 TLB、虚拟存储器和 Cache 的可能情况组合

	TLB	页表	Cache
情况 1	命中	命中	缺失
情况 2	缺失	命中	命中
情况 3	缺失	命中	缺失
情况 4	缺失	缺失	缺失
情况 5	命中	缺失	缺失
情况 6	命中	缺失	命中
情况 7	缺失	缺失	命中

7.5 外存储器

主存的下一级存储器是容量更大、速度更慢、单位比特价格更便宜的存储器，如磁盘、磁带、光盘等，作为对主存的后援和补充。它们位于传统主机的逻辑范畴之外，常被称为**外部存储器，简称外存**。外存本身可以是多台独立的存储器，也可以分级构成。例如，将调用频繁的信息保存于磁盘存储器中，作为主存的直接后援；将更不太频繁使用的信息保存于光盘中，作为磁盘的后援，构成“主-辅”外部存储体系。为了提高访问磁盘、光盘的响应速度，常用高速半导体存储器构成缓冲存储器，其介于外存与主存之间。有些系统采用了磁盘缓冲存储结构后，其磁盘调用的平均响应时间能缩短约 40%。

7.5.1 磁盘存储器

磁盘存储器（也称为硬盘），通过带磁介质表面的盘片来记录和保存信息，具有记录密度高、容量大、速度快等优点，是目前计算机存储系统中使用最普遍的一种非易失性外部存储器，用来存放需要长期保存但暂不使用的程序和数据。随着硬盘制作工艺水平的提高，其价格越来越低，性价比越来越高。磁盘存储器的逻辑结构如图 7-23（a）所示，由带磁介质表面的旋转盘片、磁盘驱动器、磁盘控制器三大部分组成。

1. 磁盘结构

图 7-23（b）给出了磁盘驱动器的物理组成，其内部通常包含 1～4 张盘片。磁盘驱动器使用一个可移动的读/写磁头来读/写磁盘。另外，驱动器还包括主轴、主轴电动机、移动臂、磁头和控制电路等机械和电路部分。

磁盘中的信息记录是由磁层来实现的。磁层涂敷或者镀在由金属合金或塑料制成的载磁体上，即磁盘盘片。每张盘片有两个磁盘面，盘片直径从 1 英寸到 3.5 英寸不等。每个磁盘盘面被分成许多称为**磁道**（Track）的同心圆，一般每个盘面有 10000～50000 条磁道，信息存储在磁道上，磁道从外向里编址，最外面的为磁道 0。每个涂有磁层的盘面有一个磁头。

它由高导磁率的软磁性材料做成铁芯，在铁芯上开有缝隙并绕有钱圈，通过电磁转换原理实现磁道上的信息读/写。

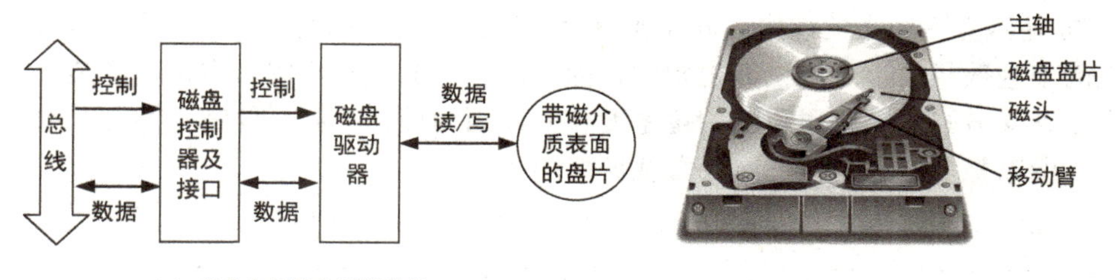

（a）磁盘存储器的逻辑结构　　（b）磁盘驱动器物理组成

图 7-23　磁盘存储器的逻辑结构和物理组成

磁道上的数据被分块记录，被读或写的最小信息块称为**扇区**（Sector）。根据数据块大小不同，记录格式分定长记录格式和不定长记录格式两种。目前大多采用定长记录格式。最早的典型定长记录格式是 IBM 的温切斯特磁盘（简称温盘）中采用的。温盘的磁道由若干个扇区（也称扇段）组成，每个扇区记录一个固定长度的数据块，其中包含扇区的头空、ID 域、间隙、数据域和尾空。头空占 17 字节，不记录数据，用全 1 表示，磁盘转过该区域的时间是留给磁盘控制器做准备用的；ID 域由同步字节、磁道号、磁头号、扇区号和相应的 CRC 校验码组成，同步字节标志 ID 域的开始；数据域占 515 字节，由同步字节、数据区和相应的 CRC 校验码组成，其中真正的数据区占 512 字节；尾空是在数据块的 CRC 码后的区域，占 20 字节，也用全 1 表示。早期，规定同一盘面上各个磁道之间的位数和扇区数相同，因此靠近圆心的磁道的记录密度大，外围磁道记录的密度小。20 世纪 90 年代，一种优化硬盘存储空间的技术——ZBR（Zoned Bit Recording，分区域记录）被提了出来。ZBR 磁盘每轨道拥有的扇区数和位数不同，而保持磁道的位密度相同。这增加了外围轨道的记录位数，因此增加了磁盘驱动器的容量。

由于每个盘面固定对应有一个磁头，因此，磁头号就是盘面号。并且，各个盘面的磁头都被固定在一起，磁头移动到不同的半径上，将访问不同的磁道。同一时间，每个磁头处在各个盘面的相同磁道上，这些相同磁道构成了一个**柱面**（Cylinder）。在读/写磁盘时，总是写完一个柱面上所有的磁道后，再移到下一个柱面。磁盘存储器的盘片旋转速度达到 5400～15000rpm（转每分）。

磁盘读/写是指**磁盘控制器**（Disk Controller）根据处理器发出的磁盘地址（即柱面号、磁头号、扇区号）读/写目标磁道中的指定扇区。完整的磁盘数据存取过程包括三个步骤：

第一步，根据柱面号把磁头定位到正确的磁道上，这个操作称为寻道（Seek）。

第二步，旋转等待操作，即磁头到达正确的磁道后，还必须等待正确的扇区旋转到磁头下。

第三步，对正确的扇区进行读/写操作。

2. 主要指标

（1）记录密度

记录密度可用道密度和位密度来表示。在沿磁道分布方向上，单位长度内的磁道数目称为**道密度**。常用的道密度单位为 TPI（磁道数每英寸）和 TPMM（磁道数每毫米）。在沿磁道方向上，单位长度内存放的二进制信息的数目称为**位密度**。常用的位密度单位为 BPI（二进制位数每英寸）和 BPMM（二进制位数每毫米）。

图 7-24 是磁盘盘面上的道密度和位密度示意图。左边采用的是低密度存储方式，因为所有磁道上的扇区数相同，所以位数也相同，因而内道上的位密度比外道位密度高；右边采用的是高密度存储方式，每个磁道上的位密度相同，因为周长不同，外道上的扇区数比内道上扇区数多，所以整个磁盘的容量比低密度盘高得多。

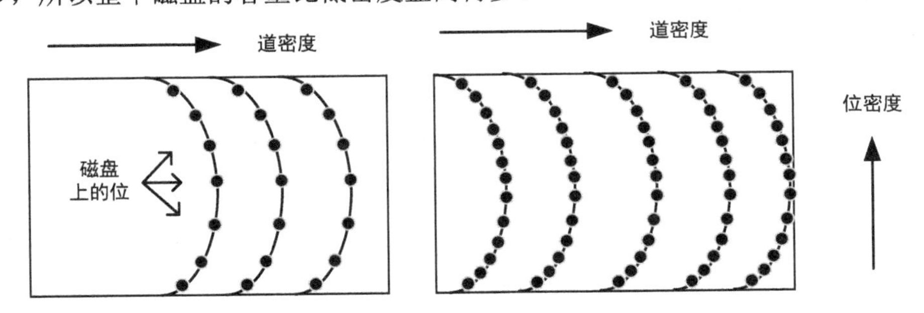

图 7-24 道密度和位密度示意图

（2）磁盘容量

磁盘的未格式化容量是指按道密度和位密度计算出来的容量，它包括头空、ID 域、CRC 码等信息，是可利用的所有磁化单元的总数，未格式化容量（或非格式化容量）比格式化后的实际容量要大。

对于低密度存储方式，因为每个磁道的容量相等，所以，其未格式化容量的计算方法为：

磁盘总容量=记录面数×柱面数×内圆周长×内圆位密度

格式化后的实际容量只包含数据区。由于磁盘盘面数为盘片数的两倍，每个扇区的数据大小为 512 字节，所以，磁盘数据总容量（即实际容量，也称格式化容量）的计算公式为：

磁盘数据容量=2×盘片数×每面的磁道数×每个磁道的扇区数×512B

（3）数据传输速率

前面已经提到，数据传输速率是单位时间内从磁盘盘面上读出或写入的二进制信息量。由于磁盘在同一时刻只有一个磁头进行读/写，因此数据传输速率等于单位时间内磁头滑过的磁道弧长乘以位密度，即：

数据传输速率=每秒转速×内圆周长×内圆位密度

大约在 2008 年，数据传输速率在 70MB/s 和 125MB/s 之间。但是现代磁盘为了提高数据传输速率，在磁盘控制器中增加了一个内置缓存来暂存读取的扇区数据。

（4）响应时间

磁盘数据的存取过程包括寻道、旋转等待、数据传输和控制器开销等方面，因此磁盘平均存取时间的计算公式为：

磁盘平均存取时间=平均寻道时间+平均旋转等待时间+数据传输时间+控制器开销

寻道时间是指磁头从读/写前原有的位置移到指定读/写的磁道上所花费的时间。磁盘使用手册上一般会标记最小、最大和平均寻道时间。前两种很好测量，但平均寻道时间由于和寻道距离有关，因而有多种解释。工业上用所有可能的寻道时间总和除以可能发生的寻道次数来计算平均寻道时间。平均寻道时间一般宣称为 3～13ms，但它依赖于具体应用和对磁盘请求的时序安排。由于磁盘访问的局部性，实际的平均寻道时间一般会更短，仅为上述数值的25%～33%。这种局部性出现的原因，一是由于对同一文件的连续访问操作，二是由于操作系统会尽量把访问相邻地址的操作安排在一起。

旋转等待时间是指磁头进入指定磁道后，该磁道上被存取的信息段正好旋转到磁头下方所需的时间。取得所要信息的平均旋转等待时间是磁盘旋转磁道半周所需的时间。因为磁盘旋转速度是 5400～15000rpm，所以平均旋转等待时间一般在 5.6ms（0.5r/5400rpm）与 2.0ms（0.5r/15000rpm）之间。

例题 7.9

对于一个转速为 15000rpm 的磁盘，手册上宣称的平均寻道时间是 4ms，数据传输速率是100MB/s，控制器开销是 0.2ms。假设磁盘空闲，即无等待时间，那么读/写一个 512 字节的扇区所需的平均时间是多少？

解答

平均磁盘存取时间 = 4ms + 0.5r/15000rpm + 0.5KB/(100MB/s) + 0.2ms
= 4 + 2.0 + 0.005 + 0.2 = 6.2ms

7.5.2 快闪式存储器

快闪存储器（Flash Memory，简称闪存），是一种非易失型存储器，从本质上讲，它是一种电可擦除只读存储器（EEPROM）。不同于传统典型的 EEPROM 以字节为清除单位（导致抹除循环相当缓慢），闪存以较大的区块为擦除单位，显著提升了写的速度，并且降低了成本。

1988 年 Intel 推出第一款商业性的 NOR Flash 芯片。NOR Flash（NOR 型闪存）带有RAM 接口，能够随机存取存储器中的任一字节，支持一万到一百万次擦写循环，但擦除时间较长。这使它非常适合取代老式的 ROM 芯片。1989 年东芝推出了 NAND Flash（NAND型闪存），具有擦除时间快，集成度高，成本更低的特点，同时它的可擦写次数也高出 NOR Flash 十倍。但是 NAND Flash 被设计为以块的形式进行读/写。NOR 型闪存比较适合频繁随机读/写的场合，通常用于存储程序代码并直接在闪存内运行；NAND 型闪存主要用来存储资料，固态硬盘、存储卡等都使用 NAND 型闪存。表 7-5 比较了 NOR 和 NAND 型闪存的关键特性。

表 7-5 NOR 和 NAND 型闪存的关键特性

特　性	NOR 型闪存	NAND 型闪存
典型的应用	BIOS 存储器	USB key
读写单位	按字节	按页（每页 512B）
擦除单位	按块（每块 64KB～128KB）	按块（每块 32 个页）
读时间/μs	0.08	25

续表

特　性	NOR 型闪存	NAND 型闪存
写操作	写 0/擦除/写	擦除/写
写时间/ms	5000	4
使用次数（每个单元的写次数）	十万次	百万次
最高售价（2008 年）	每 GB 65 美元	每 GB 4 美元

与磁盘不同，闪存的位可能会被用坏。为了应对这个缺点，大多数 NAND 闪存产品使用一个控制器，采用重映射块来分布写操作，目的是平衡各块的写次数。如果出现了损坏的位单元，控制器也会对其进行屏蔽。长期以来，闪存的价格逐年下降。在 2008 年，每 GB 的快闪式存储器的价格降到了 4～10 美元，即比磁盘贵 2～40 倍，是 DRAM 价钱的 1/5～1/10。尽管每 GB 快闪式存储器的价格比磁盘要贵，但由于其尺寸小，因此在移动设备中大受欢迎。当前闪存的最典型应用就是作为硬盘的替代品，即固态硬盘（SSD）。由于闪存和磁盘一样是非易失性的，但是延时却只是磁盘的 1‰～1%，而且尺寸小，功耗低，抗震性更好，所以 SSD 在速度、噪声、耗电量与可靠度等方面都较磁盘更有优势。目前苹果公司也将 SSD 作为 Mac 笔记本产品的标配。高性能台式机以及一些具有 RAID 和 SAN 架构的服务器上也正将其作为硬盘的替代品。

7.6 课后阅读材料

只读存储器（Read Only Memory, ROM）以晶体管是否存在来表示 1 位信息。图 7-25（a）和图 7-25（b）分别给出了存储 0 和 1 的位单元结构，其中，当读位单元时，位线被拉高至高电平，然后使得字线也为高电平。如果 NMOS 晶体管存在，它将拉低位线至低电平；如果 NMOS 晶体管不存在，则位线保持高电平。注意，ROM 的位单元是固定电路，在电源关闭时不会发生改变，因此也是非易失性存储器。

ROM 的内容也可简单使用**点表示**法来表示。图 7-26 给出了一个 4×3 位的 ROM，其中在行（字线）和列（位线）有交叉的点表示此位为 1。图 7-26 中地址 00～11 存储的数据分别为 010、011、100 和 010。**熔丝烧断可编程** ROM（Fuse-Programmable ROM）通过应用高电压有选择性地熔断熔丝来对 ROM 进行数据写入，如图 7-27 所示。如果熔丝存在，则 NMOS 晶体管可接地，位单元存储 0；如果熔丝断开，NMOS 晶体管与地断开，位单元为 1。由于熔丝是一次性使用，即熔断后不能恢复，因此它属于一次可编程 ROM。有的 ROM 提供了晶体管是否接地的可修改方法，例如，**可擦除** PROM（Erasable PROM, EPROM）使用浮动栅晶体管来替换熔丝 ROM 中的 NMOS 晶体管和熔丝。浮动栅不与任何线进行物理连接，当施加合适的电压时，将形成 MOS 晶体管，使得位线连接到字线；当 EPROM 暴露到强烈的紫外线中约半小时后，晶体管就会关闭。这两个过程分别称为 EPROM 的编程和擦除。电子可擦除 PROM（Electrically Erasable PROM）和闪存的工作原理相似，由电路负责擦除，不需要紫外线。

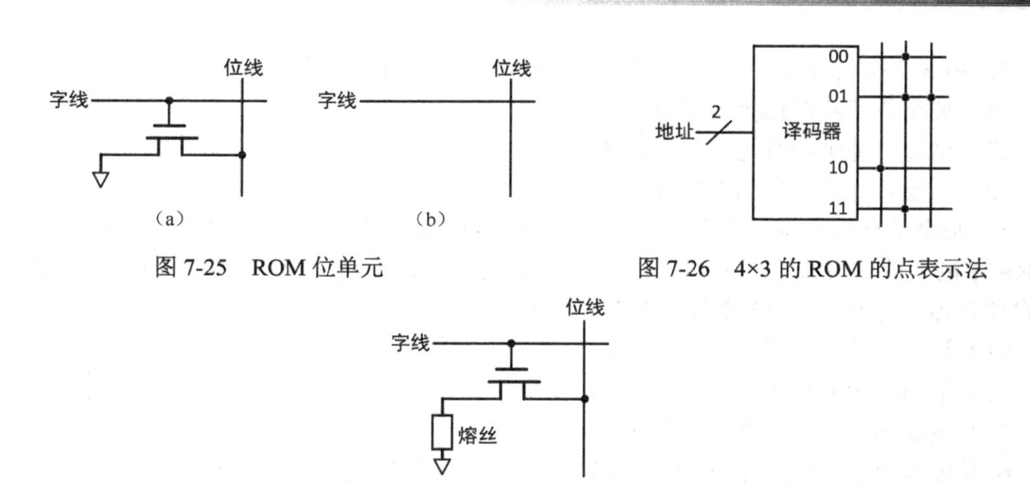

图 7-25　ROM 位单元

图 7-26　4×3 的 ROM 的点表示法

图 7-27　熔丝烧断可编程 ROM 的位单元

7.7　本章小结

本章首先介绍了存储器的分类和存储系统的层次结构，然后根据离 CPU 从近到远的关系分别介绍了 Cache、主存、虚拟存储器、外存的工作机制和性能指标，并对 Cache 系统和虚拟存储器的异同及关系进行了详细介绍，最后介绍了 ROM 的结构原理。我们将在第 8 章中进一步了解处理器、主存和外设的互连关系及 I/O 机制。

习题 7

1．试阐述 Cache 和主存，主存和磁盘之间进行数据块替换过程的相同点和不同点。

2．在 Cache-主存存储体系层次中，主存有 0～15 共 16 块，Cache 为 8 块，各个块号为 C0～C7，采用 2 路组相联映射方式。设 Cache 初始为空，现访存块地址流为 1、1、2、4、1、3、3、9、7、3、13 时，画出用 LRU 替换算法，Cache 内各块的实际替换过程图，并标出命中处。

3．假设一个计算机系统有 8KB 的高速缓存。它采用 4 路组相联映射方式，每块有 32B。物理地址大小是 32 位，最小可寻址单位是 1 B。

（1）给出 32 位物理地址哪些位对应于 Cache 索引、标识及块内偏移量。

（2）假设该计算机采用了分页的虚拟存储技术，页大小为 4KB。根据如下给出的页表的内容，试计算虚拟地址 0x030050CF 所对应的物理地址，并回答该物理地址应分配给高速缓存的哪一组。

虚拟页号	物理页号
03005	00100
30050	01102
0050C	00420

（3）这个计算机系统的分页地址字段划分和 Cache 映射字段划分是否是一种高效的方式？如果是，请简述原因；如果不是，请给出你的建议。

4．用 512×4 位/片的存储芯片构成 2KB 存储器，回答以下问题：

（1）加至各芯片的地址线是哪几位?

（2）试给出地址和片选信号分配表。

（3）画出芯片级存储器逻辑图。

5．假设某存储系统的容量为 14KB，其中 0000H～1FFFH 为 ROM 区，2000H～37FFH 为 RAM 区，地址总线 A_{15}～A_0（低），双向数据总线 D_7～D_0（低），读/写控制线 R/W，可选用的存储芯片有 ROM（4KB/片）和 RAM（2K×4 位/片），回答以下问题：

（1）计算各芯片数量。

（2）给出各组芯片的地址范围和地址线。

（3）试给出地址和片选信号分配表。

6.某磁盘组有 4 个盘片，转速为 7200rpm，共划分为 2048 个逻辑圆柱面，内直径为 100mm，内层记录位密度为 250BPMM，每磁道分 16 个扇区，每扇区 512 字节，采用低密度存储方式。试计算该磁盘的总容量、实际容量和数据传输带宽。

第 8 章

I/O 系统

计算机的各个部件需要通过外部接口互连起来以实现控制信号和数据信息的交互。例如，处理器和主存需要互连通信，处理器和 I/O 设备也需要通信。在个人计算机中常见的 I/O 设备有键盘、显示器、打印机和 Wi-Fi 网络。一般把 I/O 设备及互连方式、控制硬件和软件一起统称为 I/O 系统。I/O 系统为了实现信息的输入/输出，需要考虑 I/O 设备的扩展性和多样性、系统的整体性能等因素和设计目标。

本章将围绕 I/O 设备的互连方式，依次介绍常用的外设、互连方法、I/ O 接口的功能及编制方式，以及在主机和外设间进行数据传送的各种输入/输出控制方式等内容。

8.1 I/O 设备

8.1.1 概述

I/O 设备具有丰富的多样性，可以根据信息传输方向、交互对象和数据传输速率三个方面来对 I/O 设备进行分类。

- 按信息传输方向可分为输入设备、输出设备和存储设备等。输入设备的功能是把数据、命令、字符、图形图像或声音等信息，以计算机可以接收和识别的二进制代码形式输入到计算机中，供计算机进行处理；输出设备的功能是把计算机处理的结果变成数字、文字、图形图像或声音等信息，然后播放、打印或显示输出。
- 按交互对象，即 I/O 设备的另一端是人还是机器，根据该特性一般可分为人机交互设备和机-机通信设备。
- 按数据传输速率（Data Rate），即 I/O 设备能够提供数据传输的峰值速率（Peak Rate）。由于 I/O 设备的多样性，其数据传输速率快慢跨度范围超过 8 个数量级，差异显著。

例如，键盘是一个由人使用的输入设备，具有大约每秒钟 10 字节的峰值速率。表 8-1 列出了一些连接到计算机上的 I/O 设备。

表 8-1 常用 I/O 设备

设　备	信息传输方向	交 互 对 象	数据传输速率（Mb/s）
键盘	输入	人	0.0001
鼠标	输入	人	0.004
语音输入/输出设备	输入	人	0.26
激光打印机	输出	人	3.2
网络/无线局域网	输入或者输出	机器	11～54
磁带	存储	机器	5～120
快闪式存储器	存储	机器	32～200
光盘	存储	机器	80～220
磁盘	存储	机器	800～3000
网络/局域网	输入或者输出	机器	100～10000
图像显示器	输出	人	800～8000

当然，I/O 设备的分类方式还有很多，例如按所处理信息的形态不同，可分成处理数值与文字的设备、处理图形与图像的设备以及处理声音与视频的设备等。由于 I/O 设备的种类繁多、性能各异，归纳起来具有异步性、实时性和多样性特点，这些特点直接影响了 I/O 系统的连接、控制方式的设计。图 8-1 给出了 I/O 设备的一般互连方式，用总线将处理器、主存和 I/O 设备之间进行共享式互连，且易于增加新的设备。我们将在 8.2 节中学习总线的相关知识。

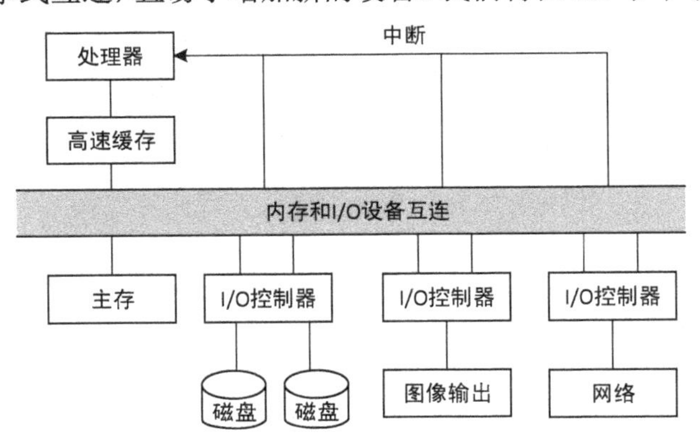

图 8-1 处理器与 I/O 设备之间的互连方式

8.1.2 属性指标

I/O 设备的性能需求取决于其用途。在某些应用场景下，需要注重系统的吞吐量，即传输带宽。例如，在多媒体应用中，大部分的 I/O 请求用于实时处理数据流；而在另一些应用场景中，我们更重视响应时间，即为完成特定任务总共需要的时间。当然，当传输带宽成为性能的瓶颈时，响应时间也受带宽影响，但是当带宽资源足够大时，单个访问操作延迟时间最短的 I/O 系统将获得最快的响应时间。大多数的应用场景，特别是商务计算机市场，要求同时具备高吞吐量和快速响应时间。例如，微信等即时通信平台和京东等电商平台。在第 1 章中提到的三类计算机（桌面计算机、服务器和嵌入式计算机）中，台式机和嵌入式计算机更注重响应时间和I/O设备的多样性，而服务器更关心吞吐量和I/O设备的可扩充性。

1．可靠性和可用性

用户需要可以信赖的I/O设备，但是该如何定义I/O设备的可信赖程度呢？为了描述可信赖程度，需要给出设备期望行为的一个参考描述，这样在测试系统时，会发现设备在参考描述的以下两种服务状态之间改变：

- 状态1：服务实现，即设备按照预定方式提供正常服务；
- 状态2：服务中断，即设备不提供或者提供不用于预定的服务。

从状态1到状态2的转换是由**故障**（Failure）引起的，从状态2到状态1的转换称为恢复。故障可能是偶发性的，例如，硬件受射线的辐射可能导致信号值从0变为1，也可能是永久的。对于服务实现可使用**平均失效时间**（Mean Time To Failure, MTTF）来度量，即系统平均能够正常运行多长时间，才发生一次故障。平均失效时间也是**可靠性**（Reliability）的度量。对于服务中断可使用**平均修理时间**（Mean Time To Repair, MTTR）来度量。当服务在服务实现和服务中断两个状态之间变化时，**可用性**（Availability）是服务实现的一个量度，可表示为：

$$\text{可用性}=\text{MTTF}/(\text{MTTF}+\text{MTTR})$$

使用上述定义，如果已知组件的可靠性，并且各个组件故障是相互独立的，则可以量化计算一个系统的可靠性。

例题 8.1

假设一个磁盘子系统有如下组件和MTTF:

- 10个磁盘，每个磁盘的MTTF是1 000 000小时;
- 1个SCSI控制器，MTTF是500 000小时;
- 1个电源，MTTF是200 000小时;
- 1个风扇，MTTF是200 000小时;
- 1根SCSI电缆，MTTF是1 000 000小时。

假设生存周期是按指数分布的，并且故障具有独立性，试计算系统的MTTF。

解答

$$\text{系统故障率}=10\times\frac{1}{1\,000\,000}+\frac{1}{500\,000}+\frac{1}{200\,000}+\frac{1}{200\,000}+\frac{1}{1\,000\,000}$$

$$=\frac{10+2+5+5+1}{1\,000\,000}=\frac{23}{1\,000\,000}$$

而MTTF是故障率的倒数:

$$\text{系统的MTTF}=\frac{1}{\text{系统故障率}}=\frac{1\,000\,000}{23}\approx 43\,500\ \text{小时}$$

差不多5年时间。

为了提高MTTF，通常可以采取下面三种措施。

- 错误避免（Fault Avoidance）：通过良好的结构设计来防止错误的发生。

- 错误承受（Fault Tolerance）：利用冗余技术允许服务在错误发生时仍然能正常的工作。
- 错误预测（Fault Forecasting）：预测错误的存在和产生，将这种预测使用到硬件错误和软件错误中，可以达到在一个部件出现故障之前替换掉它的目的。

8.2 I/O 互连与总线

8.2.1 I/O 互连方式

在计算机系统中，处理器为了控制其他子系统必须通过某种方式与其互连，并能发送命令和发送/接收数据。总线是一种由其上所有设备共享（即分时复用）的通信连接，其主要特点是扩展性强和成本较低。因为新的外设很容易被连接到总线上且不会干扰其他设备，也不需要修改通信方式。不过，由于总线的共享性也可能会导致通信瓶颈，限制 I/O 设备的最大吞吐量，因此在计算机系统中需要设计合适的总线系统来满足不同设备的性能需求。

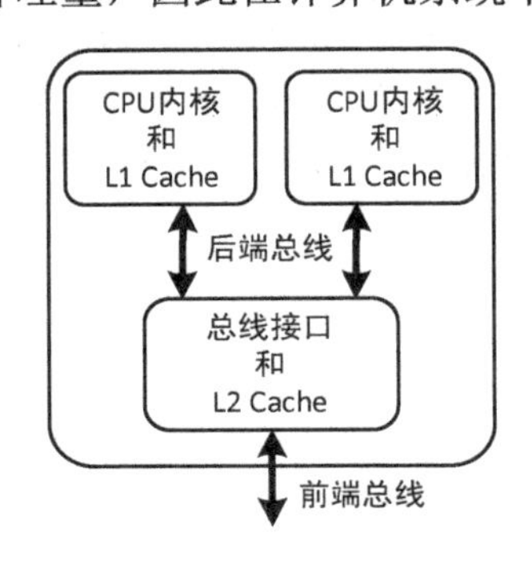

图 8-2 CPU 内部的典型总线结构

图 8-1 给出的连接方式仅仅是抽象意义上的结构，而实际计算机系统中通常使用合理的层次结构将不同总线进行互连，而不是将所有部件连接在同一根总线上，我们先看看 CPU 的典型的总线结构，如图 8-2 所示。从图 8-2 中可以看到，典型的 CPU 总线有两根：一根连接核、L1 Cache 和 L2 Cache，称为**后端总线**（Back-Side Bus, BSB）；一根连接 CPU 与外部，称为**前端总线**（Fack-Side Bus, FSB），因此把有前端总线和后端总线的结构称为处理器的**双总线结构**（Dual-Bus Architecture）。由于 L2 Cache 最初处于处理器外部，因此后端总线最初也在处理器外部，后来随着 L2 Cache 一起被集成在处理器芯片内部，与处理器的时钟频率相同，但是位宽①可以比前端总线更宽，可达 512 位，即 64 字节，以支持 L1 Cache 和 L2 Cache 之间 Cache 块的替换。

图 8-3 进一步给出了计算机系统中典型的总线系统结构，其中上面那块连接处理器和主存的芯片通常被称为**北桥**（North Bridge）芯片，又称为主存控制器集线器（Memory Controller Hub）；下面那块连接多根 I/O 总线和北桥的芯片通常被称为**南桥**（South Bridge）芯片，又称为 I/O 控制器集线器（I/O Controller Hub）。

下面我们逐一分析图 8-3 所涉及的总线类型。

- CPU 的前端总线用于连接 CPU 和北桥，使用倍频器将前端总线的时钟频率进行倍频后作为 CPU 的时钟频率，以使用 CPU 和北桥的同步操作。例如，3.2GHz 的 CPU 的时钟频率可以通过 400MHz 的前端总线进行 8 倍倍频得到。因此，如果需要调整 CPU 的时钟频率，可以通过调整倍频器的倍频倍数实现。前端总线的传输带宽是数据宽度、时钟频率和每时钟周期的传输次数的乘积。例如，64 位宽的前端总线频率为 100MHz，每个时钟周期可以进行 4 次传输，那么带宽值为 3200MB/s。表 8-1 给出了 Intel 部分系列处理器的传输带宽参数。

---

① 总线的位宽是指总线中数据线的位数。例如，总线的宽度为 32 位，则表明通过该总线进行一次数据传输最多可以传输 32 位，当然也可以少于 32 位，如每次只传输 16 位或者 8 位。

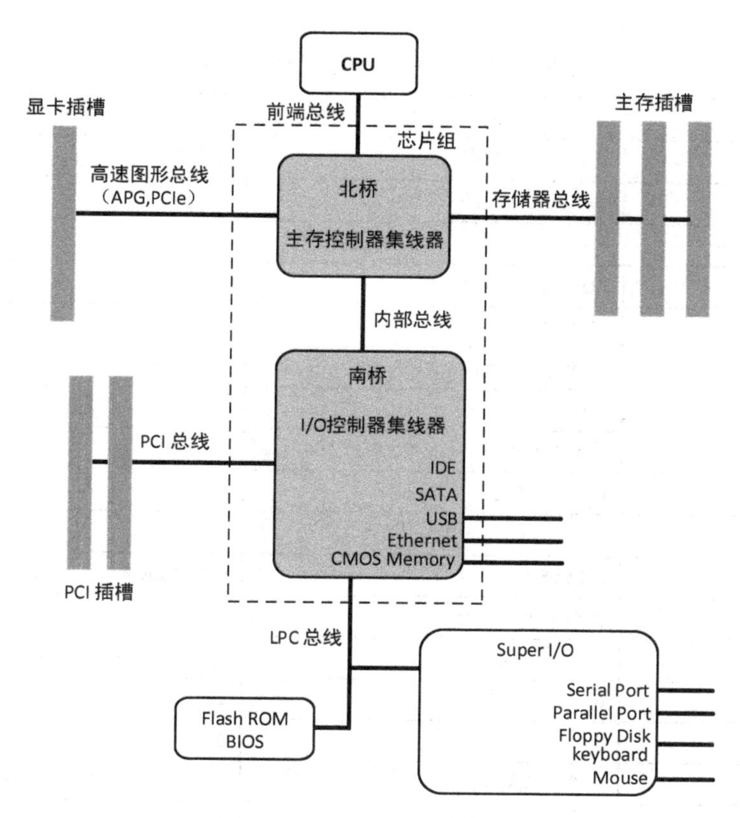

图 8-3 典型的总线层次结构

表 8-1 Intel 处理器的带宽

CPU	前端总线频率/MHz	每个时钟周期传输次数	总线位宽/b	传输带宽/（MB/s）
Pentium II	100	1	64	800
Pentium III	100/133	1	64	800/1064
Pentium 4	100/133	4	64	3200/4256
Itanium	100/133	1	64	800/1064

- **存储器总线**（Memory Bus）用于连接存储器和主存，其频率应由前端总线决定。通常，存储器总线和前端总线应工作在相同的频率下，即同步工作方式：将前端总线的频率设置为 450MHz，通常意味着存储器总线频率也为 450MHz。不过也有一些计算机系统中存储器总线与前端总线之间采用异步工作方式。
- PCIe（Peripheral Component Interconnect express）和 AGP（Accelerated Graphics Port）用于连接图形卡等外设，与前端总线之间通常采用异步工作方式。
- PCI、串行 ATA（Serial ATA，SATA）等总线连接到南桥，而更低速的外设总线，例如串口和并口，先连接到 Super I/O 芯片上再连接到南桥。

随着芯片技术的发展，越来越多的处理器内部已经集成了北桥芯片，例如 AMD 的 Opteron X4 处理器和 Intel 的 Nehalem 处理器。表 8-2 给出了 Intel 和 AMD 的北桥/南桥芯片组的参数示例。

表 8-2 Intel 和 AMD 的北桥/南桥芯片组

	Intel C232 芯片组	AMD 580X CrossFire
用途	台式机，服务器	台式机
前端总线（64 位）	1066/1333MHz	—
北桥参数		
产品名称	Blackbird 5000P MCH	
主存速度	533/667MHz	
DIMM 的数目和大小	16 个，1GB/2GB/4GB	
主存的最大容量	64GB	
PCIe/外部图形接口	支持 1 个 PCIe×16 或者 2 个 PCIe×8	
南桥接口	PCIe×8，ESI	
南桥参数		
产品名称	6321 ESB	580X CrossFire
PCI 宽度、速度	两个 64 位，133MHz	—
PCIe	三个 PCIe×4	两个 PCIe×16，四个 PCIe×1
USB 接口	6 个	10 个
SATA 接口	6 个	6 个
网络芯片	千兆位以太网卡	集成 10/100/1000Mb/s 网络芯片
I/O 管理	SMbus 2.0，GPIO	SMbus 2.0，GPIO

8.2.2 总线的分类

目前，总线的类型繁多，分类方式也有多种。下面介绍三种常见的分类方式。

1. 按传输信息分类

总线中传输的信息可分为三类：数据信息、地址信息和控制信息。因此，按传输信息内容不同，可分为三类总线，即数据总线、地址总线和控制总线。一般而言，系统总线是一种统称，其中可包含数据总线、地址总线和控制总线中的一种或几种。在有的计算机系统中，为了节约总线资源，数据总线和地址总线是分时复用的。

2. 按数据传输方式分类

按总线传输数据的方式，总线可以分为**并行总线**（Parallel Bus）和**串行总线**（Serial Bus）。并行总线使用多位数据线同时传输多位数据，位宽通常为 8 位、16 位或 32 位。由于并行总线连线较多，因此通常只用于短距离的数据传输，且成本较高，信号传输较易受干扰。串行总线一次只传输一位数据，即按数据代码位流的顺序逐位传输。传输距离较远的情况一般适合使用串行总线传输方式，如以太网网线。在早期，并行总线速度比串行总线速度快，因为在实际时钟频率比较低的情况下，并行总线可以同时传输更多位。但是，随着技术的发展，时钟频率越来越高，串行总线的频率越来越高，数据传输速率也越来越快。

3. 按时序控制方式分类

按总线的时序控制方式，总线可以分为**同步总线**（Synchronous Bus）和**异步总线**（Asynchronous Bus）。在同步总线方式中，数据传输操作受一个公共的时钟信号控制，这个公共时钟可以由总线控制器发出。由于使用了公共时钟，因此总线上的工作部件什么时候发送或接收都由统一的时钟规定，并且完成一次数据传输的时间是固定的。因此，同步通信控制简单、实现容易且支持较高的数据传输频率。例如，存储器总线为了执行读主存操作，需要在第一个时钟周期传输地址和读操作指令，并且使用控制线来指明请求的类型。主存可能被要求在第五个时钟周期以提供数据字的方式来做出响应。这种类型的协议使用小型的有限状态机很容易实现。由于这种协议是预先确定的，涉及很少的控制逻辑，因此总线可以运行得很快而且接口上的逻辑电路也会很小。不过，同步总线有两大缺点：第一，总线上的每个设备必须按照相同的时钟频率运行，因此总线上最慢的设备性能成为瓶颈；第二，由于存在时钟偏斜（Clock Skew），总线的长度也限制了其时钟频率的提升。

异步总线不需要公共的时钟信号，因此异步总线可以满足很多不同设备的需要，且不用担心时钟偏斜或其他同步问题。在异步总线中，总线上的各个部件都使用自己的时钟，对总线操作控制和数据传输是以应答方式实现的，其操作时间根据传输的需要进行安排，因此完成一次数据传输的时间是不固定的。异步总线通常用于传输距离较长或系统内各设备性能差异较大的场合。异步总线的优点是时间选择比较灵活、利用率高，缺点是控制逻辑和电路比较复杂。为了协调总线上的发送者和接收者之间的数据传输，异步总线需要采用握手协议。握手协议由一系列步骤组成，只有当发送者和接收者之间达成一致才能进行下一步。下面简单介绍几种总线的情况。

PCI总线是一种由Intel公司1991年推出的并行总线标准，此标准允许在计算机内安装多达10个遵从PCI标准的扩展卡。最早提出的PCI总线位宽为32位，频率为33MHz（传输带宽为133MB/s），然后在1993年又提出了64位宽的PCI总线，后来又把PCI总线的频率提升到66MHz。PCI总线为声卡、网卡、Modem等设备提供了连接接口。

PCI总线的带宽对声卡、网卡、视频卡等绝大多数输入/输出设备显得绰绰有余，但对性能日益强大的显卡则无法满足其需求。Intel在2001年春季正式公布了旨在取代PCI总线的第三代I/O技术。2002年4月，PCI特别兴趣小组（PCI-Special Interest Group, PCI-SIG）审核确定了新的I/O技术规范，命名为PCI Express（简称PCIe）。2002年7月，PCI-SIG正式公布了PCI Express 1.0规范，并于2007年初推出2.0规范，将数据传输速率由PCI Express 1.1的2.5GB/s提升到5GB/s，2010年推出了PCIe 3.0，工作频率高达8GHz，16×通道的带宽超过32GB/s。PCIe采用了多通道（1×、4×、8×、16×或32×）的点对点串行连接，因此每个设备都有自己的专用连接，不需要共享总线带宽。PCIe的接口兼容性好，1×接口的卡可插入在4×或16×的插槽上，还支持热拔插。目前，PCIe标准已经全面取代之前流行的PCI和AGP，最终实现总线标准的统一。

在早期，计算机的各外设的传输接口各不相同，且需要安装专用的驱动程序并重启才能使用。通用串行总线USB（Universal Serial Bus）是由Intel、Compaq、Digital、IBM、Microsoft、NEC、Northern Telecom等7家世界著名的IT公司于1996年共同推出的一种新型总线标准，以支持外设的热插拔。USB 2.0在高速状态下的带宽为60MB/s，USB 3.0更可高达640MB/s。

表 8-3 给出了几种常见总线的相关参数。

表 8-3 典型总线的参数

	USB 2.0	PCIe 1.0	SATA	串行连接的 SCSI
同步/异步	异步	异步	异步	异步
每个通道的设备数	127	1	1	4
数据线位宽	2	每通道 2 个	4	4
峰值带宽	0.2MB/s（低速） 1.5MB/s（全速） 60MB/s（高速）	每个通道 250MB/s	300MB/s	300MB/s
热插拔	是	依赖于格式参数	是	是
最大长度	5m	0.5m	1m	8m

8.2.3 总线的仲裁

由于设备对总线是分时复用的共享使用方式，因此有可能出现同一时刻有多个设备需要使用总线的情况。当多个设备同时申请使用总线时，就出现了访问冲突的现象，因此需要采用一定的方式对总线的使用权进行仲裁。按照仲裁方式的不同，可分为集中式仲裁和分布式仲裁两类。

1. 集中式总线仲裁

集中式总线仲裁通过一个中央仲裁器对各设备的总线使用请求进行仲裁，获得总线使用权的设备将收到仲裁器发出的总线授权信号。集中式总线仲裁有多种实现方式，图 8-4 给出了两种常用的仲裁方式。

图 8-4（a）所示的实现方式是链式查询方式，即所有设备共享总线请求信号，但是总线授权信号被依次串行传递到各设备中。当逻辑上离仲裁器最近的那个设备收到授权信号后，如果是它发出了总线请求，则由它使用总线，使能“总线忙”信号，并中止授权信号的继续传递；若该设备没有发出总线请求，则将授权信号向下一个设备传递，直到有设备接管总线为止。由此可以看出，离仲裁器逻辑距离越近的设备，其优先级越高。链式查询方式的优点是易于扩充新设备；缺点是如果某个设备出现故障会中断授权信号的传递。

图 8-4（b）所示的实现方式是独立请求方式，即每个设备都通过自己专用的总线请求信号线和总线授权信号线与总线仲裁器进行连接。需要使用总线时，各设备独立地向总线仲裁器发送总线请求信号，仲裁器可以根据自己的仲裁算法对同时到达的多个总线请求进行仲裁，并通过该设备的总线授权线向设备发送授权信号，该设备在设置“总线忙”信号后获得总线的使用权。独立请求方式的优点是仲裁器能知道是哪个设备发出了请求信号，也能方便地隔离故障设备的总线请求；缺点是控制线路较多，成本较高。

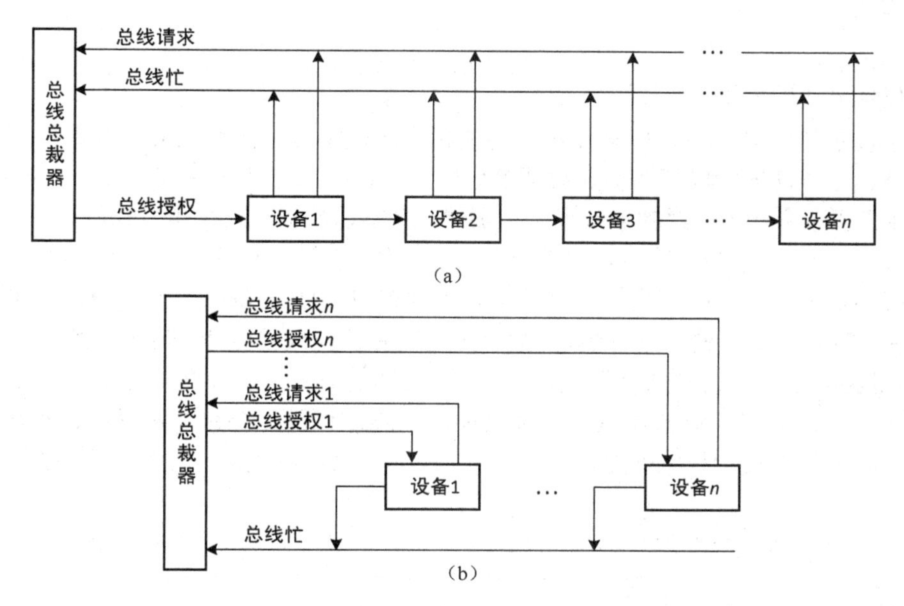

图 8-4　集中式总线仲裁的两种实现

2. 分布式总线仲裁

分布式仲裁方式不需要设置一个集中的总线仲裁器，各设备有自己的仲裁逻辑和设备号。各设备之间通过各自的仲裁逻辑竞争使用总线，如图 8-5 所示。当有设备产生总线请求时，把各设备唯一的设备号发送到共享的仲裁总线上，由各设备的仲裁逻辑去自行比较。通过比较设备号大小的方式将获胜者的设备号保留在仲裁总线上，并设置“总线忙”信号获得总线的使用权。与集中式总线仲裁方式相比，分布式总线仲裁的控制逻辑更复杂。

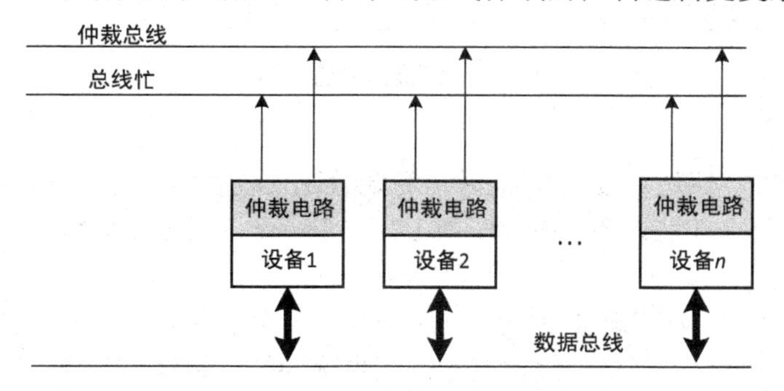

图 8-5　集中式总线仲裁的两种实现

8.3 I/O 访问

前面两节介绍了 I/O 设备的特点及互连方式，那么处理器如何找到 I/O 设备并读出或写入数据呢？数据操作完后处理器又是怎么知道操作完成了呢？这些问题将在本节中讨论。

8.3.1 I/O 接口功能

总线实现了外设的互连，但是外设还需要相应的逻辑控制部件来解决外设和总线之间的同步与协调、工作速度的匹配和数据格式的转换等问题，该逻辑部件就是 I/O 接口。从功能上来说，计算机中各种 I/O 控制器或设备控制器（包括适配器或适配卡）都属于 I/O 接口，如图 8-6 所示。在形式上，I/O 接口是一个电子电路（以 IC 芯片或接口板形式出现），其内部由若干专用寄存器和相应的控制逻辑电路构成。处理器对 I/O 设备的控制和操作，实际是通过控制 I/O 接口寄存器实现的。I/O 接口一般有三种寄存器：数据缓冲寄存器、状态寄存器和控制寄存器。例如，对外设的数据读/写操作，实际是通过对 I/O 接口数据缓冲寄存器的读/写访问实现的；对 I/O 设备的状态查询，是通过读取状态寄存器实现的；处理器对外设的控制则是通过将控制信息传送到控制寄存器中实现的。一般而言，I/O 接口的功能可概括为以下 4 个方面。

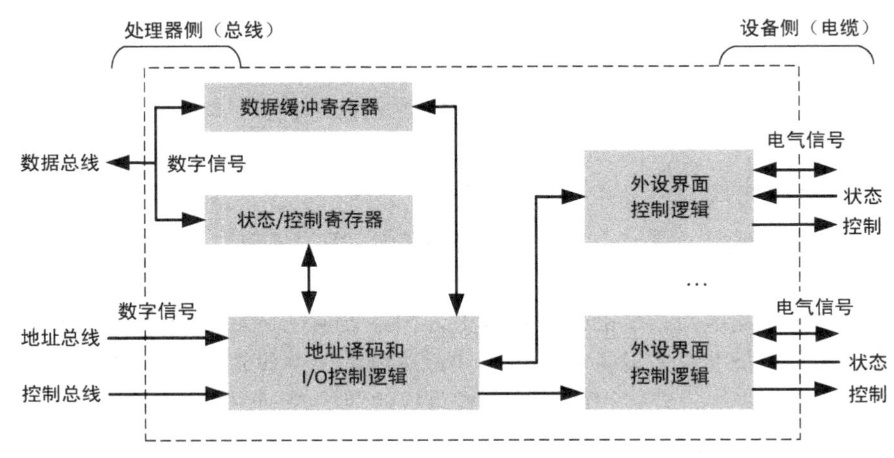

图 8-6 I/O 接口的通用形式

（1）寻址方式

对 I/O 接口中寄存器进行读/写访问时，需要通过系统总线的地址线给出要访问的寄存器地址。有两种方法用来寻址设备：**内存映射 I/O**（Memory-mapped I/O）和**特殊 I/O 指令**（I/O Instructions）。

在内存映射 I/O 中，内存地址空间的一部分专门分配给 I/O 设备。对这些地址的读和写指令被解释成访问 I/O 设备的指令，因此这种方式也称为**统一编址**。例如，写操作能用来向 I/O 设备发送数据。在这种情形下，当处理器发出地址和数据时，主存系统将忽略这个写操作，因为该地址指明了这个内存空间的部分是用于 I/O 的。但是，设备控制器会识别这个操作，会把数据记录下来，并把它作为命令传送到设备中。例如，MIPS 处理器把外设地址映射到内核的地址空间，使用 lw 和 sw 指令操作相关寄存器。

特殊 I/O 指令是处理器中专门提供的用于访问 I/O 设备的指令，也称为**独立编址**方式。这些 I/O 指令能够指定外设地址和要读取或者写入的信息。例如，Intel 架构的处理器使用 in 和 out 指令访问指定外设地址。

（2）数据缓冲

由于处理器、主存和外设之间的速度差异非常大，因此需要在接口中设置一个或多个数据缓冲寄存器，以提供数据缓冲和速度匹配。

（3）信号转换

接口与总线之间的数据传输方式可能和接口与外设之间的数据传输方式不同，因此可能需要进行数据格式的转换。此外，设备使用的电源与总线使用的电源可能不同，因此它们之间的电平信号也可能不同，甚至还有声和光等更复杂的信号需要转换。

（4）控制逻辑

处理器通过总线向接口传输控制信息，接口进行解释并产生相应的操作命令发送给外设。外设的相关状态信息也通过接口发送给处理器。例如，外设是否完成打印，是否发生缺纸等出错情况。如果使用中断方式控制信息的传输，则接口中应有中断逻辑；如果采用 DMA 方式控制信息的传输，则接口中应有 DMA 逻辑。中断逻辑和 DMA 逻辑稍后介绍。

图 8-7 给出了 I/O 接口与总线和设备进行通信控制的一般流程。

- 处理器给出外设状态寄存器地址，读取状态寄存器，查看外设当前状态；然后 I/O 接口将状态寄存器的信息送到总线，并传输给处理器；
- 处理器将外设控制寄存器地址和控制命令发送到总线；然后 I/O 接口根据命令的内容控制外设执行相应的操作；
- 如果处理器需传输数据，处理器将外设数据缓冲寄存器地址和数据发送到总线；然后 I/O 接口读取数据缓冲寄存器中的数据并输出给外设；如果外设需传输数据，I/O 接口将数据写入数据缓冲寄存器后通过总线发送给处理器。

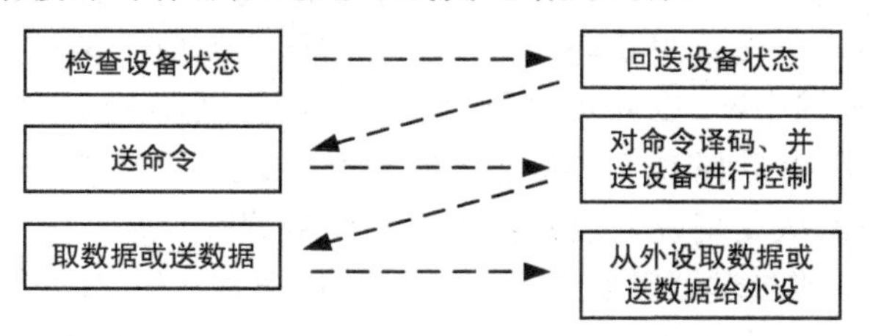

图 8-7　处理器和 I/O 接口之间的交互过程

8.3.2　I/O 接口控制方式

在 8.3.1 节中我们提到处理器和 I/O 接口之间的数据传输过程，但是没有对双方数据传输的时机进行描述。大多数的计算机系统使用下面三种典型控制方式。

1. 轮询方式

处理器通过周期性地检查 I/O 接口的状态寄存器，了解外设的当前运行状态，以决定能否执行下一个 I/O 操作，这个方法称为**轮询**。轮询是处理器与外设通信的最简单方式。轮询的缺点是需要处理器参与外设的状态查询，浪费大量的处理器时间，因为处理器的速度远远快于 I/O 设备。对外设采用轮询的方式仅在一些简单的慢速系统中使用。

例题 8.1

假定查询程序中所有操作（包括读取并分析状态、传输数据等所有操作）所需的时钟周期数为 400 个，处理器的主频为 500MHz，假定设备一直持续工作，采用定时轮询方式，则以下两种情况，CPU 用于 I/O 的时间占整个 CPU 时间的百分比各是多少？

（1）鼠标必须每秒钟至少被查询 30 次，才能保证不错过用户的任何一次移动。

（2）硬盘以 16 字节为单位传输数据，数据传输速率为 4MB/s，要求没有任何数据丢失。

解答

对于轮询方式，CPU 用在输入/输出上的时间由查询次数乘上查询操作时间得到。

（1）对于鼠标，每秒钟用于查询的时钟周期数为 30×400=12000 个，因此，鼠标查询所花费的时间占比为：$12000/(500\times10^6)=0.0024\%$。

（2）对于硬盘，因为要求每次以 16 字节为单位进行传输，所以查询的速率应达到每秒 4MB/16B=250 000 次，故每秒钟内用于查询的时钟周期数为 250 000×400。因此，硬盘输入/输出的时间占整个 CPU 时间的百分比为 $250\ 000\times400/(500\times10^6)=20\%$。也就是说，CPU 的五分之一时间被用于查询硬盘。

结论：CPU 对鼠标的查询操作对性能的影响不大，硬盘轮询方式对性能的影响极大。

2. 中断方式

针对轮询方式的巨大开销问题，为避免处理器长时间等待外设操作，中断方式是一种性能更高的控制方式。当一个设备想要通知处理器，它已经完成了某种操作或者需要请求处理器介入时，就会请求处理器中断。因此可将外设接入中断控制器 8259 的输入引脚（IR0～IR7），以形成一个中断请求（输出引脚 INT）输出到 CPU 中，这样处理器在没有中断请求时可以执行自己的工作，把处理器从反复查询设备状态的工作中解脱出来。

在中断控制方式下，当处理器需要进行一个 I/O 操作时，先启动外设让其工作，并挂起该 I/O 操作的进程，然后从就绪队列中选择另一个进程执行。此时，外设和处理器并行工作。当外设完成操作后，便向处理器发出中断请求，然后处理器响应该中断请求，中止当前的执行，进入中断处理程序完成相应的 I/O 操作后返回原来被中断处继续执行，其过程如图 8-8 所示。

表 8-4 给出了 Intel M8212 的 I/O 接口芯片的引脚列表，因此可将其 $\overline{\text{INT}}$ 引脚的输出取反后接到 8259 的 IR0～IR7 上，以形成 I/O 的中断控制方式。此外，I/O 接口中断请求的打开和关闭也是通过中断控制寄存器来实现的，具体内容见 5.4 节。

表 8-4　Intel M8212 接口芯片的引脚

引　脚	用　途
DI1～DI8	8 位数据输入信号
DO1～DO8	8 位数据输出信号
$\overline{\text{DS1}}$，DS2	设备选择信号
MD	模式控制信号，即工作方式选择
STB	输入选通

续表

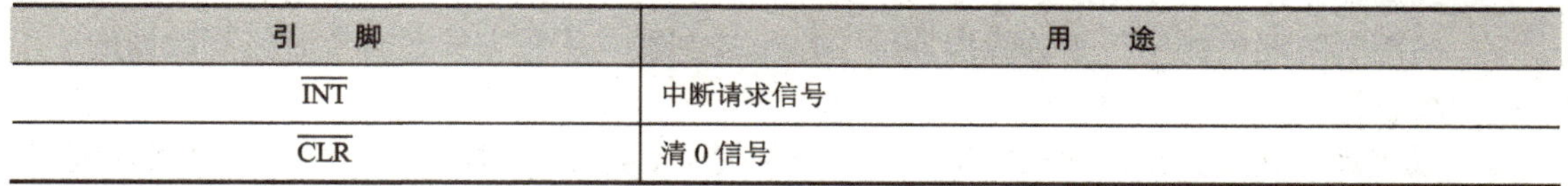

引　脚	用　途
$\overline{INT}$	中断请求信号
$\overline{CLR}$	清 0 信号

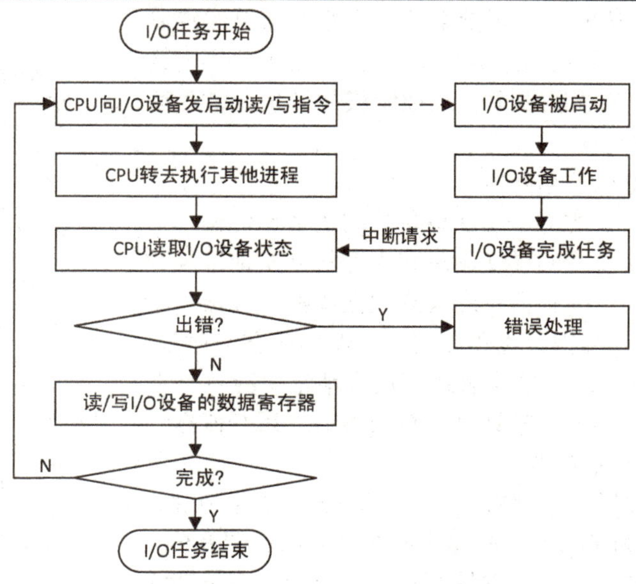

图 8-8　I/O 的中断控制方式

3. DMA 方式

我们已经知道，设备和处理器通信有两种不同的方式——轮询和 I/O 中断，它们对硬件的要求形成了 I/O 设备之间进行数据传输的基础。这两种方式在带宽比较低的设备中都工作得非常好，在这些设备中减少设备控制器的成本和接口的成本要比提高传输带宽更有用。但是即便是使用中断控制方式，仍然需要处理器参与 I/O 外设的读/写操作，这对处理器仍然是一个较重的负担。因此针对高速应用，我们还需要一种更适合高性能设备的 I/O 接口控制方式。

DMA（Direct Memory Access），即直接存储器访问，是现代计算机系统都具备的一种重要硬件控制方式，使得信息直接在主存和外设之间进行传输，其传输过程完全不需要处理器的参与。DMA 基于中断控制方式，处理器只需先初始化 DMA 传输，然后继续执行自己的程序，不再参与具体传输过程，直到传输结束，DMA 控制器再产生中断请求给处理器，处理器通过查询 DMA 状态决定整个操作是否成功完成。相比中断控制方式，DMA 进一步提高了处理器的利用率。很多硬件系统都使用 DMA 方式，包括磁盘控制器、显卡、网卡和声卡等外设。DMA 还被用于在主存中不同区域间的数据复制或移动。

（1）DMA 数据传输方式

DMA 主要有两种传输方式，单字传输和成组连续传输。

- 单字传输方式：每次 DMA 请求获得批准后，CPU 让出一次总线控制权，由 DMA 控制权控制总线，以 DMA 方式传输一次数据（数据的宽度由 DMA 的数据总线位宽决定）。传输完成后，DMA 控制权向处理器归还总线控制权，由处理器再判断下一个总线周期是由自己使用还是由 DMA 继续使用。这种方式也称为**周期窃取**，即从处理器的控制时间中挪用一个总线周期给 DMA 控制器。这种方式适合实时监测数据的应用场景。

- 成组连续传输方式：每次 DMA 请求得到批准后，DMA 控制器连续占用总线控制权，进行批量数据传输，直到批量传输完毕才将总线控制权交还给处理器。在 DMA 传输期间，处理器不能访问主存。这种方式减少了总线控制权的切换次数，适合批量数据的迁移。

（2）DMA 控制器的基本结构

DMA 方式为了实现主存和 I/O 设备之间的数据传输，需要给出传输方向、I/O 设备的寻址信息和主存的起始地址及数据交换量。因此，DMA 控制器中应设置数据缓冲寄存器，用于缓存发送数据或接收数据；设置控制寄存器和状态寄存器，用于存放控制命令和外设的寻址信息；设置地址寄存器，在 DMA 初始化时送入主存的传输地址，每次传输之后其值自动加 1，直到批量数据传输完毕。

早期 DMA 控制器是以一块独立芯片的形式独立存在的，后来芯片组（南桥）将 DMA 控制器集成在其内部。图 8-9 给出了早期的 Intel 8237 DMA 控制器芯片（广泛使用在早期的 IBM PC 上）的引脚。

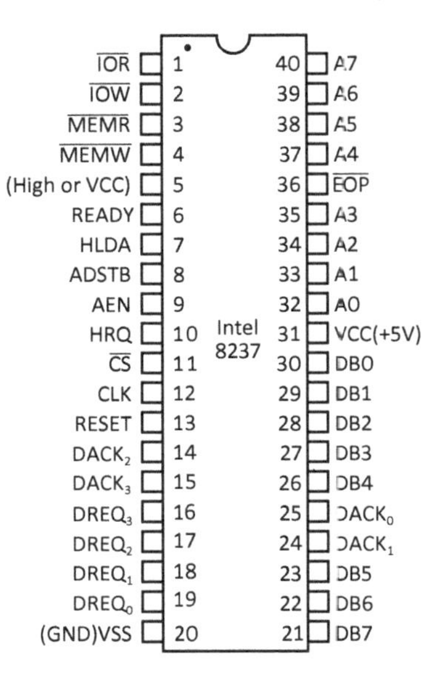

图 8-9 Intel 8237 芯片引脚

- DREQ 和 DACK 有 4 组成对信号，DREQ3/DACK3～DREQ0/DACK0，分别对应 4 个传输通道，每个通道用于连接一个 I/O 设备的接口，如图 8-10 所示。

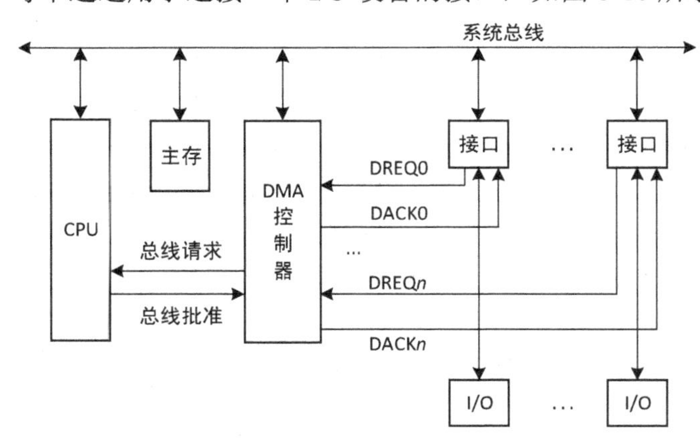

图 8-10 DMA 的连接方式

- HRQ 是 8237 向处理器申请总线的信号，HLDA 是处理器向 8237 的总线授权信号。因此 8237 与中断控制器 8259 类似，可以进行多片 8237 芯片级联，从而扩展 DMA 控制器的传输通道数。
- A7～A0 是 8237 访问存储器的地址信号。
- $\overline{CS}$ 是处理器初始化 8237 或者读 8237 状态时的片选信号。

- D7～D0 是 8237 的数据信号。
- AEN 是控制权信号，当 8237 控制总线时，AEN 输出高电平；当由处理器控制总线时，AEN 输出低电平。
- EOP 是 DMA 传输结束信号，当 DMA 的任一通道传输结束时，EOP 信号有效；若由外部输入有效电平，则强制 8237 内部所有通道结束传输。
- MEMR 和 MEMW 是发出的存储器读/写信号。
- $\overline{\text{IOR}}$ 和 $\overline{\text{IOW}}$ 是 I/O 读/写信号，当 8237 控制总线时，输出 I/O 读/写信号；当处理器控制总线时，接收处理器发出的 I/O 读/写信号，用于读/写 8237 内部寄存器。
- READY 是输入信号，是由主存或 I/O 发出的就绪信号。

在 PCI 架构中没有集中的 DMA 控制器，因此 PCI 设备需要自带 DMA 模块。PCI 总线上的任何部件都可以向 PCI 总线控制器申请总线的控制权（需要申请仲裁机制裁决）。一旦某个部件获得总线的控制权，它就成为总线的拥有者（Bus Master），可以在 PCI 总线上发出读或者写命令，然后被总线控制器转发至主存控制器中以对主存中的数据进行读或写。例如，在基于 AMD Socket AM2 的现代计算机中，南桥使用 Hyper Transport 技术将 DMA 事务转发至北桥，北桥然后再转发至主存总线。因此，一次 DMA 传输事实上会涉及传输数据的多次转发。

（3）DMA 引起的问题

由于 DMA 提供了主存和外设之间进行数据直接交换的方式，因此可能导致 Cache 数据的一致性问题。假设 CPU 需要访问主存地址为 X 的数据，并且此时该地址所在的块在 Cache 中（假定 Cache 使用写回法），如图 8-11 所示。如果 CPU 更新该数据，则只会在 Cache 中更新，并不会立即更新回主存。如果在 Cache 将该数据写回主存之前，DMA 读取了该值，那么读取到的是旧值。类似地，如果 DMA 更新了该数据的值，那么 Cache 中的该值将变为旧值。为了解决 Cache 的一致性问题，需要在由硬件中增加 Cache 的一致性机制，使得将 DMA 的写信号传递给 Cache 控制器，将写地址对应的 Cache 块标记为无效；将 DMA 的读信号传递给 Cache 控制器，使得在 DMA 读操作之前将对应的 Cache 块先更新回主存。

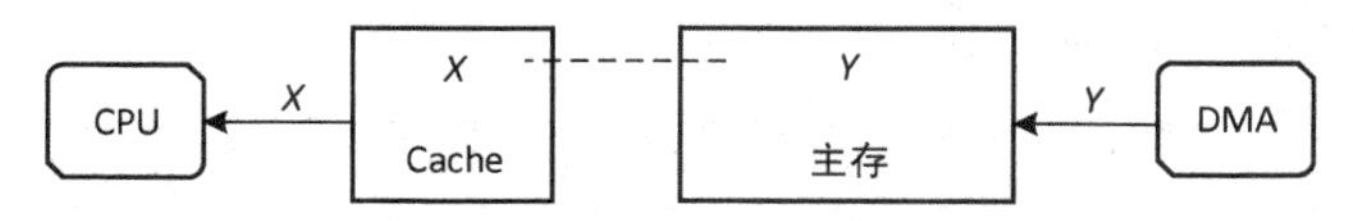

图 8-11 Cache 的一致性问题

8.4 本章小结

本章首先介绍了 I/O 设备的相关概念及属性指标，然后介绍了计算机系统内各部件的互连方式，重点介绍了总线的概念和分类，阐述了总线仲裁的原理和方式，最后介绍了 I/O 接口的功能、结构、编址和访问方式，并给出了三类常见的 I/O 数据传送控制方式。

习题 8

1．名词解释。

（1）I/O 设备 （2）I/O 接口 （3）总线 （4）I/O 带宽 （5）可靠性

（6）I/O 接口编址（7）I/O 指令　（8）DMA 方式　（9）中断优先级

2．简答。

（1）串行总线和并行总线的区别。

（2）I/O 接口的基本功能。

（3）什么是程序查询 I/O 方式，说明其工作原理。

（4）什么是终端 I/O 方式，说明其工作原理。

（5）DMA 方式提高数据传输效率的主要原因是什么？

3．MTBF、MTTR 和 MTTF，对于评价存储资源的可靠性以及可用性来说都是很有用的度量。研究这些概念，并且使用这些度量回答关于设备的以下问题。

设　备	MTTF	MTTR
A	5 年	1 周
B	10 年	5 天

（1）计算每个设备的 MTBF。

（2）计算每个设备的可用性。

（3）在实际情况下，当 MTTR 接近 0.1s 时，其可用性如何？

（4）随着 MTTR 变得很高，例如一个设备很难修理，其可用性如何？是不是意味着设备的可用性很低？

4．某终端通过 RS-232 串行通信接口与主机相连，若数据传输速率为 1200b/s，通信协议为 8 位数据，无校验位，停止位为 1 位，则传送一个字节所需时间约为多少？若数据传输速度为 2400b/s，停止位为 2 位，其他不变，则传输一个字节的时间为多少？

5．用主频为 1.8GHz 的 CPU 执行一个应用程序时，相关指令的统计情况如下表所示。假设该程序由 400 条指令构成，在程序执行过程中将多次占用 64 位并行总线（一个总线周期传输 64 位有效数据）向外围设备累计输出 2KB 数据，系统总线频率为 800MHz。求占用总线的时间与程序总运行时间的百分比。

指 令 类 型	所占百分比	平均 CPI
MOV 指令	25	10
双操作数指令	15	20
单操作数指令	35	8
转移指令	5	14
I/O 指令	20	30

6．计算机主频为 2.0GHz，CPI 为 5。某外设的带宽为 0.5MB/s，中断方式为 32 位传输，中断服务程序包含 18 条指令，中断服务的其他开销相当于 2 条指令时间。

（1）在中断方式下，CPU 用于该外设 I/O 的时间占整个 CPU 时间的百分比是多少？

（2）当该外设的数据传输速率达到 5MB/s 时，改用 DMA 方式传输数据。假设每次 DMA 传输大小为 5000B，且 DMA 预处理和后处理的总开销为 500 个时钟周期，则 CPU 用于该外设 I/O 的时间占整个 CPU 时间的百分比是多少？（假设 DMA 与 CPU 之间没有访存冲突。）

第 9 章

多核、多处理器与集群

9.1 概述

随着信息化社会的飞速发展，人类对信息处理能力的要求越来越高，不仅石油勘探、气象预报、航天国防、科学研究等需要高性能计算机，而且金融、政府信息化、教育、企业、网络游戏等更广泛的领域对高性能计算的需求也迅猛增长。随着科技的发展，人们对工作处理速度的要求也在不断提高，例如，每天有数十亿人使用各类终端访问互联网以及移动互联网来快捷地进行咨询以及获取服务，这对计算机执行任务的并行性提出了更高的需求。本章将在前面章节内容的基础上，进一步介绍多核、多处理器以及计算机集群系统的概念和原理。

9.1.1 并行硬件的基本分类

随着半导体技术的发展，计算机的处理能力有显著提高。但是仅仅依靠器件的工艺改进而使得计算速度提高，已远远不能满足现代科学、技术、工程和其他许多领域对高速运算能力的需要。这就要求人们改进计算机结构，采用各种并行处理技术，以便大幅度地提高处理速度和处理能力。

处理器的性能对计算性能有很大影响，针对单处理器，人们采用过了多种并行处理技术来努力提高处理器内部的并行度。在前面的章节中我们已经介绍过计算机系统内的操作级和指令级的并行技术。例如，第 4 章学习过的超前进位加法器中，每位的进位信号无须从最低位向最高位进行逐级传递，这属于位级并行技术；第 6 章学习过的流水线、多发射等技术，属于指令级并行技术。当然在计算机系统中还有更高级的并行策略，例如很多科学问题都需要使用更快的计算机集群系统来进行并行运算。此外，计算机集群还常被用于构建搜索引擎、Web 服务器、电子邮件服务器和云存储等平台。

多处理器系统也是一类重要的并行计算结构，多处理器系统是指具有两个及以上处理器的计算机系统。未来处理器性能的提高不再只依赖主频的提高和改进 CPI，而是在单芯片内集成更多的处理器核，也就是说，板级的多处理器系统逐步演化到芯片级的多处理器系统，即**多核处理器**（Multicore Processor）。多核处理器中核的数量被预计为每两年翻一番。并行硬件结构按系统中的存储器是否采用统一编址方式，可分为两类基本类型：**共享存储多处理器**（Shared Memory Multiprocessor，SMP）和**消息传递多处理器**（Message Passing Multiprocessor）。

1. 共享存储多处理器

并行硬件的一种结构是为所有处理器提供一种共享的单一物理地址空间。在这种方法中，一个程序的所有变量对其他任何处理器/核在任何时间都是可见的，即所有处理器都能访问任何存储器的位置。此外，每个处理器/核可能有自己的私有 Cache。图 9-1 给出了共享存储多处理器的结构图。

共享存储多处理器中的共享地址空间的实现方式又有两种实现类型。第一种类型称为**统一存储访问**（Uniform Memory Access, UMA），即系统中无论哪个处理器提出访存请求，也无论访问哪个地址，其访存时间大致相同。例如，物理存储器通过总线被各处理器均匀共享。第二种类型称为**非统一存储访问**（NonUniform Memory Access, NUMA），对于这种类型，存储器模块物理上分布于各个处理器节点内部，但是在逻辑上是全局共享的。由于存储器是逻辑统一但实际上分布在不同处理器或者内存控制器中，因此各个处理器访问存储器的不同单元的访存时间有快有慢，这取决于处理器访问的存储器单元在哪里。非统一存储访问的优势在于系统具有较好的可扩展性，缺点则是价格较高，需要有专门的操作系统支持。

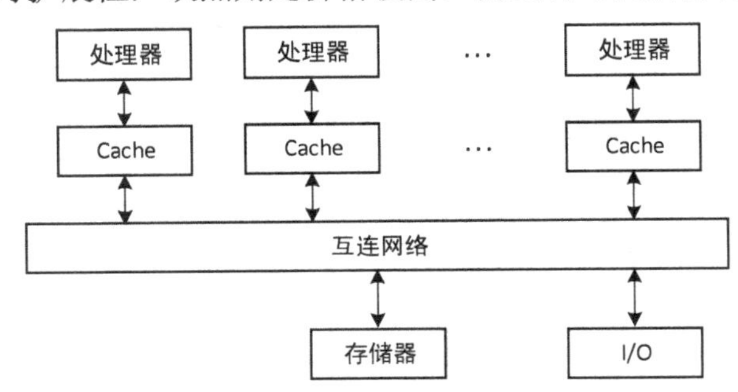

图 9-1 共享存储多处理器系统结构

2. 消息传递多处理器

相对于单一地址空间，另一种方式是各个处理器都有自己的私有物理地址空间。图 9-2 给出了具有多个私有地址空间的消息传递多处理器系统结构，其中每个多处理器必须通过显式的消息传递进行通信。只要系统提供发送消息机制和接收消息机制，各处理器之间的协调工作就可以通过消息传递来完成。集群计算机系统是目前使用非常广泛的一类消息传递计算机系统，其互连方式是，将多个单计算机系统用以太网和网络交换机等网络设备进行连接，集群系统中的单个计算机通常称为节点。由于集群是由相互独立的计算机通过网络互连的，当某个节点出现问题时，很容易将其进行隔离和更换。因此，集群系统的低成本、高可用、良好的扩展性对互联网服务商有很强的吸引力，各大互联网公司，如 Google、Amazon 等的数据中心都是由集群构成的。

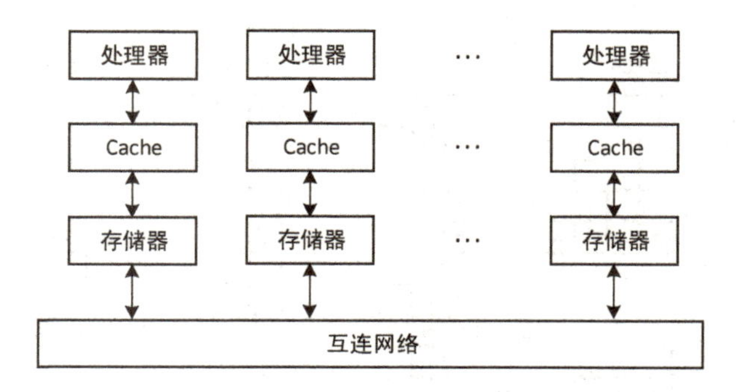

图 9-2　消息传递多处理器系统结构

9.1.2　常见的并行技术

本节继续介绍处理器中常见的并行技术。

1. 多线程技术

处理器中的**多线程**（Multithread）技术允许多个线程以重叠方式共享处理器的功能单元。为了支持多线程的执行和切换，处理器除了能记录和存储线程的独立状态外，还需要支持以较快速度切换线程的机制。线程切换的开销远低于进程切换的开销，线程切换可以是实时的，而进程切换一般需要数百个到数千个时钟周期。

多线程的硬件实现有多种方式，例如可分为细粒度多线程、粗粒度多线程和同时多线程三类。

- **细粒度多线程**（Fine-grained Multithreading）：在每条指令执行后都能进行线程切换，从而使多个线程可以交替执行，从而跳过处于阻塞状态的线程。为了实现细粒度多线程，处理器必须能在每个时钟周期内进行线程的切换。细粒度多线程的优点是能够隐藏线程阻塞带来的损失，因为在线程被阻塞时可以执行其他的线程，其缺点是减慢了每个独立线程的执行速度。
- **粗粒度多线程**（Coarse-grained Multithreading）：仅在线程长时间被阻塞时才进行线程切换，例如 L2 Cache 缺失或者页缺失时进行切换。粗粒度多线程的优点是几乎不会降低单个线程的执行速度，因为仅在当前线程遇到高阻塞时才会切换到其他线程执行，但是粗粒度多线程在隐藏短阻塞方面的能力不足。
- **同时多线程**（Simultaneous Multithreading, SMT）：使用多发射动态调度处理器的资源来实现线程级并行。提出同时多线程的主要原因是，多发射处理器中通常有单线程难以充分利用的多个并行功能部件。同时多线程基于现有动态调度机制，即借助于寄存器重命名和动态调度等技术，可以在一个时钟周期内发射来自不同线程的多条指令以提高并行性，相关性由动态调度机制来避免。因此，同时多线程不用每个时钟周期切换线程。

图 9-3 给出了不同多线程技术的实现效果，其中图（a）表示 4 个线程在不支持多线程技术的超标量处理器上的执行过程，例如，线程 A 在第 1～5 个时钟周期分别发射 2、1、3、2、4 条指令，然后需要被阻塞三个时钟周期后继续执行。从图 9-3（a）可以看出，在不支持硬件多线程的超标量处理器中，指令级的并行性非常受限，并且一旦出现阻塞，会使整个处理器空闲。

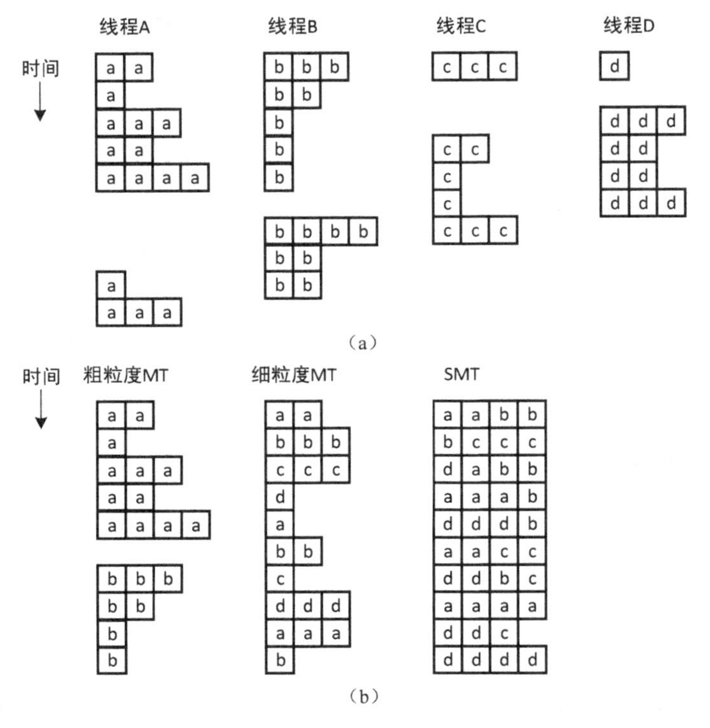

图 9-3 不同多线程技术处理 4 个线程的方式

图 9-3（b）给出了使用上述三种多线程技术执行线程 A～D 的过程。其中粗粒度多线程方式通过在线程 A 的阻塞期切换到线程 B 执行，隐藏了部分阻塞时间，但是流水线的排空时间仍然会带来空闲周期，并非所有的发射槽都能得到充分利用。而在细粒度多线程方式下，每个时钟周期选择一个不同线程进行执行，不会出现发射槽空闲的情况，但是每个时钟周期只会使用一个线程的指令进行发送，某些功能部件仍然出现了空闲。对功能部件使用效率最高的是同时多线程方式，在同一个时钟周期内可以有多个线程共同使用发射槽。在理想情况下，发射槽的使用仅受资源的数量限制，因此同时多线程的性能是三种多线程技术中最好的。例如，Intel Nehalem 多核处理器支持两个线程的 SMT。

2. SIMD 和向量机

20 世纪 60 年代，Flynn 提出了一种基于指令流和数据流对计算机系统进行分类的方法，即 Flynn 分类法。该方法将计算机系统分为 4 类：**单指令流单数据流**（Single Instruction stream，Single Data Stream，SISD）、**单指令流多数据流**（Single Instruction stream，Multiple Data Stream，SIMD）、**多指令流单数据流**（Multiple Instruction stream，Single Data Stream，MISD）和**多指令流多数据流**（Multiple Instruction stream，Multiple Data Stream，MIMD）。传统的单处理器都是 SISD 类型，而多核和多处理器则是 MIMD 类型。目前还没有 MISD 类型对应的处理器，而 Intel 系列处理器中的 SSE 指令则是典型的 SIMD 类型。SIMD 的优点是，所有并行执行单元都是同步执行的，即对同一条指令做出响应。下面我们简单介绍目前还在继续使用的两类典型 SIMD 结构的例子。

SIMD 是 Intel 系列处理器中 MMX 和 SSE 指令的基础。这些指令使得可以同时计算多个短的数据或者 4 个 32 位的浮点运算，后来 SSE2 能够进一步支持一对 64 位浮点数的同时执行。现在 Intel 处理器已经有了数百条 SSE 指令，可以进行各种有效组合的并行运算。

向量体系结构计算机的基本原理是从存储器中收集数据，然后顺序存放到寄存器堆中，之后再对寄存器堆进行运算，最后将结果写回存储器。因此，向量结构的重要特征是具有一组向量寄存器。回忆我们在 6.6.1 节中给出的代码例子，假定循环次数为 50 次，则该段代码的总指令数为 250 条。如果在向量结构的计算机中实现相同功能，只需要三条指令：第一条指令将所有 50 个数据元素从存储器中读入寄存器堆；第二条指令对这 50 个数据所在的寄存器堆同时进行加 3 运算；第三条指令把计算后的结构从寄存器堆中写回存储器。因此向量计算机仅使用了三条指令就完成了数百条 MIPS 指令才能完成的工作，执行效率高（同时进行 50 个数据元素的运算），取指和执行次数的降低也会节省功耗。相比于常规指令集结构（也称为标量结构），向量指令具有以下优势。

（1）几条向量指令就等价于标量结构中的一个循环，既降低了取指和译码的带宽需求，又消除了循环指令带来的控制冒险。

（2）向量指令中的每个数据的计算隐含表示互不相关，因此无须检查一条向量指令内的数据冒险，只需要检查向量指令之间的相关性。

（3）向量计算机更容易编写高效的代码。

（4）访存的向量指令如果读取的是地址连续的数据元素，那么存储器可以使用交叉存取方式加快数据的读取。

正是由于上述原因，向量操作比标量操作更快，功耗更低。

9.1.3　多处理器网络拓扑

多处理器/多核在板级/芯片级使用网络将各处理器/核连接到一起。本节简要介绍多处理器的互连。

多处理器系统通过开关和链路实现各处理器之间的互连网络。该互连网络可绘制成图形表示，如图 9-4 所示，其中圆点表示开关（如果开关的开闭方向固定，则称为静态拓扑结构；否则称为动态拓扑结构），方块表示一个处理器—存储器节点，开关与开关之间的每条线段表示一条双向链路，开关负责选择节点和其他开关的链接。注意，互连网络和总线结构存在差异，互连网络上的节点与节点存在不同链接组合而成的多条通信路径，例如图 9-4（a）中的节点 1 和 2 之间存在两条路径，1-2 和 1-6-5-4-3-2。

由于互连网络中的不同链路可以同时传输数据，因此其性能度量指标与总线也存在差异。互连网络的第一个性能指标是总网络带宽，它是每条链路带宽与链路数量的乘积，该指标表示网络最好情况下的性能。例如对于图 9-4（a）中的环状网络，如果每条链路的宽度均为 B，则总网络带宽为 $6B$。另一个性能指标是最差情况下的度量，即**切分带宽**（Bisection Bandwidth）。切分带宽的计算是将网络切分成两个部分，使得两个部分之间的链路数最少。切分带宽就是会导致最差网络性能的切分方式。例如，环状网络的切分带宽是链接带宽的两倍，因为无论怎么切分，都有两条链路连接两个部分。因此，图 9-4（a）中的环状网络的最好情况下带宽为 $6B$，最差情况下也有 $2B$。图 9-4（b）和（c）给出了另外两种常见的网络拓扑方式。

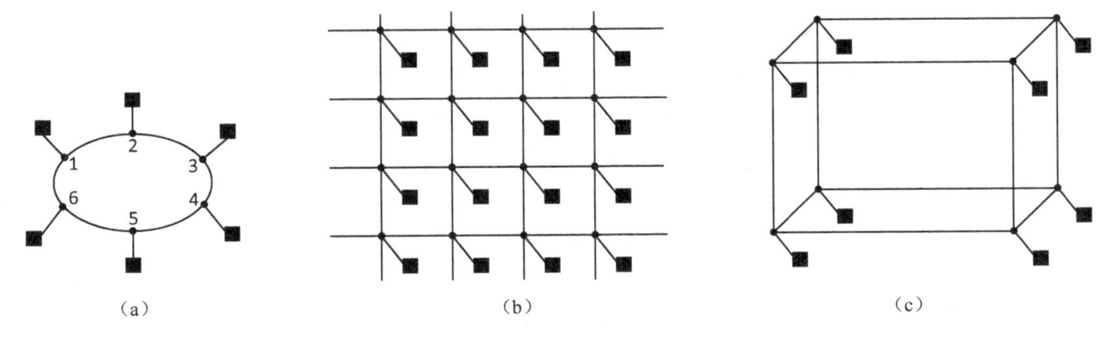

图 9-4　不同多线程技术处理 4 个线程的方式

相对于环的另一个极端是**全连接网络**（Full Connected Network），每个节点都与其他节点有一个双向链路。图 9-5（a）给出了一个例子。有的网络中只保留了开关，使得尺寸更小，这样的网络也称为**多级开关**，如图 9-5（b）所示。但是需要注意，在图 9-5（b）中，消息路径可能会产生冲突，节点 P0 向 P6 发生消息的同时不能从 P_1 向 P_7 发送消息。

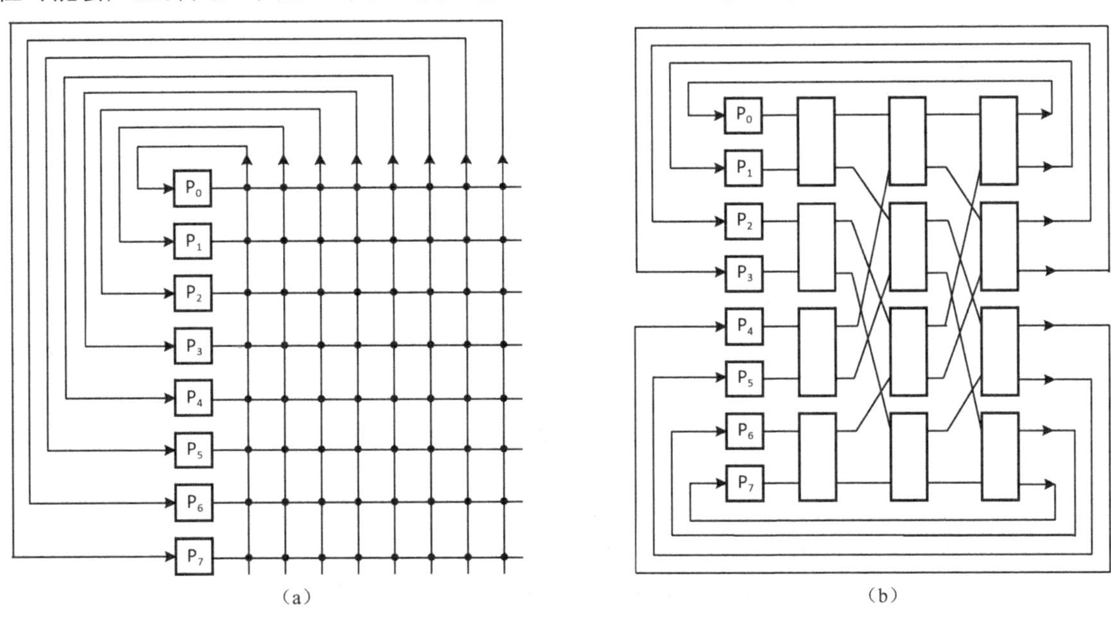

图 9-5　全连接网络

9.1.4　Cache 一致性问题

如果多处理器系统的每个处理器都有自己的私有 Cache，并且没有 Cache 的一致性机制，则会导致两个处理器得到不同的值。考虑这样的场景：假设两个处理器 A 和 B 对同一个存储器位置 X 进行读/写且均使用写回法，最初 A 和 B 的私有 Cache 都不包含该变量且 X 的值为 1。我们看看下面顺序操作的结果。

（1）A 读 X：A 的 Cache 块缺失，然后将 X 所在的块调入 A 的 Cache 中。

（2）B 读 X：B 的 Cache 块缺失，然后将 X 所在的块调入 B 的 Cache 中。

（3）A 将 X 的值写为 0：A 的 Cache 块写命中，直接更新 X 的值为 0。

（4）B读X：B的Cache块命中，但是读到的是X的值仍为1。

为了解决多处理器的Cache一致性问题，可以使用以下两种策略进行解决：

（1）写废策略：当一个处理器往Cache中的某个块写数据时，该块在其他处理器中的副本置为无效。

（2）写改策略：当一个处理器往Cache中的某个块写数据时，该块也写到其他处理器中相应的Cache中。

按照互连网络拓扑结构不同，写废或写改策略的实现方法也不同。例如，共享总线容易实现广播操作，写废或写改命令可通过广播方式发送给其他Cache。每个Cache都监听总线，以知道其他Cache是否有写操作发生，这种实现方式称为**监听Cache协议**。对于其他不易实现广播操作的网络，如多级开关，只能将写废或写改命令直接送到有副本的Cache中。那么怎样知道一个Cache块的副本还存于哪些其他的Cache中？这需要把存储器的共享状态集中放置在一个Cache目录中。Cache目录为每个块设立指针，指向有该块副本的Cache。这样的机制称为**目录协议**。Cache目录的实现可以是集中式，也可以是分布式。

9.2 多核微处理器

在多核微处理器出现之前，商业化微处理器一直致力于单核微处理器的发展，其性能已经发挥到极致。以CPU的处理速度提升为例，从1978年VAX 780的1 MIPS到2002年Intel Pentium 4的800 MIPS，再到2008年Sun Niagara的22000MIPS，2011年Intel Core i7 990x的执行速度已经达到159000 MIPS。在CPU主频方面，近30年间CPU时钟频率从Intel 286的10MHz提升到Pentium 4的4 GHz。正如本书前面章节的介绍，由于功耗的限制，CPU时钟频率提升已经达到了极限。目前只有极少数的CPU芯片能够达到5GHz以上的时钟频率。因此，多核处理器是目前的主流处理器架构。

9.2.1 多核架构

按照芯片内核的类型是否相同，可将多核处理器的架构分为：**同构多核**（Isomorphic Multicore）和**异构多核**（Heterogeneous Multicore）两种。

同构多核架构的多核处理器，其上的核完全相同，例如三星公司的Exynos5 Dual芯片上使用了一个1.7GHz的双核心ARM Cortex-A15。同构多核架构的原理相对简单，在硬件上较易实现。但同构多核架构也存在着一系列的问题：随着处理器核心数量的不断增多，如何保持各个核心的数据一致？如何满足处理器核心的存储访问和I/O访问需求？如何平衡若干处理器核心的负载和任务调度等。

异构多核处理器的内部采用了多个完全不同的核，可能是由负责管理调度的主核和负责计算的从核所组成的，也可能是由承担定点数、浮点数以及特殊计算等不同计算功能的核心组成的。例如，三星公司的Exynos5 Octa芯片上使用了一个1.6GHz的四核心ARM Cortex-A15和一个1.2GHz的四核心ARM Cortex-A7。与同构多核架构相比，异构多核架构的优势是可以通过搭配不同特点的处理器核心来优化处理器内部结构，满足特殊应用场景的性能需求，而且能有效地降低功耗。但是异构多核架构也给设计带来了很多的困难：首先，选择搭配哪几种不同的处理器核心，核心间任务应该如何分工以及如何实现？其次，处理器架构是否具有良好的扩展性，能够适应不同核心数量的要求？再次，处理器指令系统应该如何设计和实现？异构多核采用了不同的处理器核心，这些核心是应该采用相同的指令系统还是不同的指令系统，哪些核心上可以运行操作系统等都是需要重点考虑的问题。

9.2.2 多核实例

1. ARM big.LITTLE 技术

ARM 公司为了同时兼顾高性能和低功耗，在其多核处理器架构中采用 big.LITTLE 技术来实现异构多核处理器，其核心思想是结合一个大（big）的多核心处理器与一个小（LITTLE）的多核心处理器，然后根据性能需求以无缝的方式针对不同任务选择合适的处理器核心，从而兼顾低耗电量和高性能。从原理上来说，只要是指令集相同的 ARM 处理器核心均可适用 big.LITTLE 技术。目前通常使用的是 Cortex-A15 和 Cortex-A7 的组合，图 9-6 给出了一个 ARM 处理器中集成了两个 Cortex-A15 核心和两个 Cortex-A7 核心的结构图示例。处理器在处理性能要求较高的任务时选择处理能力较强的 Cortex-A15 核心执行代码，而在空闲和负荷较低时则用能效较高的 Cortex-A7 核心执行代码。

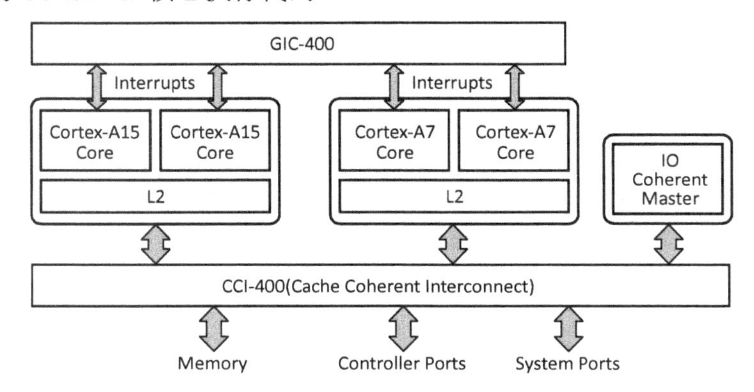

图 9-6 ARM big.LITTLE 架构

与一般的异构多核处理器不同，big.LITTLE 技术可充分综合考虑功耗和性能等情况，在 Cortex-A15 和 Cortex-A7 之间进行动态任务切换。例如，处理器在应对屏幕渲染等需要高性能支持的场景时，就会自动选择并行性较高、性能较好的处理器核心 Cortex-A15 来高速运行相关应用；反之在应对收发邮件或后台服务等不需要高性能的场景时，处理器则会切断 Cortex-A15 的电源，将任务动态迁移到能耗较低的处理器核心 Cortex-A7 中运行。

要想将在一个处理器核心中运行的软件顺利迁移到其他处理器核心中，就需要两个处理器核心的架构和功能完全相同。为此，ARM 公司通过虚拟化技术使 Cortex-A7 的架构与 Cortex-A15 完全兼容。big.LITTLE 技术虽然在物理上是采用了异构多核结构，但对操作系统来说是透明的，编程人员无须关心不同处理器核心之间的差异。

2. GPU

在现有体系结构中增加 SIMD 指令的一个主要趋势是提高系统的图形图像的处理运算能力，例如前面介绍过的 Intel 公司的 SSE 指令。随着游戏产业的进一步推动，许多公司加快了图形处理硬件的研发，这使得**图形处理单元**（Graphics Processing Unit, GPU）的图形处理能力的增长超过了主流微处理器。尽管 GPU 对于图形处理的能力超过了 CPU，但是 GPU 和 CPU 的设计理念与逻辑架构有着很大的不同。

- GPU 只专注图形的计算，并不具备通用处理器的丰富控制功能。很多 CPU 容易完成的任务对于 GPU 来说是不能完成的。
- GPU 的编程接口是**应用程序接口**（Application Programming Interface, API），例如 OpenGL 和微软的 DirectX，并与高层次图形绘制语言紧密结合，例如 NVIDIA 的 Cg 和微软的 HLSL。这些语言的编译结果是符合业界标准的中间语言，而不是机器指令。GPU 驱动软件会产生针对特定 GPU 优化的机器指令。
- 为了快速渲染一帧中的数百万个像素点，GPU 并行执行许多用于渲染像素的线程。

正是由于上述的差异导致了 GPU 独有的结构风格。例如 GPU 内部实现了多个并行计算单元和并行线程，因此 GPU 使用足够的线程数量来隐藏存储器的延迟。此外，GPU 有自己的 DRAM 芯片，相对于 CPU 的主存，它的位宽更大并能提供更大带宽。GPU 的专用存储器也称为显存。不过，显存的容量小于主存，一般在 1GB 以内。

在过去，GPU 借助异构专用处理器提供图形应用所需的性能。最近的 GPU 正在朝着和通用处理器一样的方向发展，在编程方面提供更多的灵活性，使得 GPU 更像主流计算中的多核设计，因此也被称为通用 GPU（General Purpose GPU, GPGPU），例如 NVIDIA 的 CUDA 技术使得程序员可以编写直接在 GPU 上运行的 C 程序。

回忆图 8-3 给出的总线层次结构，GPU 通常位于一个独立的卡（一般称为显卡）上，并通过 PCIe 接口连接到北桥上。也有的北桥内部集成了 GPU 模块，因此也被称为集成显卡。NVIDIA Tesla 结构的 GPU 芯片可以包含 1～16 个节点，NVIDIA 称之为多处理器，即图 9-7 中的 SM 处理器（图 9-7 中的结构只包含了 14 个多处理器）。在 2008 年，GeForce 8800 GTX 中含有 16 个多处理器，时钟频率为 1.35GHz，其中每个多处理器包含 8 个多线程单精度浮点单元和整数处理单元［称为**流处理器**（Streaming Processor，SP）］。每个流处理器都有硬件支持的线程，最多 32 个线程为一组，称为 warp。同一个 warp 内的线程使用相同的指令执行不同的数据[①]。warp 是在 16 个多处理器上调度的基本单位。

GeForce 8800 GTX 的 16 个流处理器中的每个都有 16KB 局部存储器和 8192 个 32 位寄存器。8800 GTX 的存储器系统由 6 片 900MHz 的 DRAM 构成，每片 DRAM 位宽 8 位，容量为 128MB，因此总存储容量为 768MB，传输带宽达到 86.4GB/s。

图 9-8 给出了一个多线程单处理器和 Tesla 的线程执行对比示意图，其中两者都使用了多线程技术，按时间调度线程。该单处理器只有一个核心，因此每个时钟周期只能选择一个线程执行；而 Tesla 有 16 个多处理器，每个多处理器执行一个 warp，因此有 16 个 warp 同时在执行。Tesla 每个多处理器中有 8 个 SP，因此每个时钟周期每个多处理器同时执行 8 个线程，下一个时钟周期切换 warp 内其他 8 个线程进行执行。因此，每个多处理器使用每 4 个时钟周期作为一个时间块执行一个 warp 之后切换到其他 warp 继续执行，保持多处理器一直处于执行忙碌状态。

① 因此 Tesla 结构也称为单指令多线程（Single-Instruction, Multiple-Thread，SIMT）技术。

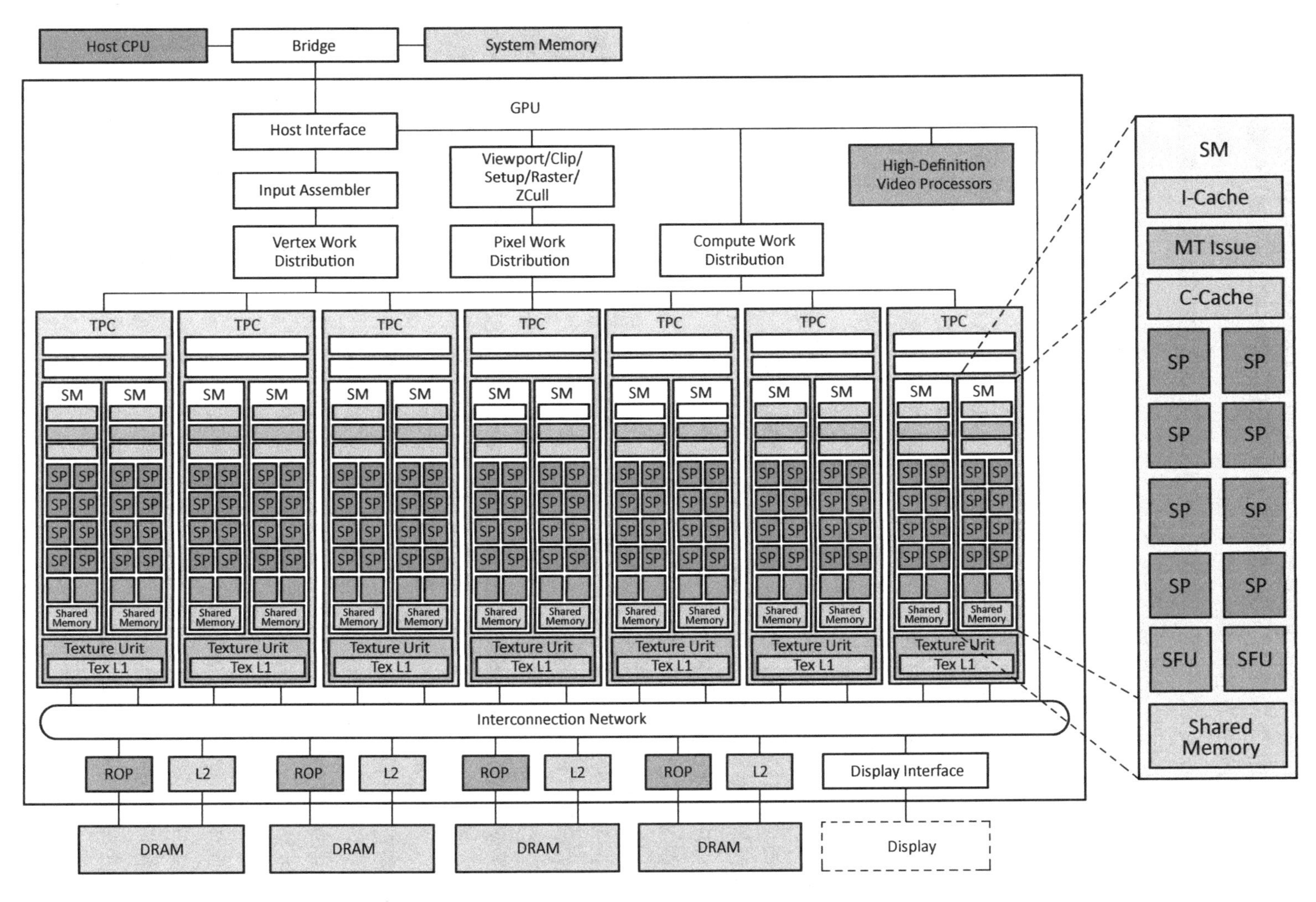

图9-7 NVIDIA Tesla结构图

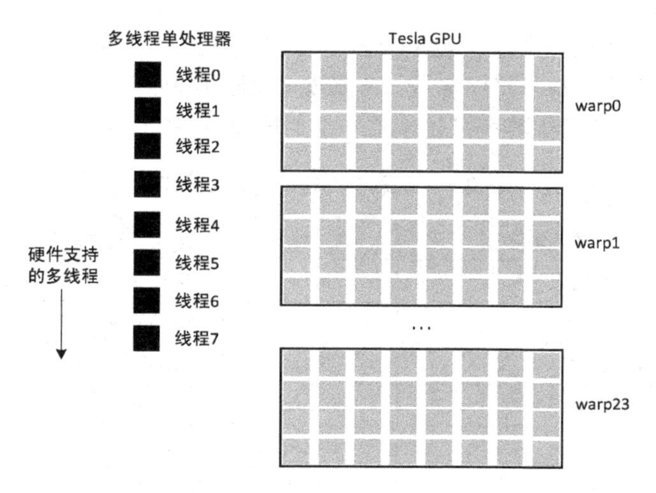

图 9-8 多线程单处理器和 Tesla 的执行对比

CUDA 程序是用于异构 CPU 和 GPU 的一个统一 C/C++程序。它在 CPU 上执行，并将并行任务分配给 GPU。线程是 GPU 的执行代码，须由程序员指定线程块（Thread Block）中的线程数量。一个线程块最多包含 512 个线程，其中每 32 个线程封装成一个 warp。warp 中也可以只包含一个线程，但是未填满的 warp 的执行效率远没有填满的 warp 效率高。一个线程块对应的所有 warp 被分配在同一个多处理器上执行，它们全部共享同一个局部存储器，可以通过存取操作实现通信，而不必采用性能更低的消息机制。CUDA 编译器为每个线程分配寄存器，但是每个线程的寄存器数量乘以线程块中的线程数量不能超过每个多处理器 8192 个寄存器的数量限制。图 9-9 给出了通用处理器和 NVIDIA GPU 的计算性能对比（GFlops 的意思是 Giga Floating-point Operations Per Second，每秒 10 亿次浮点运算次数），可以看出，GPU 在单精度浮点运算方面远超 CPU，例如，英特尔 Core i7 965 处理器的浮点计算能力只有 NVIDIA GeForce GTX 280 的 1/13 左右。

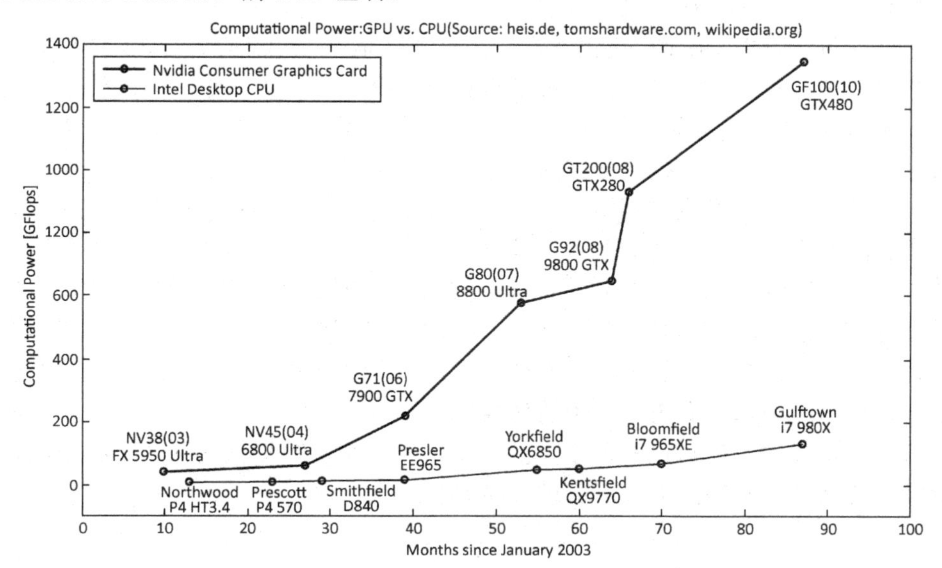

图 9-9 Intel CPU 与 NVIDIA GPU 计算能力对比

苹果公司的 A4 处理器使用了 ARM Cortex-A8 核（CPU）和 GPU（PowerVR SGX535）。iPhone 5 上使用的 A6 处理器虽然仅集成了双核处理器，但却集成了一个 3 核的 GPU。表 9-1 给出了近年来苹果公司集成在其手机处理器中的 CPU 核心和 GPU 核心数量。

表 9-1 苹果手机处理器型号列表

处理器型号	CPU 架构	主 频	GPU
A4	Coretx-A8 单核	1GHz	PowerVR SGX535
A5	Coretx-A9 双核	1GHz	PowerVR SGX543MP2 双核
A5X	Coretx-A9 双核	1GHz	PowerVR SGX543MP4 四核
A6	Switf 架构双核	1.3GHz	PowerVR SGX543MP3 三核
A6X	Switf 架构双核	1.4GHz	PowerVR SGX5554MP4 四核
A7	Cyclone 架构双核	1.3GHz	PowerVR GX6430 四核
A8	Typhoon 架构双核	1.4GHz	PowerVR GX6450 四核
A8X	Typhoon 架构三核	1.5GHz	PowerVR GX6850 八核
A9	Twister 架构双核	1.85GHz	PowerVR GT600 六核
A9X	Twister 架构双核	2.26GHz	PowerVR Series 7XT 十二核

9.3 云计算平台

9.3.1 云计算概念

云计算（Cloud Computing）是一种近年来非常流行的商业计算机集群平台。它将计算任务分布在集中管理的大量计算机构成的资源池上，使各种应用系统能够根据需要获取计算、存储、网络能力和多样化的软件服务。

云计算概念最早是由 Google 提出的，狭义云计算是指 IT 基础设施的交付和使用模式，即通过网络以按需、易扩展的方式获得所需的资源（硬件、平台、软件）。提供资源的网络称为“云”。云中的资源在使用者看来是可以无限扩展的，并且可以随时获取、按需使用、随时扩展、按使用付费。这种特性经常被称为“像水电一样使用 IT 基础设施”。广义云计算是指服务的交付和使用模式，指通过网络以按需、易扩展的方式获得所需的服务。这种服务可以是 IT、软件或互联网相关的，也可以是任意其他的服务。目前广为接受的云计算定义是美国国家标准与技术研究院（NIST）的定义：云计算是一种按使用情况计量的模式，这种模式实现随时、随地、便捷、随需地通过网络访问进入可配置的计算资源共享池，按需获取资源（资源包括计算、网络、存储、应用软件、服务），这些资源能够被快速提供，并且只需投入较少的管理工作，或与服务供应商进行很少的交互。

对于云计算概念的理解可以从两个层面入手，第一是从其提供的服务类型角度，第二是从其提供服务的软硬件架构角度，下面进行简单介绍。

9.3.2　云计算服务及部署类型

云计算的服务类型归纳起来可分为三大类，即**基础设施即服务**（IaaS）、**平台即服务**（PaaS）和**软件即服务**（SaaS），如图 9-10 所示。

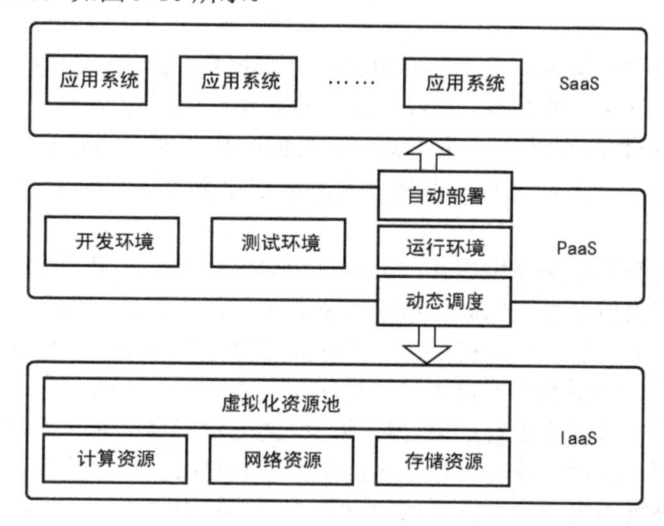

图 9-10　云计算的服务类型

- IaaS（基础设施即服务），是消费者通过网络使用完善的计算机基础设施提供的计算、储存、网络以及各种基础运算资源，部署与执行操作系统或应用程序等各种软件。IaaS 的消费者可以是最终用户、SaaS 提供商或 PaaS 提供商，它们都可以从基础设施服务中获得所需的资源服务，但无须购买支持这些服务能力的服务器、软件、网络设备等。
- PaaS（平台即服务），是指将一个完整的运算平台与解决方案，包括应用设计、应用开发、应用测试和应用托管，都作为服务提供给客户。在这种服务模式中，用户不需要管理与控制云基础设施（包含网络、服务器、操作系统或存储），但需要控制上层的应用程序部署与应用代管的环境；利用 PaaS 平台，用户能够创建、测试和部署应用和服务，与基于数据中心的平台进行软件开发相比，成本更低，这是 PaaS 的最大价值所在。
- SaaS（软件即服务），是指用户获取软件服务的一种新形式。它不需要用户将软件产品安装在自己的计算机或服务器中，而是按某种服务水平协议（SLA）直接通过网络向专门的提供商获取自己所需要的、带有相应软件功能的服务。本质上而言，软件即服务就是软件服务提供商为满足用户某种特定需求而提供其消费的软件的计算能力。

对于云服务提供者而言，云计算系统可以有三种部署模式，即公有云、私有云和基于云的混合 IT 架构。

- 公有云，是指通过 Internet 为公众客户提供服务的云，通常公有云的提供者并不是服务的使用者。目前，典型的公有云有微软的 Windows Azure Platform、亚马逊的 AWS 以及国内的阿里云等。

- 私有云，是指企业 Intranet 为企业内部用户提供服务的云，通常而言，其提供服务的对象是内部用户。私有云的部署比较适合有众多分支机构的大型企业或政府部门。随着这些大型企业数据中心的集中化，私有云将会成为它们部署 IT 系统的主流模式。相对于公有云，私有云部署在企业自身内部，因此其数据安全性、系统可用性都可由自己控制。
- 基于云的混合 IT 架构，是指将私有云的资源和公有云的资源通过新技术混合组织以后，为用户提供统一的服务。随着云技术的发展，混合 IT 架构有望成为将来大型企业和政府部门构建 IT 能力的主要方式，一方面在企业内部构建私有云用于提供核心技术服务能力，另一方面又从公有云上灵活地获取更多的资源来补充企业内部 IT 资源的不足。

云计算带来了全新的服务提供模式，与传统计算模式相比，尽管二者差别很大，但其内部架构和机制仍然有相似之处。如同传统计算模式中包括“硬件、操作系统、数据库、中间件、应用软件”等业务分层一样，提供云服务的云计算系统也由多个层次构成。最下层由一系列的硬件设备组成，包括具有一定规模数量的服务器、网络设备和存储设备。在硬件环境之上，还有一层云平台软件用于管理硬件环境，并为应用以自动化、规模化的方式提供符合应用需求的基础资源，从而尽量保证以较小的资源消耗使应用能够流畅地运行，也被称为**云操作系统**。云操作系统的主要功能主要包括以下 4 个方面的内容。

（1）虚拟化技术是支撑云计算的多租户模式的基本功能，通过虚拟化引擎实现网络、计算、存储的虚拟化。

（2）具有分布式文件系统和分布式数据库系统，实现海量信息的分布式存储以及超大数据库表项的管理能力。

（3）能够进行资源的动态调度和自动管控，云计算的资源是共享和统计复用的，因此云计算平台需要动态分配资源，并保持平台中所有节点的负载均衡，实现更高的资源利用率。另外，云计算通过大规模的服务器集群构建大规模计算能力，数量庞大的服务器管理也不能靠人工完成，需要自动管控。

（4）具备并行计算框架和分布式 Web 计算框架。云计算平台的计算模型可分成两类。一类是“批处理”，也称为并行计算框架，即把一个业务分割成多个任务，分配多个服务器并行处理，例如搜索服务。另一类是“互动业务处理”，这类计算架构主要实现海量用户的请求和业务处理，也称为分布式 Web 计算框架。在这种框架下，通过集群和仓储式计算机提供可弹性伸缩的海量计算能力。

9.3.3 云计算的实现

前面介绍过的**计算机集群**（Computer Cluster）是支持云计算提供的强大计算能力的结构基础，支持云平台的计算机集群在物理上可能分布在各地。分布的节点需由集群管理服务器进行管理，再接入云管理服务器进行统一的管理，如图 9-11 所示。

计算机集群化是由大型计算机之间的链接发展而来的，随后集群化的发展开始面向网络中的大量小型计算机以及基于 UNIX 工作站。2000 年以后，集群发展趋势变为 RISC 或 x86 计算机的集群化。图 9-12 描述了集群一种可能的实现架构。图中最左侧是低端服务器（例如

1U 服务器或刀片服务器），一组这样的低端交换机被安装到带交换机的机架上，并使用以太网交换机进行内部互连。这种机架级别的交换机，支持带宽高达 GB/s 级的数据传输，有多个上行链路连接到图中最右侧的集群级以太网交换机。这些集群级以太网交换机组成的域可以覆盖上万台独立服务器。

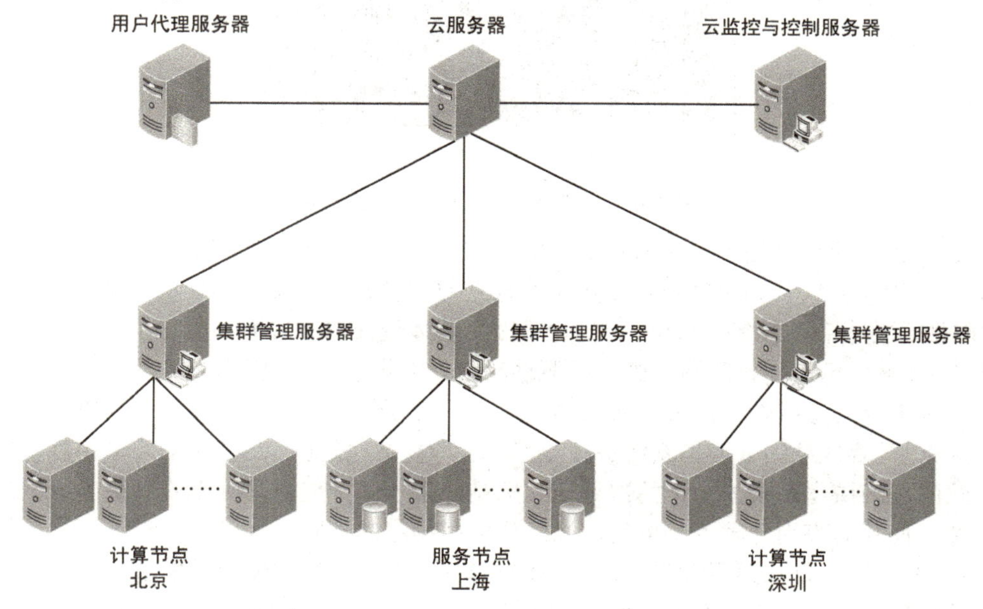

图 9-11　实现云平台的不同计算机集群的分布

在构建大规模集群时，集群的节点可以分为计算节点和服务节点。计算节点主要用于大规模搜索或并行浮点计算；服务节点则主要来处理设备 I/O、文件访问和系统监控。在大型集群系统中，计算节点的个数可能是服务节点的 1000 倍。大规模的集群称为**仓库级计算机**（Warehouse-Scale Computer, WSC），它们的设计方式使数万个服务器像一个服务器一样运行。其最显著的特点是拥有适应大规模计算基础架构的软件、数据仓库和硬件平台。各大互联网公司都有自己的 WSC，如图 9-13 所示为 Google 的 WSC。

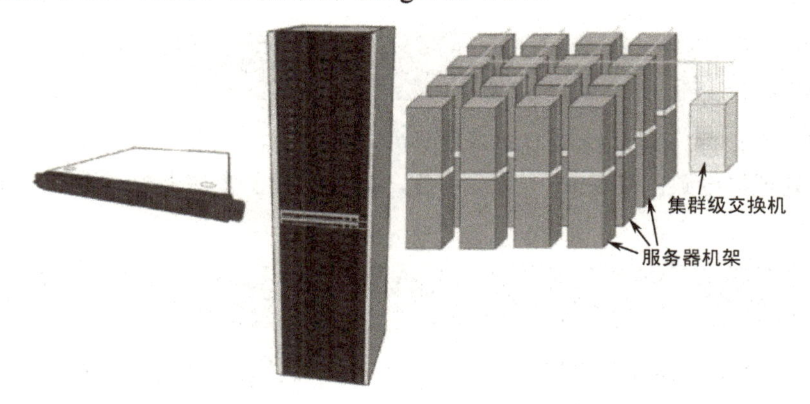

图 9-12　一种集群的实现架构

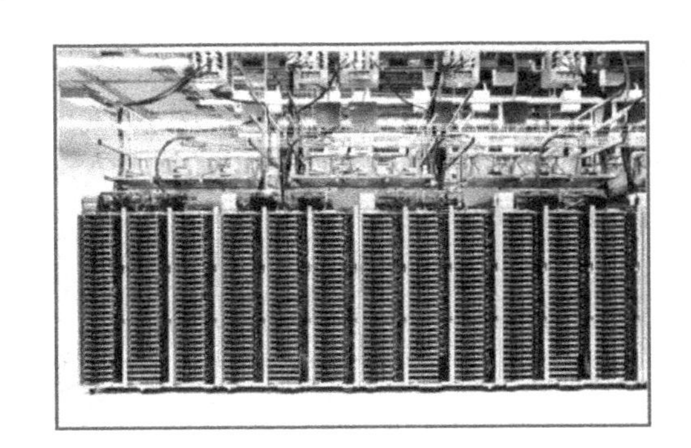

图 9-13 Google WSC 中的一列服务器

WSC 使人们对计算技术沿袭多年的“单一程序运行在单一机器上”的这一认知成为历史。在 WSC 中，程序被定义为可能包括由数十个甚至更多独立程序交互实现的复杂用户服务，诸如电子邮件、搜索和地图等。WSC 的设计难度主要体现在以下方面：

- WSC 是由迅速增长的网络需求所驱动的新型大规模系统。因为其规模太大，使得 WSC 很难进行实验或效率模拟，所以系统工程师必须使用新技术来指导设计决策。
- WSC 需要复杂的云操作系统进行支撑，这种复杂性是由 WSC 应用领域的规模性所导致的。云操作系统的一个关键设计目标是隐藏大部分集群基础设施和服务细节的复杂性，使其对应用开发者不可见，以简化应用程序的开发；另外一个设计目标是软件需要被设计为可以容忍相对较高的组件故障率，以应对极端情况的发生。
- 互联网服务必须做到高可用性，典型目标是不低于 99.99%的正常运行时间（大约每年只有 1 小时停机时间），因此 WSC 必须被设计成能够进行大量组件容错，使之能够极少甚至不影响服务级别的性能和可用性。
- WSC 面向海量的互联网以及移动互联网用户并行提供高性能计算服务，因此必须构建新的建筑、电力系统，并且考虑对数量庞大的服务器进行冷却。因此 WSC 的硬件由成千上万个的独立计算节点，以及与之对应的网络和存储子系统、配电、空调设备和巨大的冷却系统组成。这些系统所在的建筑也已经成为系统的一部分，与一个大型仓库没有什么区别。

9.4 本章小结

本章介绍了讨论并行硬件的基本分类和两类常见的并行技术，然后介绍了多处理器的互连方式和由多处理器导致的 Cache 一致性问题，最后介绍了多核微处理器和云平台的架构特点。

习题 9

1．越来越多的工业和商业组织采用云系统。关于云计算，思考以下问题：

（1）列出并描述云计算系统的主要特点。

（2）讨论云计算系统中的关键技术。

2．多核和众核处理器已经广泛应用，针对先进的处理器和内存设备回答以下问题：

（1）多核 CPU 和 GPU 在体系结构和使用方面有什么不同？

（2）探讨并行编程如何才能适应处理器技术的进步？

3．现代处理器的并行技术包括细粒度多线程、粗粒度多线程和同时多线程，简述这三种技术的结构特点，它们的优缺点，并且针对每种技术尝试给出 1～2 个商业处理器的例子。

参 考 文 献

[1] David A Patterson，John L Hennessy. 计算机组成与设计——硬件/软件接口（第四版）. 康继昌，樊晓桠等，译. 北京：机械工业出版社，2012.

[2] John L Hennessy, David A Patterson. 计算机系统结构-量化研究方法（第四版）. 白跃彬译. 北京：电子工业出版社，2009.

[3] 李亚民. 计算机原理与设计——Verilog HDL 版. 北京：清华大学出版社，2011.

[4] David Money Harris, Sarah L Harris. 数字设计和计算机体系结构. 陈俊颖，译. 北京：机械工业出版社，2016.

[5] I McLoughlin. 计算机体系结构——嵌入式方法. 王沁，齐悦，译. 北京：机械工业出版社，2012.

[6] 纪禄平，刘辉，罗克露. 计算机组成原理（第三版）. 北京：电子工业出版社，2014.

反侵权盗版声明

举报电话：（010）88254396；（010）88258888
传　　真：（010）88254397
E-mail：　dbqq@phei.com.cn
通信地址：北京市海淀区万寿路 173 信箱
　　　　　电子工业出版社总编办公室
邮　　编：100036